JN298461

ISO/JIS準拠

製品の幾何特性仕様 GPS

幾何公差，表面性状及び検証方法

ものづくりの
デジタル化を
進めるために

編集委員長　**桑田 浩志**

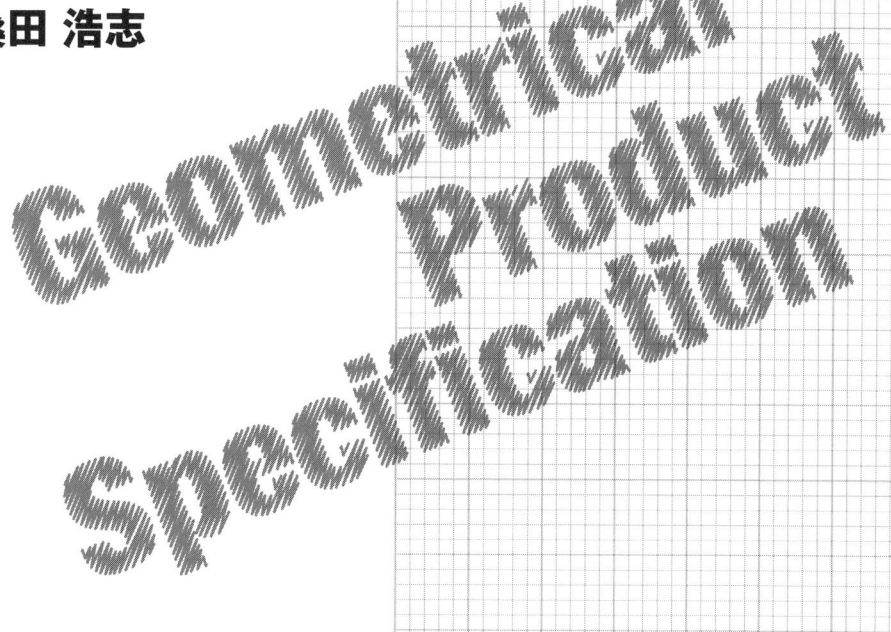
Geometrical Product Specification

日本規格協会

執筆・編集委員会 委員構成表

編集委員長 桑田 浩志（Hiroshi Kuwada）
ISO/TC 10（製品技術文書情報）及び ISO/TC 213（幾何公差関係）エキスパート
(有)桑田設計標準化研究所 代表取締役社長
［元トヨタ自動車(株) 設計管理部］

編集委員 阿部 誠（Makoto Abe）
工学博士
ISO/TC 213（座標測定機関係）エキスパート
(株)ミツトヨ つくば研究所 主幹

同 小池 昌義（Masayoshi Koike）
工学博士
ISO/TC 213（測定の不確かさ関係）エキスパート
(独)産業技術総合研究所 計量標準総合センター 研修コーディネータ

同 古谷 涼秋（Ryoshu Furutani）
工学博士
ISO/TC 213（測定器関係）エキスパート
東京電機大学 教授（機械工学科）

同 柳 和久（Kazuhisa Yanagi）
工学博士
ISO/TC 213（表面性状関係）エキスパート
長岡技術科学大学（工学部）機械系 教授

事務局 伊藤 宰（Tsukasa Ito）
(財)日本規格協会 出版事業部 編集第一課長

（50音順，敬称略，所属は委員会開催当時）

まえがき

　3D CAD の実用化の兆しが見え，"ものづくり"におけるデジタル化の波は急速に押し寄せており，設計・製図関係，測定・検査関係及び品質保証関係を取り巻く環境もデジタル化が身近に感じられるようになりました。

　旧 ISO/TC 3（公差及びはめあい），旧 ISO/TC 10/SC 5（寸法公差及び幾何公差表示方式）及び旧 ISO/TC 57（表面性状及びその計測）で作成・発行された ISO 規格の用語の定義に違いが生じているので，定義の見直しをすべきである，と提案を行ったのはデンマークであり，これは 1992 年のことでした。当時，デジタル化に対応する標準化を行うために，新しい概念を構築し，定義を刷新して，設計仕様の要求と検証の要求とを融合した"製品の幾何特性仕様及び検証"（Geometrical product specification and verification）に関する標準化をすすめるため，前述の三つの会議体を統合して ISO/TC 213 が設置され，1996 年 9 月からまったく新しい標準化が実施されてきました。

　ISO/TC 213 の作業が進むにつれて，必要欠くべからざる規格については JIS を制定・改正してきましたが，GPS 規格を適用実施する国々が多くなり，日本の工業界へも影響が出てくることが懸念されますし，他国から GPS の適用を要請されたときに遅滞なく対応しなければなりませんので，GPS 規格の概要が容易に把握できるテキストが必要になってきました。主要工業国では GPS テキストが出版され始めていますので，ISO/TC 213 のそれぞれの専門分野の国際会議にたびたび出席してこられた日本代表エキスパートの諸氏からなる GPS テキストの編集委員会を日本規格協会内に設置して，普及のための GPS テキストを執筆していただきました。

　本書は，ISO/TC 213 が設計仕様である寸法公差方式，幾何公差方式及び表面性状及びそれらの計測を基礎におき，これらをどのように定義し，それをどう図面指示し，それをどのような計測機器を使用して検証し，それらの計測機器をどう校正し，測定の不確かさを算定して，設計仕様と検証結果とを比較して製品（又は部品）の合否判定を行うかを，個々の事象（例えば，長さ寸法，角度寸法，平面度，位置度，表面粗さなど）に対して実行する方法について，順序立てて編集しました。

　寸法公差方式及び幾何公差方式についてはこれまでの概念，例えば，テーラーの原理，実用

データム，なども使用できるようにし，測定・検査については簡易測定機器が使用できるようにし，表面性状については断面曲線も使用できるように配慮しました。

編集に当たっては，執筆の時点でISO/FDIS以上の規格案，ISO/TS，ISO/TR及びJISとなっているものは引用し，出典を明らかにしました。そして，ISO/TC 10から発行され，GPSに関係あるISO及びJISについても引用しました。

ISO/TC 213では，ISO/FDIS以上の規格案及びISO/TSについては，近い将来にISO規格となることを想定していますので，マイナーな変更はあると思いますが，大筋は変更されないと確信しています。これらの規格の位置づけについては，このまえがきの後のページに"本書の使い方"として示しましたので参照してください。

今後，GPS規格は確実に日本の工業界へ浸透してきますので，是非とも本書の内容をご理解のうえ，製品設計に，品質管理に，部品の検証（測定・検査）に，正しく適用していただくようお薦めいたします。

また，教育現場では，機械工学，精密工学，生産システム工学，設計工学，計測工学などの諸分野で今後必須アイテムとなることは間違いないと考えられますので，デジタル化や企業のGPS化に遅れをとらないように，是非とも適切な教育プログラムを策定して，GPSの教育を行っていただければ幸いです。

GPSに関する標準化は進行中であり，今後さらに新しい概念が開発されるものと思われます。そして，GPSの実用段階で，問題点も出てくることが考えられますので，本書をご使用される方々からのご意見，ご批判に従って改訂していく機会が得られますならば，GPS推進者の一人としてこのうえのない喜びです。

最後に，ISO/TS 213発足当時から国内対策委員会でご審議をいただいている委員各位及び関係JIS原案作成委員会委員の諸先生方に厚く御礼を申し上げます。

また，本書の出版に当たって，編集の段階から校正に至るまで大変なご尽力を賜った日本規格協会 山田雅之編集制作ユニット課長及び森下美奈子氏に，この場をお借りして厚く御礼を申し上げます。

2012年6月吉日

編集委員長 桑田 浩志

本書の使い方

　本書は，ISO/TC 213（製品の幾何特性仕様及び検証）で開発したもの又は開発中のもの，それに関連する ISO/TC 10（製品技術文書情報）で開発したもの又は開発中のものを含めて，できる限り全容を把握していただくように編集したものである．ただし，内容によっては，意図を損なわない程度の修正を加えたもの，JIS で規定している内容があって，それに置き換えたもの，JIS 化の段階で変更をしたものなどが含まれている．

　特に，現在 ISO/FDIS[*1] の段階で近い将来にその発行が確実視されているもの，ISO/TS[*2], ISO/TR[*3] となっているものは，JIS 化の段階で小変更があることが予想されるので，これらの ISO/FDIS，ISO/TS 及び ISO/TR に対応する JIS が公刊された時点で個々の内容について確認をお願いする．

　ISO/FDIS は，技術的内容の変更がないため，ISO の規格と同様に扱った．ただし，JIS がすでに整合を図っているもの，作業中のもの，未作業中のものが混在しているので，これらについても個々に確認をお願いする．

　次に，ISO/TC 213 及び ISO/TC 10 が開発したもの，又は作業中のもので，JIS に導入していないものは，JIS として日本語を確定していないので，単なる訳語であることを認識してほしい．そのこともあって，専門用語については，極力英語を括弧書きで示した．JIS 化の段階で日本語の技術用語が近い将来に変更されることが予想されるので，これらの訳語には注意を払ってほしい．

　本書に収録の ISO 及び／又は諸外国の規格からの引用は，極力翻訳してあるが，訳語を推敲したものばかりではなく，意訳したものもあり，簡略的に述べた部分もあるので，疑問に感じた箇所については，原規格を参照していただきたい．

　図は，ISO の規格が第一角法で描かれているので，第三角法で表現するように修正を加えた．これらは，意図する技術的内容の変更ではない．

　また，日本の製図習慣に合うように ISO の図を修正・変更した部分もある．

　次に，すでに ISO，JIS にある図はそのまま使用しているが，趣旨に合致するように小修正を加えたところもあることに注意されたい．廃止，旧版となった各種規格などについても，実務上，必要のあるものについては解説を加えてある．

　本書では，JIS と ISO の同等性について，IDT（一致）を ＝，MOD（修正）を ≒ と表している．なお，MOD の場合，かつ，解説内容が JIS 特有の内容である場合には，≠ を使用することもある．

　企業内規格に GPS の内容を採用される場合には，JIS の規定内容，ISO の開発趣旨を勘案して，より良い適用ができるようにしていただければ幸いである．疑問点は，執筆者に直接確認していただきたい．

＊1　Final Draft International Standard（最終国際規格案）の略語である．

＊2　Technical Specification（技術仕様書）の略語である．3 年ごとに，ISO 化，TS として存続，又は廃止を検討する．

＊3　Technical Report（技術報告書）の略語である．TR は，原則として各種データなどを参考のために発行するものであり，規定であることを暗示するような内容を含んではならない．

目　　次

　執筆・編集委員会 委員構成表　　2
　まえがき　　3
　本書の使い方　　5

第1章　GPSの確立とその概念　　　　　　　　　　（桑田）
1.1　JHGの設置及びその活動　　15
1.1.1　JHGの発足　　15
1.1.2　JHGの構成　　17
1.2　ISO/TC213の設置及びその活動　　17
1.2.1　ISO/TC213の設置　　17
1.2.2　ISO/TC213の構成　　19
1.2.3　GPS規格の適用計画　　19
1.3　日本のGPS対応　　21

第2章　寸法公差方式　　　　　　　　　　　　　　（桑田）
2.1　寸法　　23
2.1.1　定義　　23
2.1.2　寸法指示　　23
2.1.3　寸法の配置　　24
2.2　寸法の許容限界　　26
2.2.1　長さ寸法の許容限界の記入方法　　26
2.2.2　寸法許容差及び許容限界寸法の記入順序　　27
2.2.3　組立部品の寸法許容限界の記入方法　　27
2.3　角度寸法の許容限界の記入方法　　29
2.4　公差方式の基本原則　　30
2.4.1　独立の原則　　30
2.4.2　包絡の条件　　32
2.4.3　GPS原理規格　　33
2.5　GPS長さ寸法　　33
2.5.1　モディファイヤ　　33

2.5.2　サイズ ··· 34
　　2.5.3　段差寸法 ··· 34
　　2.5.4　角度寸法 ··· 36

第3章　成形品の寸法及び公差方式　　　　　　　　　　（桑田）

　3.1　図示記号 ·· 37
　　3.1.1　見切り面 ··· 37
　　3.1.2　見切り面の種類 ·· 37
　　3.1.3　見切り面の指示方法 ··· 38
　　3.1.4　型ずれ及びフラッシュの指示方法 ·························· 38
　　3.1.5　ツールマークの指示方法 ······································ 38
　　3.1.6　エジェクタマークの指示方法 ······························· 40
　3.2　型ずれの指示方法 ·· 41
　　3.2.1　一般事項 ··· 41
　　3.2.2　表面型ずれの仕様 ··· 42
　　3.2.3　フラッシュ ··· 43
　3.3　拡張領域 ·· 44
　　3.3.1　一般事項 ··· 44
　　3.3.2　全周一括指示 ·· 44
　　3.3.3　全周部分指示 ·· 45
　　3.3.4　軸周一括指示 ·· 45
　　3.3.5　軸周部分指示 ·· 46
　　3.3.6　全面一括指示 ·· 47
　　3.3.7　全面部分指示 ·· 47
　3.4　抜けこう配 ··· 48
　　3.4.1　一般事項 ··· 48
　　3.4.2　単独の図示記号による抜けこう配の指示例 ············ 48
　　3.4.3　組合せの図示記号による抜けこう配の指示 ············ 49
　　3.4.4　合致させる抜けこう配 ·· 50
　　3.4.5　抜けこう配の拡張 ··· 51
　　3.4.6　ツールの動き方向 ··· 52
　　3.4.7　成形品の抜き方向 ··· 53
　　3.4.8　くぼみ ·· 53
　　3.4.9　多孔度 ·· 54
　　3.4.10　マーキング ··· 54
　　3.4.11　乱してはならない表面の指示 ····························· 55
　3.5　サイズ形体の寸法 ·· 55

第4章　データム　　　　　　　　　　　　　　　　　　　（桑田）

- 4.1　データム ……………………………………………………………… 57
  - 4.1.1　データムに関する定義 ………………………………………… 57
  - 4.1.2　三平面データム系 ……………………………………………… 58
  - 4.1.3　データムターゲット …………………………………………… 59
  - 4.1.4　可動データムターゲット ……………………………………… 59
- 4.2　データムの指示方法 ………………………………………………… 59
  - 4.2.1　データムの指示 ………………………………………………… 59
  - 4.2.2　データムターゲットの指示 …………………………………… 62
  - 4.2.3　可動データムターゲット ……………………………………… 64
  - 4.2.4　接触形体 ………………………………………………………… 64
  - 4.2.5　データム指示記号の公差記入枠への記入 …………………… 65
  - 4.2.6　データム文字記号の公差記入枠への記入 …………………… 65
  - 4.2.7　データムに対する特別要求事項 ……………………………… 66
- 4.3　データムの設定 ……………………………………………………… 67
  - 4.3.1　当てはめ方法 …………………………………………………… 67
  - 4.3.2　簡易的なデータムの設定 ……………………………………… 70

第5章　幾何公差方式　　　　　　　　　　　　　　　　　（桑田）

- 5.1　幾何偏差 ……………………………………………………………… 71
  - 5.1.1　幾何偏差の種類 ………………………………………………… 71
  - 5.1.2　幾何偏差の定義 ………………………………………………… 72
- 5.2　幾何公差方式 ………………………………………………………… 82
  - 5.2.1　幾何公差方式概説 ……………………………………………… 82
  - 5.2.2　基本理念 ………………………………………………………… 82
  - 5.2.3　幾何特性及びその記号 ………………………………………… 83
  - 5.2.4　幾何公差の指示方法 …………………………………………… 85
- 5.3　非剛性部品の幾何公差方式 ………………………………………… 90
- 5.4　追加すべき事項 ……………………………………………………… 91
  - 5.4.1　混合規制 ………………………………………………………… 91
  - 5.4.2　間記号 …………………………………………………………… 91
  - 5.4.3　非対称輪郭度公差域 …………………………………………… 92
  - 5.4.4　フラッグ ………………………………………………………… 93
  - 5.4.5　２Dと３Dとの対比 …………………………………………… 93
- 5.5　幾何公差方式の２Dと３Dとの対比表 …………………………… 95

第6章　最大・最小実体公差方式及び交互公差方式　(桑田)

- 6.1 主な用語及び定義 …………………………………………………………… 111
  - 6.1.1 最大実体公差方式 ……………………………………………………… 111
  - 6.1.2 最小実体公差方式 ……………………………………………………… 114
  - 6.1.3 交互公差方式 …………………………………………………………… 116
- 6.2 包絡の条件の適用 …………………………………………………………… 117
- 6.3 データムにも最大・最小実体公差方式を適用 …………………………… 119
  - 6.3.1 MMR …………………………………………………………………… 119
  - 6.3.2 LMR …………………………………………………………………… 121
- 6.4 複合位置度公差方式 ………………………………………………………… 124
- 6.5 突出公差域 …………………………………………………………………… 125
- 6.6 最大実体公差方式が適用できる幾何特性 ………………………………… 126
- 6.7 特筆すべき事項 ……………………………………………………………… 127
  - 6.7.1 暗黙のデータム ………………………………………………………… 127
  - 6.7.2 共通データム …………………………………………………………… 128

第7章　GPS用語及びその概念　(桑田)

- 7.1 GPS用語 ……………………………………………………………………… 131
  - 7.1.1 形体オペレータ ………………………………………………………… 131
  - 7.1.2 形体 ……………………………………………………………………… 131
  - 7.1.3 円筒の測得誘導形体 …………………………………………………… 134
  - 7.1.4 円すいの測得誘導形体 ………………………………………………… 134
  - 7.1.5 板の測得誘導形体 ……………………………………………………… 135
- 7.2 幾何特性仕様及び検証に用いる形体 ……………………………………… 136
  - 7.2.1 形体の分割 ……………………………………………………………… 136
  - 7.2.2 誘導形体 ………………………………………………………………… 136
  - 7.2.3 フィルタ ………………………………………………………………… 136
  - 7.2.4 当てはめ ………………………………………………………………… 136
  - 7.2.5 集合 ……………………………………………………………………… 136
  - 7.2.6 構成 ……………………………………………………………………… 136

第8章　機能ゲージ手法　(桑田)

- 8.1 機能ゲージ …………………………………………………………………… 137
  - 8.1.1 機能ゲージの考え方 …………………………………………………… 137
- 8.2 平行度公差用機能ゲージ …………………………………………………… 139
- 8.3 位置度公差 …………………………………………………………………… 140
- 8.4 データムにも最大実体公差方式を適用する例 …………………………… 141

第9章　普通公差　　　　　　　　　　　　　　　　　　　　　　　（桑田）

- 9.1　鋳造公差 …………………………………………………………………… 143
  - 9.1.1　動向 ……………………………………………………………………… 143
  - 9.1.2　用語 ……………………………………………………………………… 143
  - 9.1.3　寸法公差 ………………………………………………………………… 146
  - 9.1.4　型ずれ …………………………………………………………………… 148
  - 9.1.5　肉厚公差 ………………………………………………………………… 149
  - 9.1.6　抜けこう配 ……………………………………………………………… 149
  - 9.1.7　要求する削り代 ………………………………………………………… 151
  - 9.1.8　鋳放し鋳造品の普通幾何公差 ………………………………………… 153
  - 9.1.9　図面指示方法 …………………………………………………………… 155
- 9.2　機械加工品の普通公差 …………………………………………………… 161
  - 9.2.1　動向 ……………………………………………………………………… 161
  - 9.2.2　普通寸法公差 …………………………………………………………… 161
  - 9.2.3　角度寸法 ………………………………………………………………… 162
  - 9.2.4　図面指示方法 …………………………………………………………… 162
- 9.3　普通幾何公差 ……………………………………………………………… 162
  - 9.3.1　適用 ……………………………………………………………………… 162
  - 9.3.2　真直度公差及び平面度の普通公差 …………………………………… 163
  - 9.3.3　真円度の普通公差 ……………………………………………………… 163
  - 9.3.4　円筒度の普通公差 ……………………………………………………… 163
  - 9.3.5　平行度の普通公差 ……………………………………………………… 163
  - 9.3.6　直角度の普通公差 ……………………………………………………… 163
  - 9.3.7　対称度の普通公差 ……………………………………………………… 164
  - 9.3.8　振れの普通公差 ………………………………………………………… 164
  - 9.3.9　図面指示方法 …………………………………………………………… 165

第10章　幾何偏差の簡易測定　　　　　　　　　　　　　　　　　　（古谷）

- 10.1　用語 ………………………………………………………………………… 167
  - 10.1.1　関連するISO及びJIS …………………………………………………… 167
  - 10.1.2　GPS測定器に関する用語 ……………………………………………… 168
- 10.2　GPS測定器 ………………………………………………………………… 172
  - 10.2.1　GPS測定器の例 ………………………………………………………… 172
  - 10.2.2　GPS測定器の校正・検査 ……………………………………………… 173
  - 10.2.3　GPS測定器の使い方 …………………………………………………… 173
- 10.3　簡易測定器による寸法測定 ……………………………………………… 173
  - 10.3.1　一般的事項 ……………………………………………………………… 173

  10.3.2　アッベ（Abbe）の原理 …………………………………………… 173
  10.3.3　二点寸法Ⓛ🅟 ……………………………………………………… 174
  10.3.4　円周直径Ⓒ🅒 ……………………………………………………… 174
  10.3.5　面積直径Ⓒ🅐 ……………………………………………………… 175
 10.4　幾何偏差の測定 ………………………………………………………… 176
  10.4.1　真直度の測定 ……………………………………………………… 176
  10.4.2　平面度の測定 ……………………………………………………… 177
  10.4.3　真円度の測定 ……………………………………………………… 178
  10.4.4　円筒度の測定 ……………………………………………………… 180
  10.4.5　線の輪郭度 ………………………………………………………… 181
  10.4.6　面の輪郭度 ………………………………………………………… 182
  10.4.7　平行度の測定 ……………………………………………………… 182
  10.4.8　直角度の測定 ……………………………………………………… 184
  10.4.9　傾斜度の測定 ……………………………………………………… 185
  10.4.10　位置の測定 ………………………………………………………… 186
  10.4.11　同心度の測定 ……………………………………………………… 188
  10.4.12　対称度の測定 ……………………………………………………… 188
  10.4.13　円周振れの測定 …………………………………………………… 189
  10.4.14　全振れの測定 ……………………………………………………… 189

第11章　幾何偏差の座標測定　　　　　　　　　　　　（阿部）

 11.1　座標測定機 ……………………………………………………………… 191
 11.2　GPS規格における測定による検証の位置づけ ……………………… 192
 11.3　図面指示に基づく形体の分割と測定 ………………………………… 193
 11.4　有限な数の代表点による形体の測定 ………………………………… 194
  11.4.1　サンプリング ……………………………………………………… 195
  11.4.2　フィルタ …………………………………………………………… 200
 11.5　形体の当てはめ ………………………………………………………… 203
 11.6　形体の集積と構成 ……………………………………………………… 204
 11.7　座標測定機の検査 ……………………………………………………… 205
  11.7.1　座標測定機の検査 ………………………………………………… 205
  11.7.2　長さ測定による検査 ……………………………………………… 206
  11.7.3　プロービング誤差の検査 ………………………………………… 210
  11.7.4　非接触座標測定機の検査 ………………………………………… 211
  11.7.5　仕様への適合の判定 ……………………………………………… 213
 11.8　検査の不確かさの見積り ……………………………………………… 213
  11.8.1　長さ測定誤差の検査の不確かさ ………………………………… 214

11.8.2　プロービング誤差の検査の不確かさ …………………………………… 216
  11.8.3　ワークピースの測定の不確かさの見積り ……………………………… 217
 11.9　座標測定の不確かさ推定の開発動向と限界 ……………………………………… 223
 11.10　三次元測定による幾何偏差の測定と検証 ………………………………………… 224
 11.11　幾何偏差の測定例 …………………………………………………………………… 225
  11.11.1　真円度の測定 …………………………………………………………… 225
  11.11.2　円筒度の測定 …………………………………………………………… 227
  11.11.3　同軸度の測定 …………………………………………………………… 227
 11.12　三次元測定の実行と不確かさの推定 ……………………………………………… 228
 11.13　三次元測定による測定の実施例 …………………………………………………… 229

第12章　表面性状　　　　　　　　　　　　　　　　　　　　　　　（柳）

 12.1　表面性状の定義 ……………………………………………………………………… 233
 12.2　表面性状パラメータの構成と表記方法 …………………………………………… 234
 12.3　輪郭曲線方式の測定方法及び校正方法 …………………………………………… 236
 12.4　三次元の表面性状 …………………………………………………………………… 237
 12.5　表面性状の指示方法 ……………………………………………………（桑田）… 240
  12.5.1　図示記号 …………………………………………………………………… 241
  12.5.2　要求事項の一般的指示 …………………………………………………… 242
  12.5.3　表面性状パラメータの指示 ……………………………………………… 243
  12.5.4　パラメータの標準数列 …………………………………………………… 244
 12.6　加工・処理の指示 ………………………………………………………（桑田）… 246
  12.6.1　筋目方向の指示 …………………………………………………………… 246
  12.6.2　削り代の指示 ……………………………………………………………… 248
  12.6.3　図面指示ルール …………………………………………………………… 248
  12.6.4　簡略図示 …………………………………………………………………… 249
  12.6.5　表面性状の要求事項を指示した図示例 ………………………………… 251
  12.6.6　図示例 ……………………………………………………………………… 252

第13章　測定の不確かさ及び合否判定規則　　　　　　　　　　　　（小池）

 13.1　測定の不確かさについて …………………………………………………………… 255
  13.1.1　測定の不確かさとは ……………………………………………………… 255
  13.1.2　測定の不確かさの表現方法 ……………………………………………… 256
  13.1.3　測定の不確かさの評価方法 ……………………………………………… 257
  13.1.4　不確かさの見積もり事例　―端度器の校正の不確かさ …………… 260
 13.2　測定の不確かさの始まり　―不確かさの表現ガイド …………………………… 266
 13.3　GPSにおける不確かさ関連規格 …………………………………………………… 267

13.3.1　不確かさを考慮した合否判定基準（第 1 部） ……………………………… 268
　　　13.3.2　仕様に対する合否判定基準に関連した規格（第 2 部〜第 4 部） ………… 270
　参考資料 1　不確かさに関連した用語の定義（GUM からの引用） ……………………… 274

付録 1　GPS 規格一覧 …………………………………………………………… 275
　表 1　GPS 原理規格 ……………………………………………………………………… 276
　表 2　GPS 共通規格 ……………………………………………………………………… 277
　表 3　GPS 基本規格 ……………………………………………………………………… 279

付録 2　図面例 …………………………………………………………………… 289
　図面例 1：エンジンブロック AB（図面番号 12345-1） ……………………… 折込み 1
　図面例 2：エンジンヘッド AB（図面番号 12345-2） ………………………… 折込み 2
　図面例 3：クランクシャフト AB（図面番号 12345-3） ……………………… 折込み 3
　図面例 4：コネクティングロッド AB（図面番号 12345-4） ………………… 折込み 4
　図面例 5：カムシャフト AB（図面番号 12345-5） …………………………… 折込み 5

　図表出典一覧　　290

　日本語索引　　297
　欧文索引　　307

第 1 章　GPS の確立とその概念

この章は，デジタル化のための標準化を推進している ISO/TC 213 の設立過程を概観し，GPS の概念を知る一助とする。標準化の個々の内容については，各章に委ねる。

1.1　JHG の設置及びその活動

1.1.1　JHG の発足

公差及びはめあいの方式，測定機器などの国際標準化を ISO/TC 3（幹事国：ドイツ）が，寸法及び幾何公差表示方式などの国際標準化を ISO/TC 10/SC 5（幹事国：ドイツ）が，そして表面性状及びその計測などの国際標準化を ISO/TC 57（幹事国：ロシア）が 1996 年 8 月まで行ってきた。

その 4 年前の 1992 年にデンマークから，"これら三つの TC で標準化された ISO 規格の定義に違いが生じているので，定義の見直しを行うべきである" ということが ISO/TC 3 のチューリッヒ会議及び ISO/TC 10 の北京会議で提案され，日本を含む主要工業国は，このデンマークの提案に対して，標準化の新しい方向であるとして，こぞって賛成し，ISO/TC 3-10-57/JHG（合同調整委員会：Joint Harmonization Group）が設置された[1]。

なお，ISO/TC 57 については，旧ソビエト連邦の経済的混乱から ISO の活動が停滞していたので，国際会議の開催もなく，デンマークからの提案は行われなかった。

第 1 回 JHG 会議が 1993 年 3 月にイギリスの Warwick 大学で開催され，その会議の決議概要は，次のように集約された。

なお，この会議が用語の定義の整合に関する会議であるということであったことから，日本はこの会議に参加しなかった。

1) 事象が数学的に定義でき（例えば，真円度は最小領域法ではなく，最小二乗法で定義する），
2) あいまいさを排除し，
3) 測定の不確かさを算定して，製品（部品）の合否判定を行う。

これらの決議は，標準化の内容の修正を余儀なくされるので，問題は大きいと思われた。

上記の決議に対する標準化は，次のように行う。

① 用語（GPS 用語）をどのように定義し
② どのような記号（GPS 記号）を用いて図面指示し
③ どのような測定機器（GPS 測定機器）を用い
④ 測定機器をどのように校正し

⑤ 測定の不確かさを算定し
⑥ 設計仕様と測定結果とを比較して，製品（部品）の合否判定を行う。

なお，GPS は，製品の幾何特性仕様（Geometrical Product Specification）の略である。

JHG が単なる用語の定義の見直しだけでないことを認識し，日本は上記決議内容を勘案して第 2 回 JHG 会議から出席し，さらに広い分野をカバーしなければならないことから，第 4 回 JHG 会議を日本へ誘致して，1994 年 11 月に日進会議［トヨタ自動車(株)日進研修センター］を開催した[1]。

この会議で多くの方向性が確定された。例えば，独立の原則を規定する ISO 8015:1985（2011 年改正）を存続させること，十点平均粗さ（Rz）を復活させること，などであったが，その後の ISO/TC 213 の活動で多くの修正が加えられた。

寸法，形状，姿勢，位置，粗さなどの標準化アイテムを縦軸に，上記①～⑥を横軸（チェーンリンク番号）にした GPS 規格マトリックス（図 1.1）を構成して，これを埋める規格を作成するということであった[2]。

同図の左側の GPS 原理規格としては，公差方式の基本原則を規定する ISO 8015:1985 を置いた。この規格は，図面上の技術的要求事項，例えば，寸法公差，幾何公差，表面粗さなどは，特に指示がない限り，独立して適用するという考え方を規定したものである。

GPS 規格マトリックスの考え方は，デジタル化時代に対応する次世代生産システムのグローバリゼーション化を図ることが大きなねらいであった。

		GPS 共通規格					
		GPS 基本規格					
	チェーンリンク番号	1	2	3	4	5	6
GPS 原理規格	サイズ						
	距離						
	半径						
	角度						
	データムに無関係な線の形状						
	データムに関係する線の形状						
	データムに無関係な面の形状						
	データムに関係する面の形状						
	姿勢						
	位置						
	円周振れ						
	全振れ						
	データム						
	粗さ曲線						
	うねり曲線						
	断面曲線						
	表面欠陥						
	エッジ						

図 1.1 GPS 規格マトリックス（ISO/TR 14638:1995）

1.1.2 JHG の構成

JHG の発足時の組織は，分科会（SC）を置かずに，諮問グループ及び作業グループで図 1.2 のように構成された．

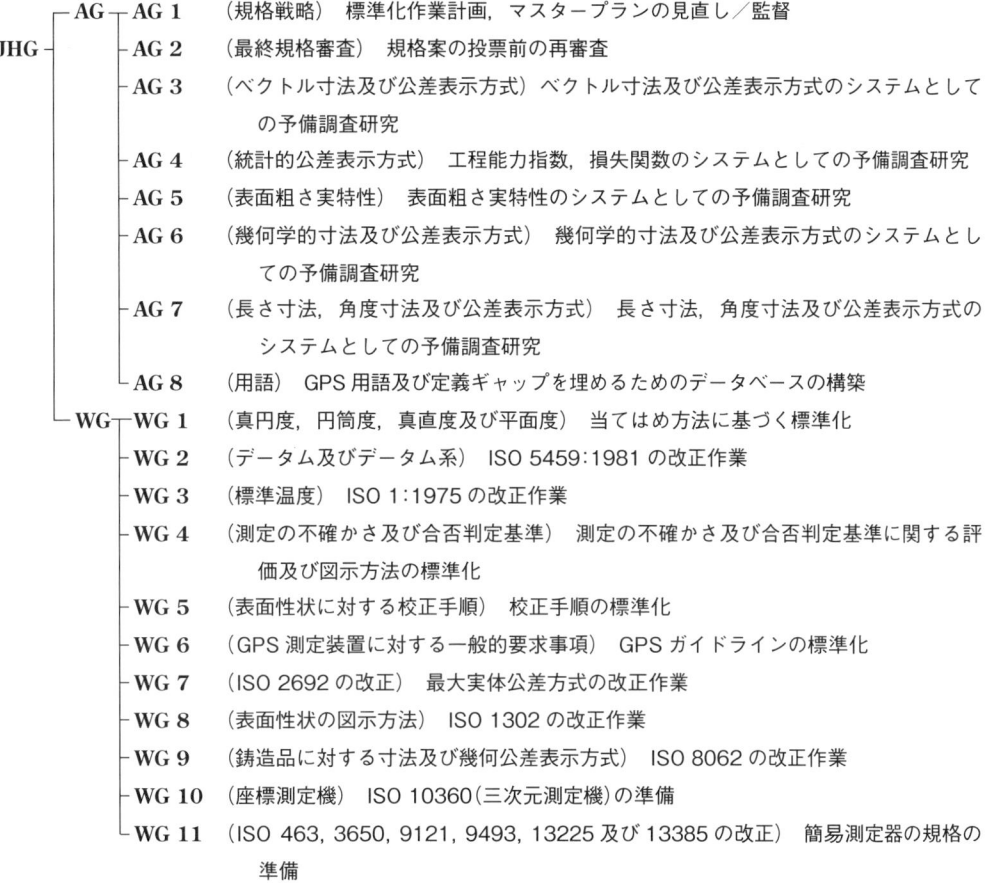

図 1.2　JHG 発足時の組織構成

1.2　ISO/TC 213 の設置及びその活動

JHG では，予備調査研究，標準化の準備が主体であり，ISO 規格の発行ができなかったので，ISO/TC 3，ISO/TC 10/SC 5 及び ISO/TC 57 を統合して，ISO/TC 213 となった．

1.2.1　ISO/TC 213 の設置

ISO/TC 213 の第 1 回会議は，1996 年 9 月にパリで開催され（写真 1.1），フランスは GPS ポスタ（写真 1.2）を作成するなどして，ISO/TC 213 を歓迎した．

写真 1.1　ISO/TC 213 の発足（中央：Dr. Bennich 議長）

写真 1.2　GPS ポスタ

　写真 1.2 の中にある ISO/TR 14638 は，1995 年に発行された ISO/TC 213 のマスタープランである．ISO/TC 213 の作業は，このマスタープランに沿って作業が行われている．
　JHG から昇格した ISO/TC 213 は，規格提案のための調査研究を行う諮問委員会（AG）と原案作成作業を行う作業グループ（WG）とから構成されている．ISO/TC 213 の発足当時は多くの AG，WG が設置されていたが，2010 年 2 月時点の会議体は，図 1.3 に示すとおりである．
　なお，2009 年 6 月に米国機械学会規格 ASME Y14.5M が改正されて，ASME Y14.5 となったこともあって，ISO/TC 213 の中に SD-GD&T（幾何学的寸法及び公差表示方式）が 2009 年 9 月のサン・アントニオ（San Antonio, アメリカ）の会議から活動している．

1.2.2 ISO/TC 213 の構成

ISO/TC 213 の構成は，次のとおりである。

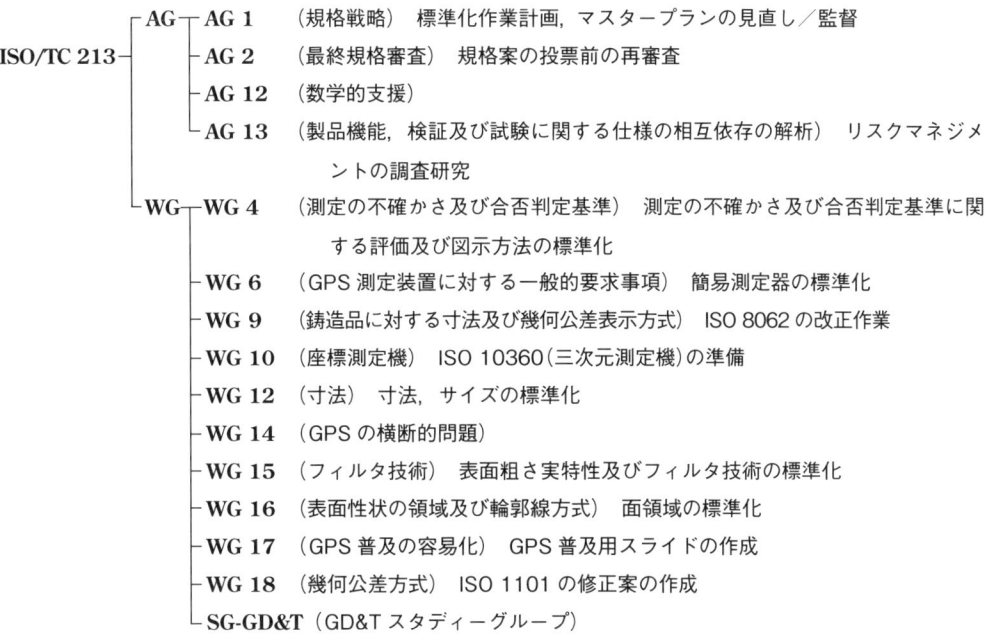

図 1.3　ISO/TC 213 の組織構成（2010 年 2 月時点）

1.2.3　GPS 規格の適用計画

ISO では，世界は 2005 年には GPS 規格を適用する状態になることが 2000 年に計画され[3]（図 1.4），各国ともに GPS 規格の普及を行う決議がされた。イギリスの GPS 規格の普及計画例を図 1.5 に示す[4]。

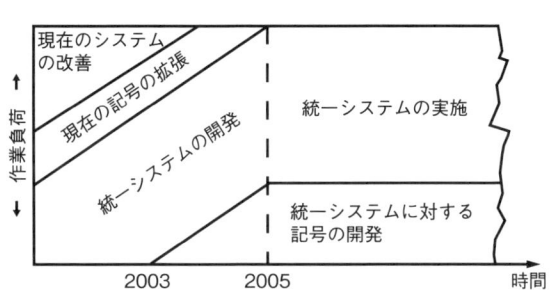

図 1.4　統一システムの実施スケジュール

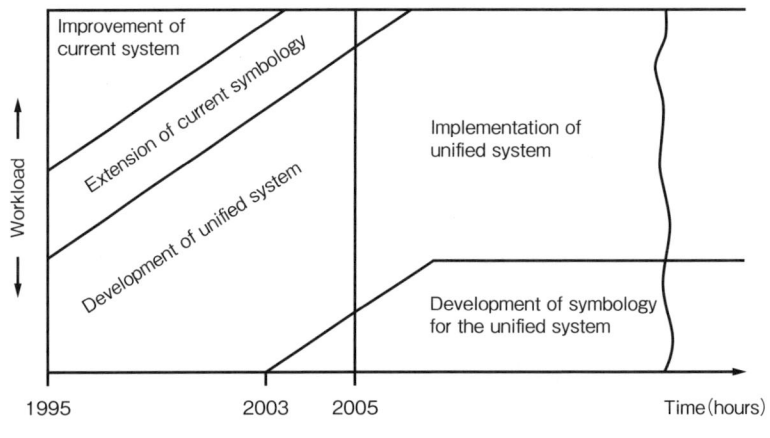

図1.5　イギリスのGPS規格の普及計画

GPS規格は，次のように説明できる。

デジタル化とは，3Dモデリングに属性情報をコンピュータ内部でリンクさせた3D図面の情報を後工程で使用されるNC工作機械，形状測定機，三次元測定機などへ伝達して"ものづくり"を行うことを指す。

これは，設計仕様オペレータ（specification operator）と検証オペレータ（verification operator）とを比較して仕様の不確かさ（specification uncertainty）及び測定の不確かさ（measurement uncertainty）を加味し，それらを比較して二元構造原理[5]（duality principle，図1.6）に基づいて"ものづくり"を行う，ということである。このような概念に基づいて作成された規格をGPS規格と呼ぶ。

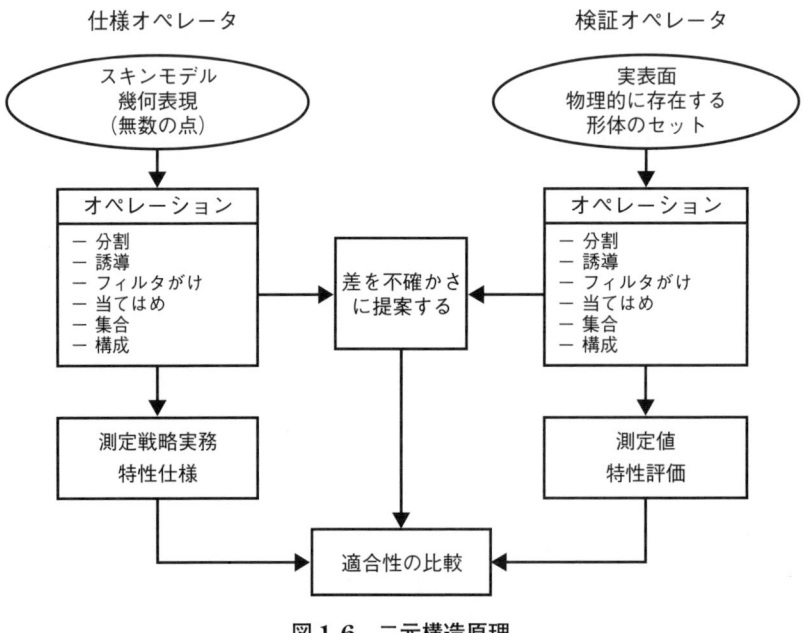

図1.6　二元構造原理

これらの活動から，明文化されていないが，次のことが浮き彫りになりつつある。
① ISO/TC 213 の活動が欧州標準化委員会（CEN）に対して密接に関係している。
　　例えば，多くの規格原案について ISO/TC と CEN/TC との並行投票が行われている。CEN で同じ内容が規定されると，域内では強制規格となり，域内からの日本企業へ GPS 規格の適用を要請されることが考えられ，日本への影響は避けられない。
② GPS 用語及び定義が明確になりつつある。
③ 図面情報が厳格化しつつある。
　　例えば，GPS 記号を規定して，図面指示を行う。
④ デジタル機器の進歩に対応した標準化が行われている。
　　例えば，当てはめ方法，フィルタ技術。
⑤ 測定の不確かさの細部の原案が検討されている。
　　例えば，6 部構成の測定の不確かさの標準化が行われている。日本のこれまで公差概念を変更できるか。
⑥ 多くの原案が ISO/TS（技術仕様書）で発行されたものを，ISO/CS（中央事務局）の要請もあって，ISO 規格にする動きが出てきた。

1.3　日本の GPS 対応

ISO/TC 213 に対して日本は，（財）日本規格協会に ISO/TC 213 国内委員会を 1996 年 9 月に設置し，その下部機構として ISO/TC 213 に対応する各委員会を設置して対応した。

この国内委員会は，2006 年 4 月に（社）日本機械学会へ移り，さらに 2009 年 4 月に日本規格協会へ戻った経緯があるものの，JIS 化の検討も行い，必要不可欠な ISO の規格については，JIS 化を主導した。

2009 年度の日本規格協会での ISO/TC 213 の国内委員会は，幾何公差・鋳造品公差関係をグループ A，測定関係をグループ B，そして表面性状関係をグループ C とし，その上部機構として本会議を置いて活動していたが，2010 年度は少し改組して，グループ A を幾何公差関係（A1）と鋳造品公差関係（A2）とに分け，グループ B を簡易測定器関係（B1）と三次元測定機関係（B2）とに分け，表面性状関係はそのままグループ C として活動している。

2010 年度の国内委員会は，図 1.7 のとおりである。

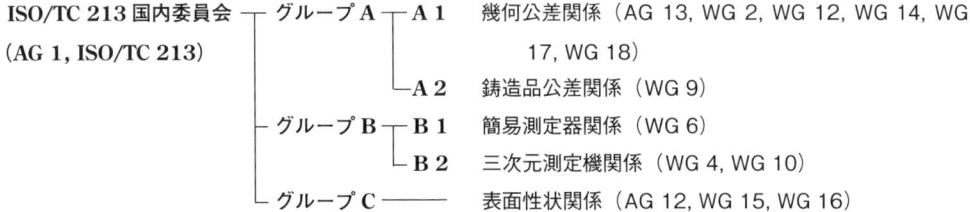

図 1.7　ISO/TC 213 国内委員会の組織構成

引用文献

1) 桑田浩志：標準化ジャーナル，Vol.25 (1995)，No.6，p.16〜21，日本規格協会
2) 桑田浩志：標準化ジャーナル，Vol.27 (1997)，No.5，p.60〜64，日本規格協会
3) ISO/TC 213 文書 N 314-3：Geometrical Product Specifications GPS 2001 ― A vision for a new engineering tool
4) BS 8888:2000 Technical product documentation（TPD）― Specification for defining, specifying and graphically representing products
5) ISO/DIS 14659:2007 Geometrical Product Specifications（GPS）― Geometrical tolerancing ― Concept, principles and rules

第 2 章　寸法公差方式

　この章は，部品の形状を決定する寸法及び寸法公差について，JIS B 0024:1988（= ISO 8015:1985）に規定する新しい解釈を中心に，2010 年に改正された JIS B 0001 の寸法指示方法についても述べる。

2.1　寸　　　法

2.1.1　定　　　義
　従来，寸法（dimension）には，2 点間の距離（distance）を表すものと，穴径や板厚などの大きさ（size）を表すものとがあると考えられていた。角度は，単位も異なることから，寸法の範疇(ちゅう)になかったようである。
　現在，"寸法"は，製図用語を規定する JIS Z 8114:1999 で，次のように定義されている。
　　「決められた方向での，対象部分の長さ，距離，位置，角度，大きさを表す量」
　この定義は，同 JIS の対応国際規格（ただし MOD）の一つである ISO 10209-1:1992 と同じである。
　形状を決定する寸法を大別すると，長さ寸法（linear dimension）と角度寸法（angular dimension）とがある。そして，一般的に指示される長さ寸法には，位置寸法（positional dimension），大きさ寸法（size dimension）などがある[1]（図 2.1）。
　なお，大きさ寸法は，サイズと呼ぶことが多い。

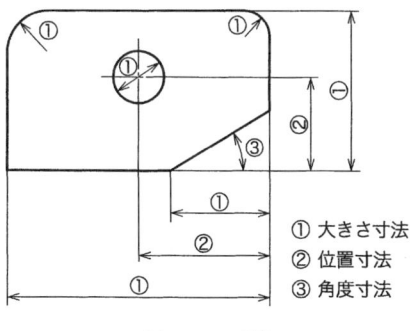

図 2.1　寸法

2.1.2　寸法指示
　寸法の指示は，三要素である寸法補助線（extension line），寸法線（dimension line）及び寸法数値（dimensional value）によるのが一般的である。

寸法補助線は，要求する寸法の範囲を示すが，この寸法補助線を用いず，直接に形体間の寸法を指示する場合もあり，一対の寸法補助線の一方を中心線，形体などで代用する場合がある。

寸法線は，通常，両端に端末記号を付けるが，片方だけの場合，片方に起点記号を用いる場合，引出線を用いる場合などがある。詳細は，JIS B 0001 又は JIS Z 8317-1（≒ ISO 129-1: 2004）による。

寸法は，長さ寸法についてはミリメートルの単位の測定可能な数値に単位記号を付けずに，角度寸法については度，分，秒（単位記号：°，′，″）の単位又はラジアン（単位記号：rad）の単位の測定可能な数値に単位記号を付けて指示する。

2.1.3 寸法の配置

寸法の配置に関しては，直列寸法記入法，並列寸法記入法，累進寸法記入法，座標寸法記入法及び複合寸法記入法が JIS Z 8317-1 及び JIS B 0001 に規定されている。

(1) 直列寸法記入法

直列寸法記入法（chain dimensioning）は，形体の個々の寸法を，それぞれ次から次へと記入する方法であり（図 2.2），公差の累積がある。

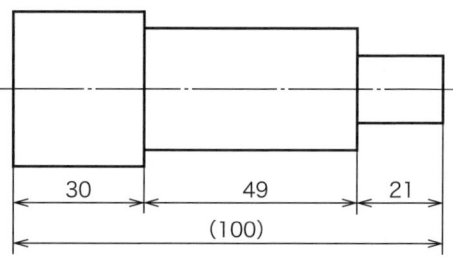

図 2.2　直列寸法記入法の例

(2) 並列寸法記入法

並列寸法記入法（parallel dimensioning）は，基準となる側からの個々の寸法を，寸法線を並べて記入する方法であり（図 2.3），公差の累積はない。

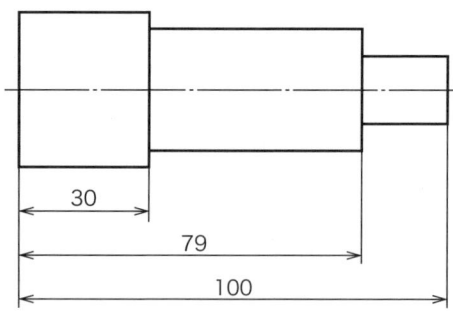

図 2.3　並列寸法記入法の例

(3) 累進寸法記入法

累進寸法記入法（superimposed running dimensioning）は，基準となる側からの個々の寸法を，共通の寸法線を用いて記入する方法である（図 2.4）。公差の累積はない。基準となる

側には,起点記号(symbol for origin)を用いる。

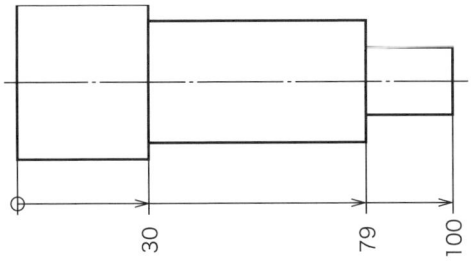

図 2.4 累進寸法記入法の例

(4) 座標寸法記入法

座標寸法記入法(coordinate dimensioning)には,直角座標寸法記入法と極座標寸法記入法とがある。

(a) 直角座標寸法記入法 直角座標寸法記入法(rectangular coordinate dimensioning)は,個々の点の位置を表す寸法を,直角座標によって記入する方法である。図示例を図2.5に示す。

なお,直角座標寸法記入法は,正座標寸法記入法ともいう。

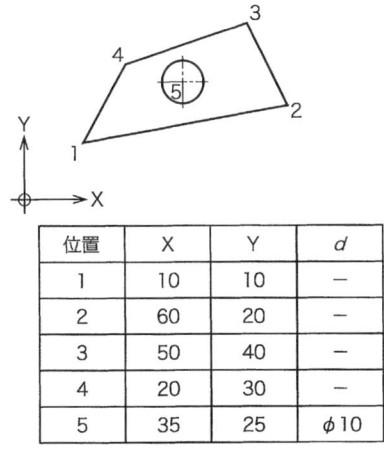

位置	X	Y	d
1	10	10	—
2	60	20	—
3	50	40	—
4	20	30	—
5	35	25	$\phi 10$

図 2.5 直角座標寸法記入法の例

(b) 極座標寸法記入法 極座標寸法記入法(polar coordinate dimensioning)は,個々の点の原点からの位置を半径及び角度によって,極座標で記入する方法である。図示例を図2.6に示す。

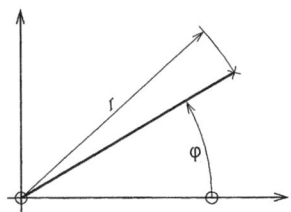

図 2.6 極座標寸法記入法の例

(5) 複合寸法記入法

複合寸法記入法（composite dimensioning）は，上記（1）～（4）を併用して，図面に寸法を記入する方法である。

2.2 寸法の許容限界

図面指示した寸法に関する設計要求を具体化するためには，寸法の許容限界（permissible limits of dimension）を指示する。この寸法の許容限界は，対象とする形体の実寸法がその間にあるように指示された寸法の限界である。

なお，ISO では，公差（tolerance）という用語を使用している。

JIS Z 8318：1998（= ISO 406：1987 は 2000 年に廃止）では，寸法の許容限界を次のいずれかの方法で指示することにしている。

2.2.1 長さ寸法の許容限界の記入方法
(1) 寸法許容差（数値）による方法

公差付き寸法は，次の順序で指示する（図 2.7～図 2.9）。

　① 基準寸法（basic dimension）
　② 寸法許容差（片側又は両側寸法許容差）

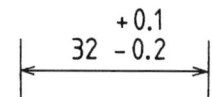

図 2.7　両側寸法許容差の例 1

いずれか一方の寸法許容差がゼロの場合には，数字 0 で示す（図 2.8）。

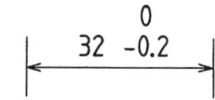

図 2.8　片側寸法許容差の例

両側寸法許容差が基準寸法に対して対称の場合には，寸法許容差の数値を一つだけ示し，数値の前に±の記号を付ける（図 2.9）。

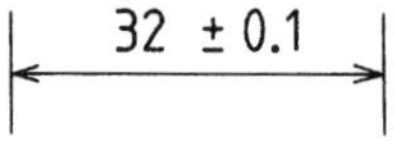

$$\overset{\longleftrightarrow}{32\ \pm 0.1}$$

図 2.9　両側寸法許容差の例 2

(2) 許容限界寸法による方法

許容限界寸法を，最大許容寸法及び最小許容寸法で示す（図 2.10）。

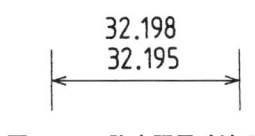

図 2.10 許容限界寸法の例

(3) 片側許容限界寸法による方法

寸法を最小又は最大のいずれか一方向だけ許容する必要がある場合には，寸法数値の後に "min" 又は "max" を付記する（図 2.11）。

なお，"min" 又は "max" の代わりに，"最小" 又は "最大" を指示してもよい。この場合，寸法数値の前に付記する（図 2.12）。

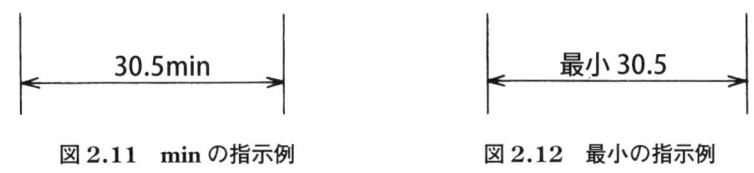

図 2.11　min の指示例　　　　　図 2.12　最小の指示例

(4) ISO コード記号（公差域クラス）による方法

寸法公差付き寸法の各要素は，次の順序で記入する。

　① 基準寸法
　② 公差域クラス

なお，公差域クラス（tolerance class）は，寸法公差記号ともいう（JIS B 0401-1:1998 参照）。

公差域クラスの記号（図 2.13 の f7）に加えて寸法許容差（図 2.14）又は許容限界寸法（図 2.15）を示す必要がある場合には，それらに括弧を付けて付記する。

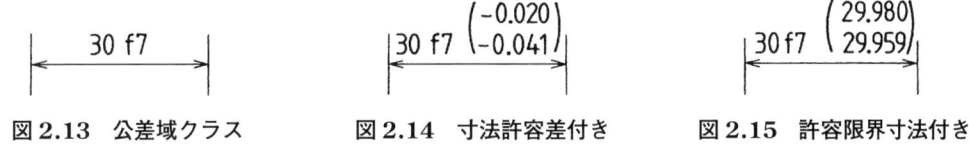

図 2.13　公差域クラス　　　　図 2.14　寸法許容差付き　　　　図 2.15　許容限界寸法付き

2.2.2　寸法許容差及び許容限界寸法の記入順序

内側形体（internal feature）（例えば，穴）か外側形体（external feature）（例えば，軸）にかかわりなく，上の寸法許容差又は最大許容寸法を上の位置に，下の寸法許容差又は最小許容寸法を下の位置に指示する。

2.2.3　組立部品の寸法許容限界の記入方法

(1) 数値による寸法許容限界の場合の方法

組立部品の各構成部品に対する寸法は，その構成部品の名称（図 2.16）又は照合番号（reference number，図 2.17）に続けて示す。いずれの場合にも，内側形体の寸法を，外側形体の寸法の上側に指示する。

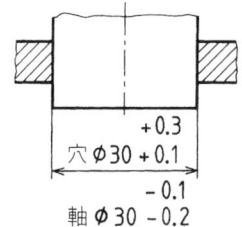
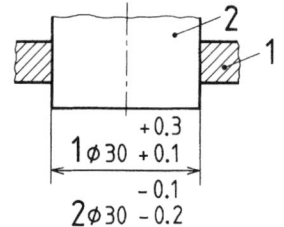

図 2.16　寸法許容限界の指示例 1　　　図 2.17　寸法許容限界の指示例 2

(2) 記号による方法

基準寸法を一つだけ指示し，それに続けて内側形体の公差域クラスを，外側形体の公差域クラスの前（図 2.18）又は上側（図 2.19）に記入する。

なお，寸法許容差の数値を指示する必要がある場合には，括弧を付けて公差域クラスの後に付記する（図 2.20）。

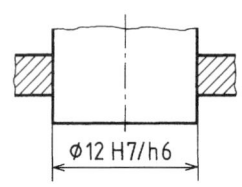
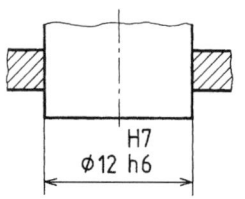

図 2.18　記号による方法 1　　　図 2.19　記号による方法 2

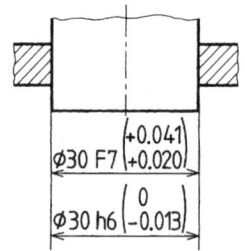

図 2.20　記号による方法 3

簡略化のために，(JIS Z 8317-1 にかかわらず) 1 本の寸法線だけを使って指示してもよい（図 2.21）。

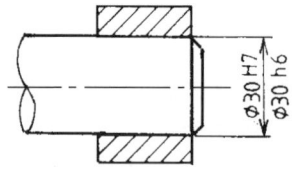

図 2.21　寸法許容限界の簡略化した指示例

2.3 角度寸法の許容限界の記入方法

角度寸法の許容限界の記入方法は，長さ寸法の許容限界の記入方法（2.2.1 項参照）についての規定を同等に適用する。ただし，許容差は，角度の基準寸法及びその端数の単位は，必ず記入しなければならない（図 2.22〜図 2.25）。JIS Z 8318 では，角度寸法の許容差が分単位又は秒単位だけの場合には，それぞれ 0°又は 0′を数値の前へ付けることを規定している。

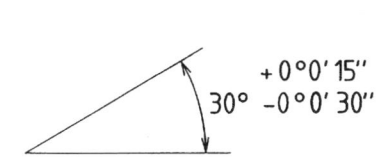

図 2.22　角度寸法の許容限界の記入例 1

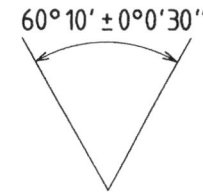

図 2.23　角度寸法の許容限界の記入例 2

図 2.24　角度寸法の許容限界の記入例 3

図 2.25　角度寸法の許容限界の記入例 4

平面角の SI 単位は，ラジアン（単位記号：rad）である。角度寸法の許容限界をラジアンで記入する方法は，基準角度寸法に rad を付けて，その後に許容差を分数又は小数で表示し，さらに rad を付けて指示する（図 2.26）。

なお，基準角度寸法及び許容差は，分数又は小数で統一して示す。

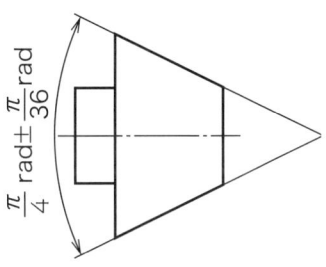

図 2.26　ラジアンの記入例

角度サイズ（angular size）の許容限界の記入方法は，一般の角度寸法のそれと同等に適用する（図 2.27）。ただし，二平面のそれぞれの表面の要素である線と線との開き角（断面の切り口の輪郭線）が寸法の許容限界を侵害してはならない。

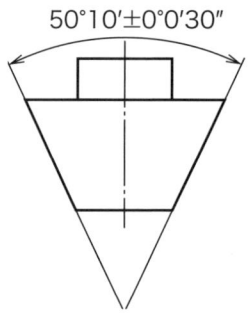

図 2.27 角度サイズの許容限界の記入例

2.4 公差方式の基本原則

寸法公差方式（dimensional tolerancing）は，独立の原則を規定する ISO 8015:1985（2011年に改正された。ISO 8015:1985 は JIS B 0024:1988 と IDT。）とルール #1 として寸法公差内に形体を規制する ASME Y14.5:2009 とがある。

2.4.1 独立の原則

独立の原則（principle of independency）は，JIS B 0024 で次のように規定されている。
「図面上に個々に指定した寸法及び幾何特性に対する要求事項は，それらの間に特別の関係が指定されない限り，独立に適用する。それゆえ何も関係が指定されていない場合には，幾何公差は形体の寸法に無関係に適用し，幾何公差と寸法公差は関係ないものとして扱う。」

独立の原則を適用する部品図には，設計要求として表題欄又はその付近へ JIS B 0024 又は ISO 8015 を表示する（図 2.28）。

図 2.28 は，簡単な部品図の例である。

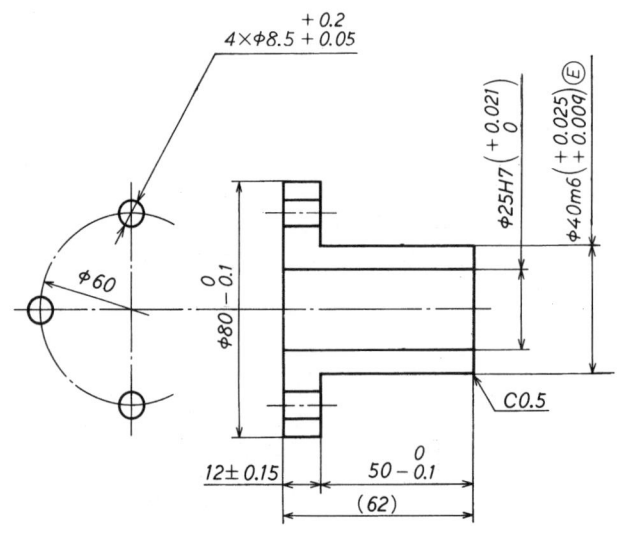

公差方式：JIS B 0024

図 2.28 独立の原則の適用例

図 2.28 に対する一般的な解釈は，次のとおりである．
① フランジ径は，2 点測定で $\phi 80 \sim \phi 79.9$ であればよい．
② $\phi 40$ の円筒外径は，公差域クラス（tolerance class）m6 が指示されているので，テーラーの原理[2]を適用して，$\phi 40.025$ の通り側ゲージ（リングゲージ）が通ればよい．そして，$\phi 40.009$ の止り側ゲージが通らなければよい．

なお，限界ゲージを使用するのではなく，測定機器を用いて直径を測定してもよい．
③ $\phi 25$ の内径は，公差域クラス H7 が指示されているので，$\phi 25$ の通り側ゲージ（プラグゲージ）が通ればよい．そして，$\phi 25.021$ の止り側ゲージが通らなければよい．

なお，限界ゲージを使用するのではなく，測定機器を用いて直径を測定してもよい．
④ 四つのボルト穴の直径は，許容値が大きいので，ノギスで測定する．測定値が $\phi 8.55 \sim \phi 8.70$ であればよい．

図 2.28 に幾何公差及び表面粗さの要求を追加した部品図を，図 2.29 に示す．

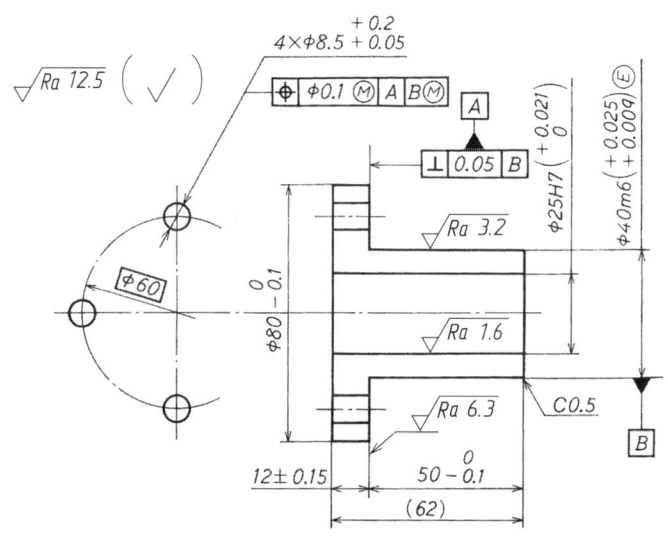

公差方式：JIS B 0024

図 2.29　幾何公差及び表面粗さの要求追加例

この部品図に JIS B 0024 を適用した場合，これらの要求事項は，個々に独立したものとして扱う．
① 寸法公差，幾何公差及び表面粗さは，個々に独立した設計要求である．ただし，包絡の条件（envelope requirement）を適用することを要求するⒺ及び最大実体公差方式（Maximum Material Requirement：MMR，第 6 章参照）を適用することを要求するⓂを指示した公差については，寸法公差と幾何公差とは相互依存（mutual dependency）関係にある．
② $\phi 40$ の円筒外径は，最大実体サイズ（Maximum Material Size：MMS）において，完全形状（perfect form）でなければならない．このことは，$\phi 40.025$ の通り側ゲージで検証する場合には，最大実体状態（Maximum Material Condition：MMC）における完全形状を侵害しないゲージでなければならない．

ϕ40.009 の最小実体サイズ（Minimum Material Size：LMS）は，2 点測定器（ノギス，マイクロメータなど）で測定する場合には，公差内で最小許容限界寸法以上であればよい。

③ ϕ25 の内径は，ϕ25 の通り側ゲージ（プラグゲージ）が通ればよい。そして，ϕ25.021 の止り側ゲージが通らなければよい。

この場合，Ⓔを適用する要求はないが，公差域クラス H7 が指示されているので，少しばかりの形状偏差は認められる。

ϕ25.021 の LMS は，2 点測定器で測定する場合には，公差内で最大許容限界サイズ以下であればよい。

もちろん，止り側ゲージを使用して，それが通らなければよい。

④ フランジの外径及び厚さは，形状の保証は指定がないので，2 点測定器で測定すればよい。

⑤ フランジ背面の直角度公差は，円筒径，円筒長さ，フランジの外径，厚さなどとは独立して適用される。

⑥ 四つのボルト穴 ϕ8.5 は，データム A（フランジ背面）及びデータム B（ϕ40 の円筒外径の軸直線）に対して位置度公差を適用し，さらにⓂを適用することを要求する指示である。

⑦ この場合，穴径 ϕ8.5 と位置度公差 ϕ0.1 とは，相互依存関係にある。

なお，位置度公差 ϕ0.1 及びデータム B にはⓂが適用されているが，これについては後述（第6章参照）する。

独立の原則の要求は，図面の表題欄の中又はその付近に JIS B 0024 又は ISO 8015 を表示することで成就される（図 2.30）。

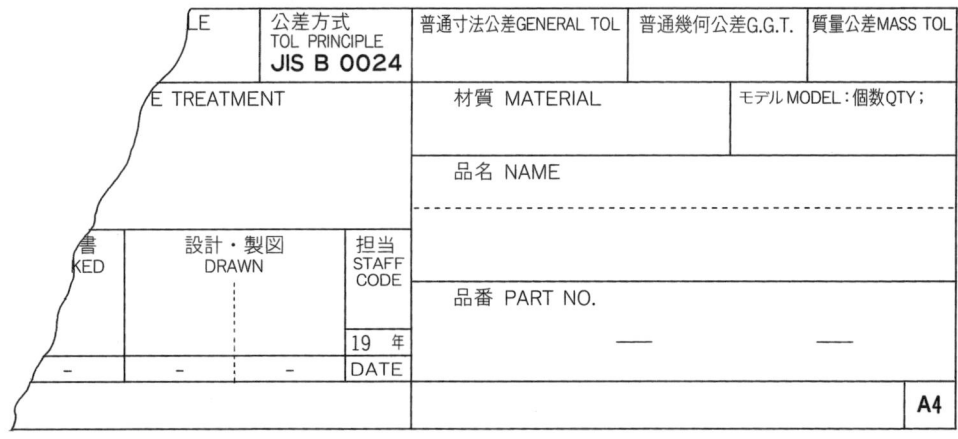

図 2.30 独立の原則の要求例

2.4.2 包絡の条件

包絡の条件は，円筒面や平行二平面からなる単独形体の実体が MMS をもつ完全形状の包絡面を越えてはならないという条件である。

包絡の条件は，寸法の許容限界の後に記号Ⓔを指示する。はめあいの要求がある場合で，かつ，ASME Y14.5 に規定するルール #1 を適用する場合には，包絡の条件を適用することであり，特に有用である。

図 2.29 に示した φ40 の円筒外径は，MMS において，完全形状でなければならない。このことは，φ40.025 の通り側ゲージで検証する場合には，MMC における完全形状を侵害しないゲージでなければならない。

図 2.29 の φ40.009 の MMS は，2 点測定器（ノギス，マイクロメータなど）で測定する場合には，公差内で最小許容限界寸法以上であればよい。

2.4.3 GPS 原理規格

ISO/TC 213 は，当初，デジタル化には ISO 8015 の独立の原則よりも ASME Y14.5:1994 で規定するルール＃1 がよい，としていたが，長い時間をかけて議論した結果，GPS 基本規則として ISO/DIS 14659 が提案された。これは，ISO 8015 に代わるものとして，独立の原則及び包絡の条件を包含して作成されたものであった。しかし，最終的には ISO 8015:2011 に統合されて，ISO 8015:2011 を GPS 規格の頂点に置いた。

ISO 8015:2011 の問題点としては，GPS 実施規則（invocation principle）で，図面などに GPS システムが指示された場合には，定義から検証までを GPS 規格の規定に従うことが挙げられる。例えば，真円度は，当てはめ方法によることが求められる。振れで代用して検証することはない。

近い将来に，ISO 8015 から ISO 14659 へ移行することが考えられるので，注意が必要である。

国内においては，JIS が公差方式を JIS B 0024 で指定することを開始してからおよそ四半世紀になるが，規格番号の変更だけの問題ではなくなる。

2.5　GPS 長さ寸法

2.5.1　モディファイヤ

ISO 14405-1:2010 は，長さ寸法（linier size）に関して，どのような性質の寸法（サイズ）であるかを識別する記号（modifier）を標準化している（表 2.1，筆者仮訳）。

表 2.1 の指示例には，上・下の寸法許容差が異なったモディファイヤを付記する場合（図 2.31），両側の寸法許容限界に異なったモディファイヤを付記する場合（図 2.32）のほか，もちろん図 2.28 及び図 2.29 に示したⒺを指示することも含まれる。

表 2.1　GPS 寸法及びモディファイヤ

寸法の種類	下位寸法の種類	（追加の）定義	モディファイヤ
局部寸法	二点寸法		ⓁⓅ
	球寸法		ⓁⓈ
	断面寸法	最小二乗当てはめ規則を適用	ⒼⒼ/O
		最大内接当てはめ規則を適用	ⒼⓍ/O
		最小外接当てはめ規則を適用	ⒼⓃ/O
		外接直径の計算寸法	ⒸⒸ
		面積直径の計算寸法	ⒸⒶ
		球寸法又は点寸法のランクオーダ寸法	例 ⓁⓅ/OⓈⒶ
	長さの位置寸法	最小二乗当てはめ規則を適用	ⒼⒼ/L
		最大内接当てはめ規則を適用	ⒼⓍ/L
		最小外接当てはめ規則を適用	ⒼⓃ/L

表 2.1 （続き）

		体積直径の計算寸法	ⓒⓋ/L
		断面寸法又は球寸法又は二点寸法のランクオーダ寸法	例 ⓛⓟ/LⓈⓍ
グローバル寸法	直接グローバル寸法	最小二乗当てはめ規則を適用	ⒼⒼ
		最大内接当てはめ規則を適用	ⒼⓍ
		最小外接当てはめ規則を適用	ⒼⓃ
	計算グローバル寸法	体積直径の計算寸法	ⒸⓋ
	非グローバル寸法	局部サイズに基づくランクオーダ寸法	例 ⓛⓟⓈⓃ
局部寸法及びグローバル寸法	包絡の条件	ⓛⓟとⒼⓍ又はⒼⓃの組合せ	Ⓔ

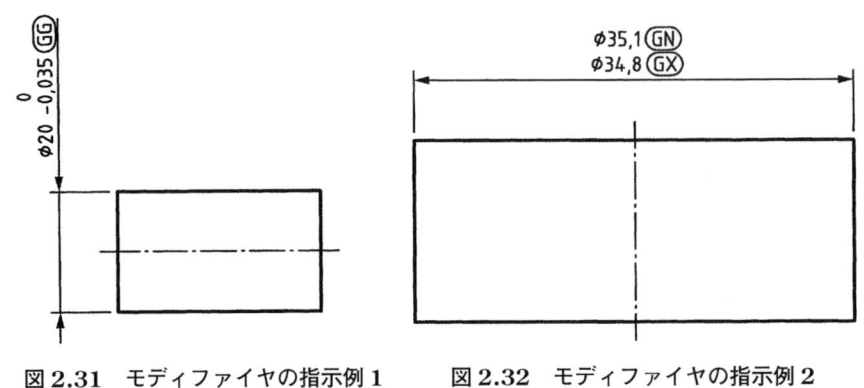

図 2.31 モディファイヤの指示例 1　　図 2.32 モディファイヤの指示例 2

2.5.2 サイズ

大きさ寸法をサイズ（size dimension）という（図 2.1 の①参照）。穴の直径，溝幅，軸の直径を有する形体［これらをサイズ形体（feature of size）という。］などは，サイズを有する。

サイズ形体は，第 6 章に述べる最大実体公差方式，最小実体公差方式，突出公差域などが適用できる重要なアイテムである。

2.5.3 段差寸法

段差がある寸法を段差寸法（step dimension）といい，ドイツの提案によって段差寸法の原案の審議が開始されたが，ISO/TC 213 は段差寸法が GPS の適用範囲外であるとして，ISO/TR 16570:2004（ただし，2009 年に廃止）となった。その後，規格化の検討が行われている。参考までに，その指示例を図 2.33 に，解釈を図 2.34 に示す。

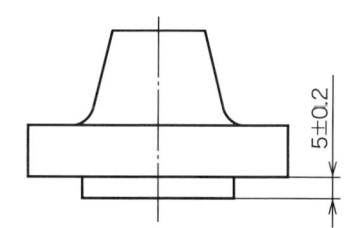

図 2.33 段差寸法の指示例 1

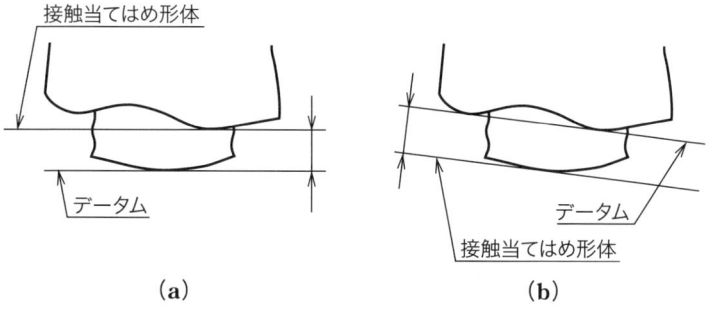

(a) (b)

図 2.34 図 2.33 の解釈

　その後，デンマークから段差寸法を幾何公差で指示する案が出された．これが ISO 14405-2：2011 であり，段差寸法を指示する代わりに平行度公差，位置度公差などを指示して，要求事項を確定するものである．図 2.35 は，段差寸法を指示した例であるが，二点測定をする場合，当てはめ方法を適用して検証する場合（図 2.36）などが考えられる．

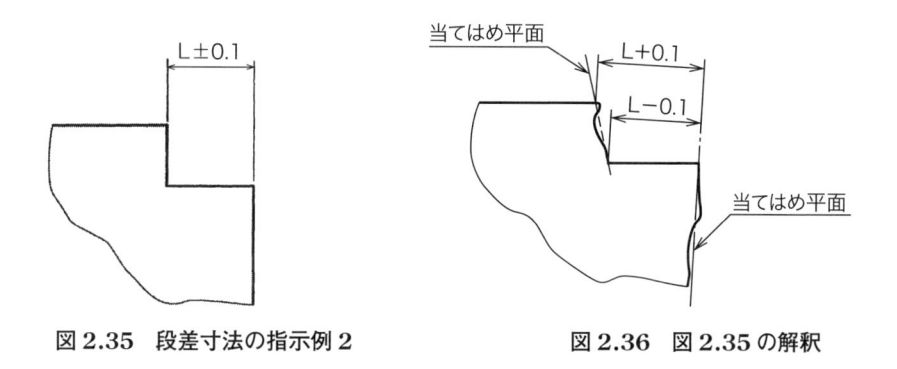

図 2.35 段差寸法の指示例 2　　　　**図 2.36** 図 2.35 の解釈

　これらに対して，設計要求を確定するためには，JIS B 0021：1998（= ISO/DIS 1101：1996）に規定する幾何公差を指示することになる（図 2.37）．

(a) (b) (c)

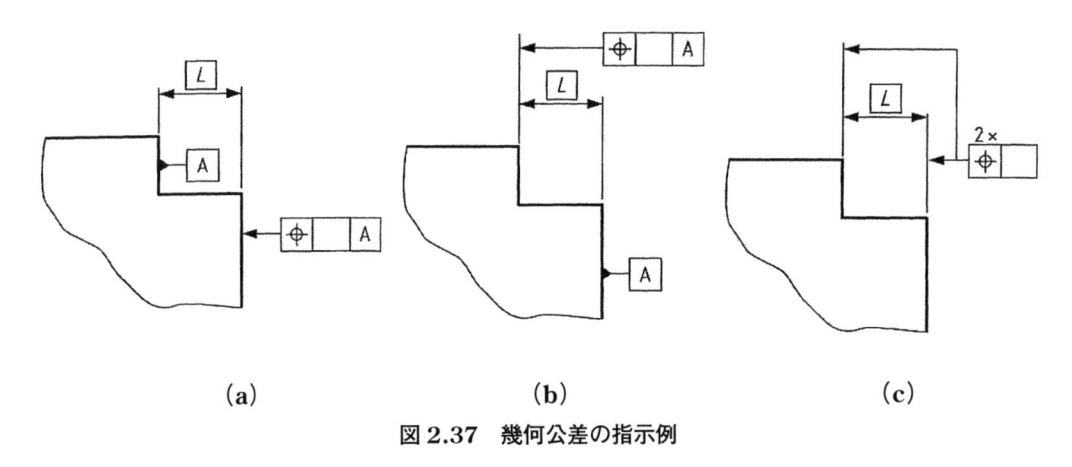

図 2.37 幾何公差の指示例

2.5.4 角度寸法

角度寸法についても，角度をどのように確定するか，を ISO 14405-2 は規定している［図 2.38（a）］。これについても，幾何公差で指示すると［図 2.38（b）］，あいまいさがなくなる。

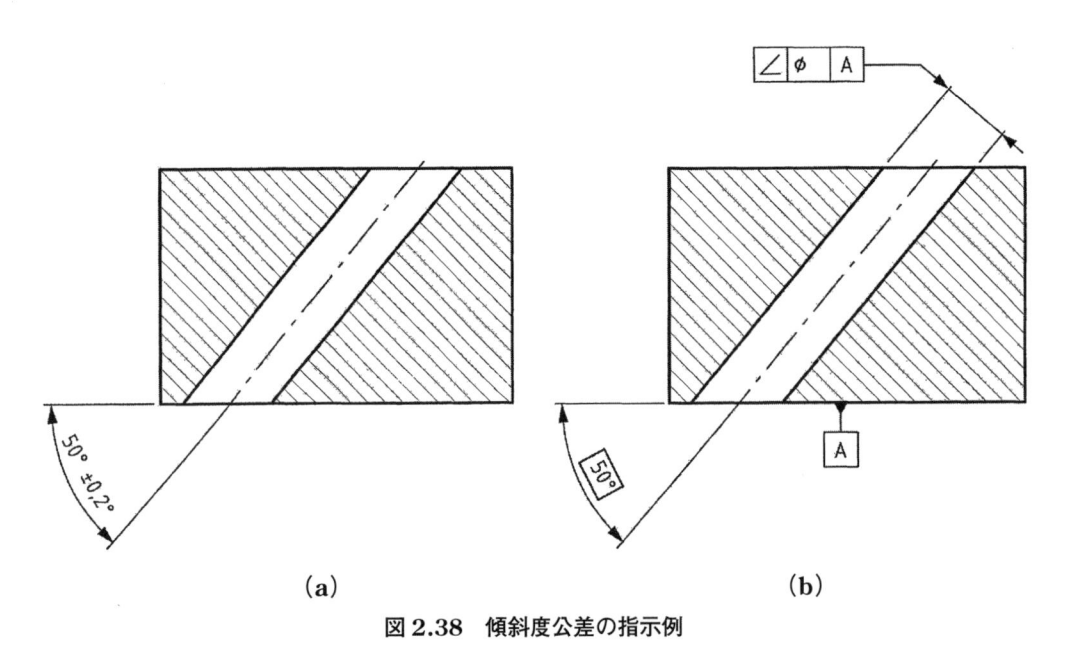

(a) (b)

図 2.38 傾斜度公差の指示例

引用文献

1) 桑田浩志・德岡直靜（2010）：JIS 使い方シリーズ 機械製図マニュアル 第 4 版，p.177，日本規格協会
2) 吉本勇（1997）：最大実体の原理とテーラーの原理，機械の研究，Vol.29，No.8，p.48，養賢堂

第 3 章　成形品の寸法及び公差方式

　鋳・鍛造品，プラスチック部品などの成形部品は，凝固，型による成形などで複雑な工程を経て製作されるため，寸法及び公差の指示も特異なものとなる。
　ここでは，ISO/TC 213/WG 9 で開発した ISO 10135:2007 の規定事項を中心に，成形品の寸法及び公差方式について，その概要を述べる。

3.1　図示記号

3.1.1　見切り面
鋳型，金型などの見切り面（parting surface）であることを示す記号は，次による。
なお，見切り面は，図面上では見切り線（parting line）といってもよい。
　① 一般的な見切り面には，図 3.1（a）の図示記号を用いる。
　② 固定された鋳型，金型などの見切り面には，図 3.1（b）の図示記号を用いる。

(a)　　　　　　(b)

図 3.1　見切り面の図示記号

3.1.2　見切り面の種類
見切り面の種類を表すために，表 3.1 に示す文字記号を図 3.1 の図示記号の前側に付記する。

表 3.1　見切り面の種類を表す文字記号

文字記号	適　用
C	中子の見切り面
M	型の主見切り面
S	型の副見切り面

これらの文字記号の指示位置を図 3.2 に示す。

凡例　a　見切り面の種類を表す文字記号

図 3.2　文字記号の指示位置

3.1.3 見切り面の指示方法

見切り面は,成形品の外側へ見切り線を表す細い実線を引き,それに図 3.1 に示した図示記号を指示する(図 3.3)。

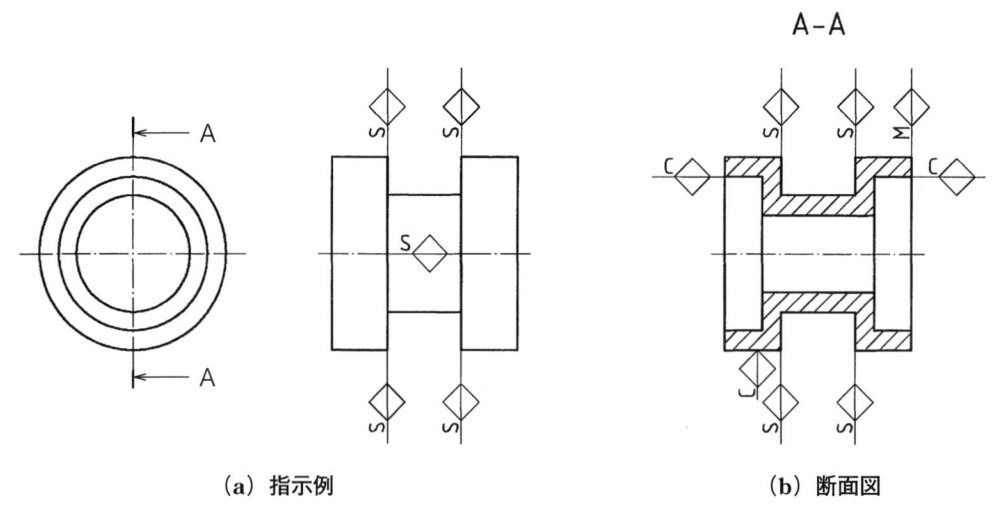

(a) 指示例　　　　　　　　　　　(b) 断面図

図 3.3　見切り面の指示例

3.1.4 型ずれ及びフラッシュの指示方法

見切り面の指示とともに型ずれ(mismatch,記号:SMI)及び/又はフラッシュ(flash,記号:FL)を指示する位置は図 3.4 によって,それらの指示方法は図 3.5 による。

凡例　a　見切り面の種類の文字記号を記入する位置
　　　b　型ずれの要求事項を記入する位置
　　　c　フラッシュの要求事項を記入する位置

図 3.4　型ずれ及びフラッシュの指示位置

S◇SMI ±0,1
　FL 0,1×0,05

図 3.5　型ずれ及びフラッシュの指示例

3.1.5 ツールマークの指示方法

ツールマーク(tool mark)の指示方法は,次による。

① 成形品の表面にできる凹状(−)又は凸状(+)のツールマークは,図 3.6 に示す図示記号を用いて,表 3.2 の文字記号を図 3.7 のように図示記号の後に記入して指示する。

図 3.6　ツールマークの図示記号

3.1 図示記号

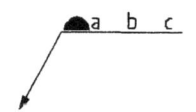

凡例　a　マークの種類を記入する位置
　　　b　記号＋又は－を使用して（起伏及び／又は陥没）の方向を記入する位置
　　　c　寸法を記入する位置

図 3.7　ツールマークの指示位置

表 3.2　ツールマークの文字記号

文字記号	適用
E	エジェクタマーク
G	ゲートマーク
H	熱拡散マーク（チルマーク）
R	押し湯マーク
V	通気マーク

② ツールマークが＋側又は－側にあることを許容することの表示は，文字記号の後に指示する（図 3.8）。

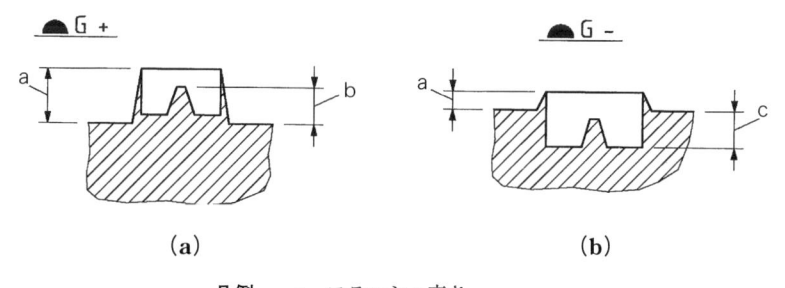

凡例　a　フラッシュ高さ
　　　b　立上がり
　　　c　へこみ

図 3.8　フラッシュ及びゲートの＋側又は－側の指示例

③ ツールマークの表面からの高さ方向の許容値は，＋又は－記号の後に数値で指示する（図 3.9）。

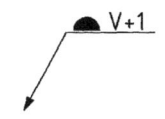

図 3.9　ツールマークの許容値の指示例

④ ツールマークの領域の許容値は，＋又は－記号の後に高さ方向の数値を記入した後に領域を，直径又は長方形の二辺の長さに括弧を付けて指示する（図 3.10）。

　　　　　　E – 1 (φ3)　　　　　　　　　G – 1 (2×3)

　　　　　　　(a)　　　　　　　　　　　　　　　(b)
　　　　　図3.10　ツールマークの領域の許容値の指示例

⑤　フラッシュ高さの許容値は，ツールマークの右側で，参照線の下側に図3.11のように指示する。

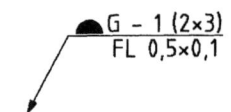

　　　　　　　　　G – 1 (2×3)
　　　　　　　　　FL 0,5×0,1

　　　　　図3.11　フラッシュ高さの許容値の指示例

⑥　ツールマークの表面上の位置を規制する場合には，JIS B 0021：1998（＝ISO/DIS 1101：1996)によって，位置度公差を指示する。

3.1.6　エジェクタマークの指示方法

　エジェクタマーク（ejector mark）の指示は，図3.12に示す図示記号を用いて位置を寸法とともに指示し，文字記号Eの後に＋又は－記号の後に数値を，そしてエジェクタ領域の許容値を括弧付きで記入する（図3.13）。

　　　　　図3.12　エジェクタマークの図示記号

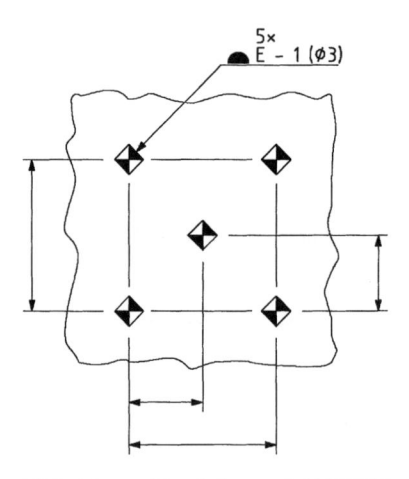

　　　　　　　　　　5×
　　　　　　　　　E – 1 (φ3)

　　　　　図3.13　エジェクタマークの指示例

3.2 型ずれの指示方法

3.2.1 一般事項

型ずれ（mismatch）は，成形品の見切り面の部分の表面に現れる表面型ずれ（surface mismatch）の要求事項を図面に指示する。表面型ずれの文字記号は図 3.14 により，直線方向型ずれ（linear mismatch）の例を図 3.15 に，回転方向型ずれ（rotational mismatch）の例を図 3.16 に示す。

SMI

図 3.14　表面型ずれの文字記号

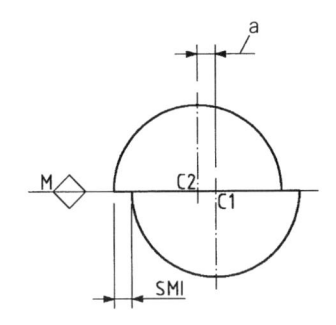

凡例　a　直線方向型ずれ

図 3.15　直線方向型ずれの例

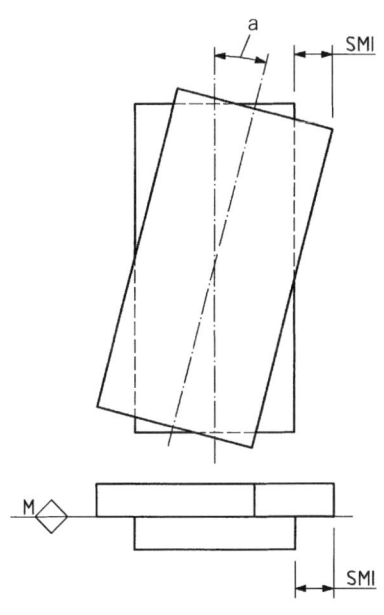

凡例　a　回転方向型ずれ

図 3.16　回転方向型ずれの例

最大許容表面型ずれは，表 3.3 に示す＋，－，又は±の数学記号を付けて，文字記号 SMI の後に数値を記入する（図 3.17～図 3.19）。

表 3.3 文字記号 SMI の数学記号

数学記号	説　明
＋	高さ
－	くぼみ
±	高さ及び／又はくぼみ

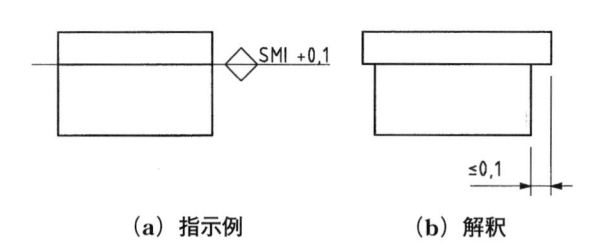

(a) 指示例　　　(b) 解釈

図 3.17　＋側表面型ずれの指示例

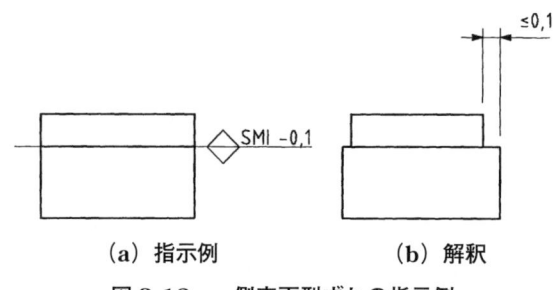

(a) 指示例　　　(b) 解釈

図 3.18　－側表面型ずれの指示例

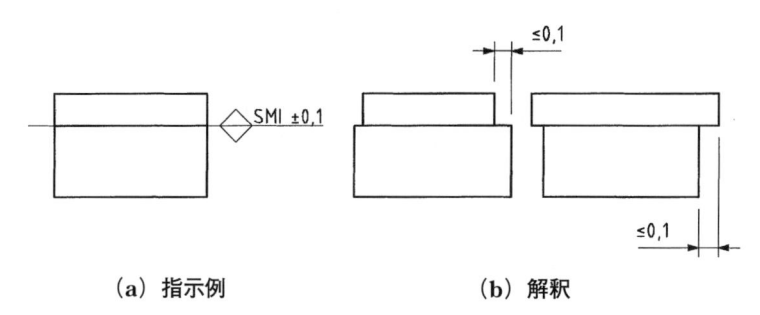

(a) 指示例　　　(b) 解釈

図 3.19　±表面型ずれの指示例

3.2.2 表面型ずれの仕様
(1) 一括指示する場合

　最大許容表面型ずれを一括指示するには，見切り線の上側に見切り面の図示記号及び表面型ずれの文字記号 SMI を記入し，その後に数学記号を付記した数値を指示する（図 3.20）。

図 3.20　表面型ずれの一括指示例

図3.20の指示は，見切り線上に記入する（図3.21）。

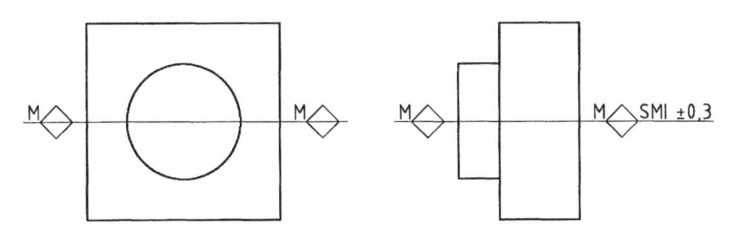

図3.21　表面型ずれの一括指示例

(2) 個々に指示する場合

幾つかの形体に対して最大許容表面型ずれを個々に指示するには，図3.22のように引出線を用いて参照線の上側に記入する。

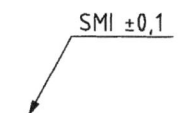

図3.22　表面型ずれを個々に指示する場合の例1

図3.22の指示は，引出線の矢印を表面型ずれの規制位置に示す（図3.23）。

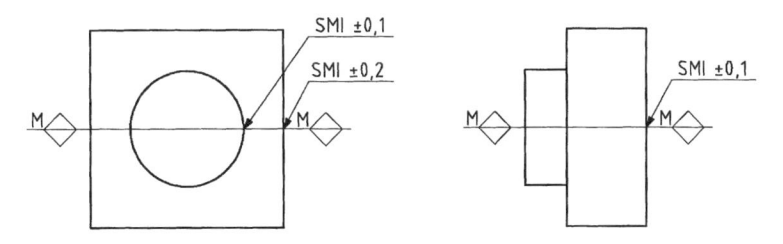

図3.23　表面型ずれを個々に指示する場合の例2

3.2.3　フラッシュ

(1) 一般事項

最大フラッシュ高さは，文字記号FLの後に数値を付記し（例えば，FL 0.2），フラッシュの高さ及び幅についてはFLの後にその"高さ×幅"の数値を付記して（例えば，FL 0.2 × 0.05）指示する（図3.24）。

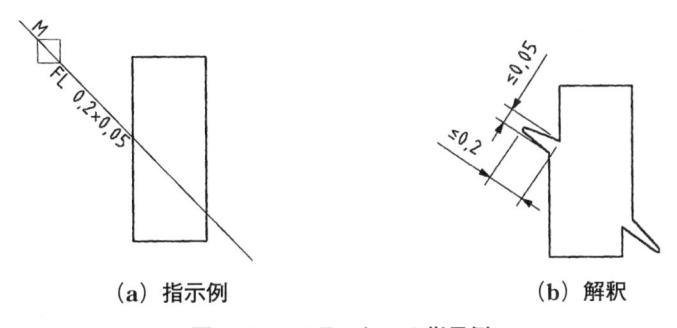

(a) 指示例　　　　**(b) 解釈**

図3.24　フラッシュの指示例

(2) 一括指示する場合

最大フラッシュを一括指示するには，見切り線の下側に，文字記号 FL，及びフラッシュ高さ又は"高さ×幅"の数値を付記する（図 3.25）。

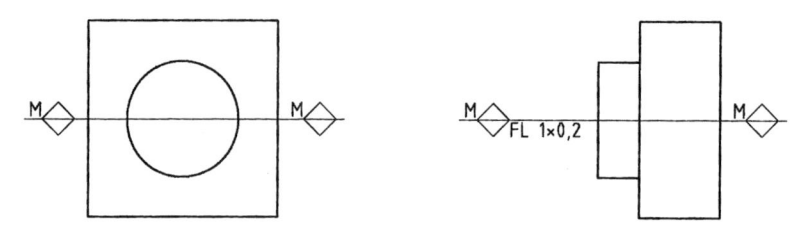

図 3.25 最大フラッシュ高さを一括指示する例

(3) 個々に指示する場合

幾つかの形体に対して最大フラッシュ高さを個々に指示するには，図 3.26 のように引出線を用いて参照線の上側に，フラッシュ高さ又は"高さ×幅"の数値を付記して個々の位置に記入する。

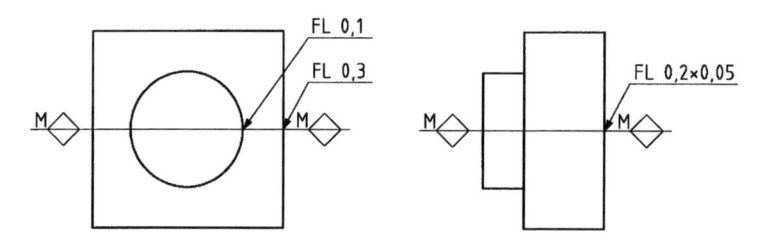

図 3.26 最大フラッシュ高さを個々に指示する例

3.3 拡張領域

3.3.1 一般事項

幾つかの形体に対して拡張領域の要求事項を指示する場合には，表 3.4 に示すように引出線と参照線との交わり部に図示記号を付ける。

表 3.4 拡張領域の図示記号

種類	拡張領域の種類		
	全周	軸周	全面
一括指示			
部分指示			

3.3.2 全周一括指示

表 3.4 の全周一括指示は，投影図の形体の 1 か所に記入する［図 3.27 (a)］。この場合には，

投影図に表れた1周の輪郭の個々の形体である［図3.27（b）の番号1～6］。

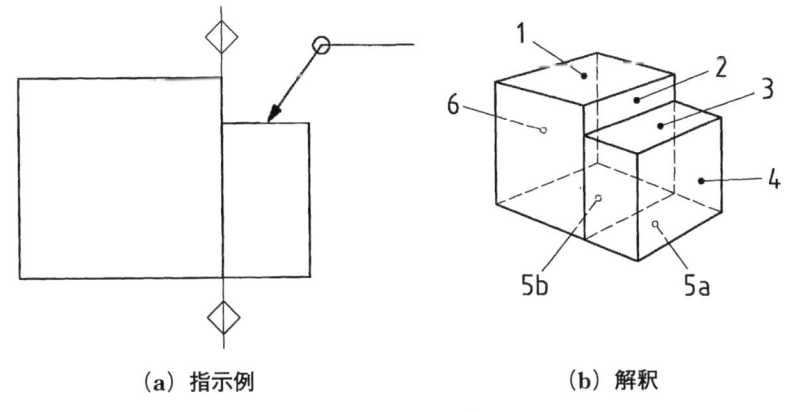

（a）指示例　　　　　　　　　**（b）解釈**

図3.27　全周一括指示例

3.3.3　全周部分指示

表3.4の全周部分指示は，投影図の見切り面の右側の形体の1か所に行う［図3.28（a）］。この場合には，投影図に表れた1周の輪郭の個々の形体である［図3.28（b）の番号2～4及び5a］。

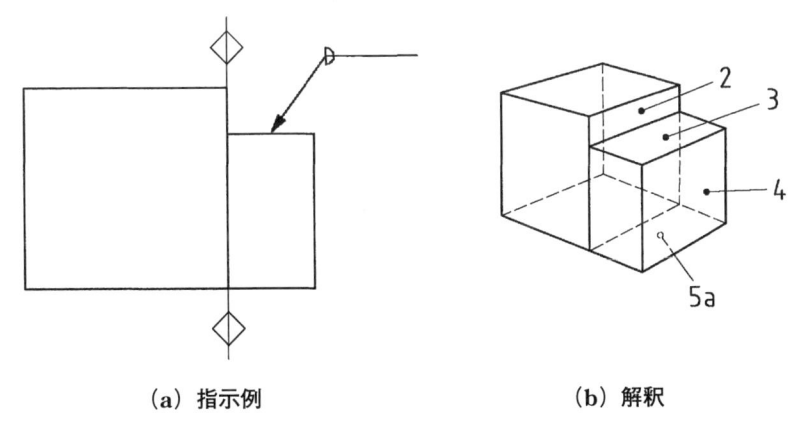

（a）指示例　　　　　　　　　**（b）解釈**

図3.28　全周部分指示例

3.3.4　軸周一括指示

表3.4の軸周一括指示は，水平方向及び垂直方向にそれぞれ平行な形体に適用するために，図3.29に示すように記号□に線分を添えて，引出線と参照線との交点に記入する。

軸周一括指示例を図3.30に示す。この指示は，図3.30（b）の番号1, 3, 5a, 5b, 7a, 7b, 8a及び8bが規制の対象である。

（a）水平軸の記号　　　　　　　　　**（b）垂直軸の記号**

図3.29　軸周一括指示の図示記号

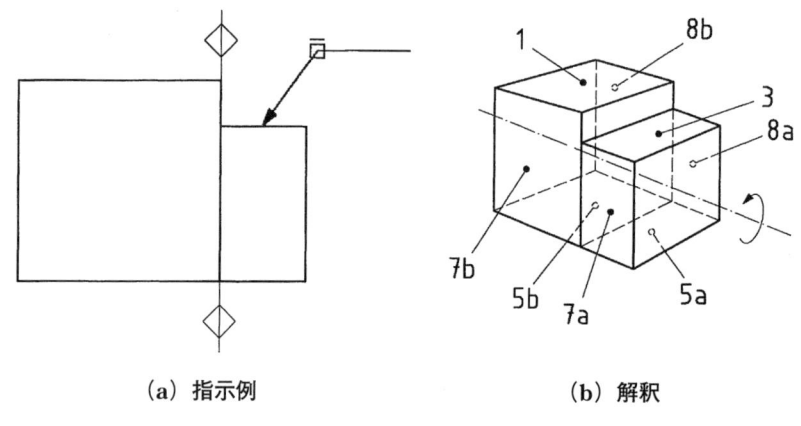

46　第3章　成形品の寸法及び公差方式

(a) 指示例　　　　　　　　(b) 解釈

図 3.30　軸周一括指示例

3.3.5　軸周部分指示

表 3.4 の軸周部分指示は，図 3.31 の記号を用いて記入する。この場合には，投影図に表れた図 3.32（b）の番号 3, 5a, 7a 及び 8a である。図 3.33（a）の場合には，図 3.33（b）の番号 4, 7a 及び 8a である。

(a) 水平軸の記号　　　　　　　　(b) 垂直軸の記号

図 3.31　軸周部分の図示記号

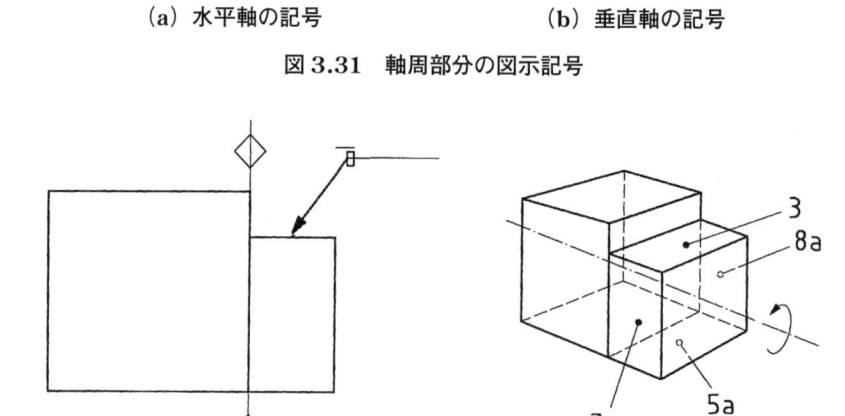

(a) 指示例　　　　　　　　(b) 解釈

3.32　水平軸周部分指示例

(a) 指示例　　　　　　　　　　(b) 解釈

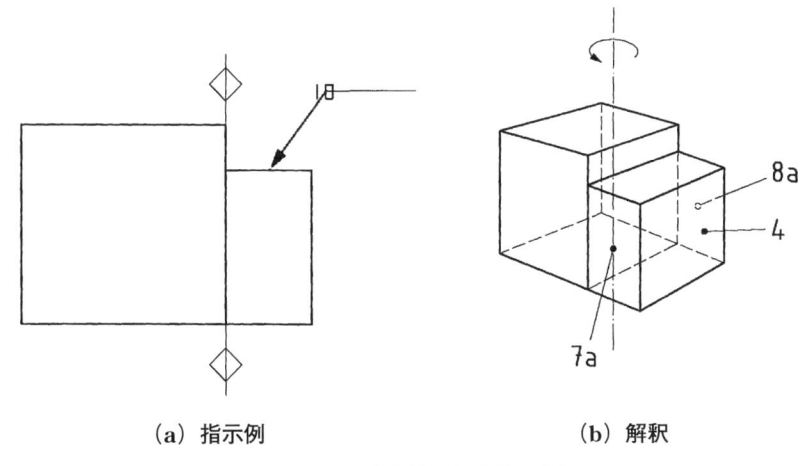

図 3.33　垂直軸周部分指示例

3.3.6　全面一括指示

表 3.4 の全面一括指示は，対象とする部品の全箇所に適用する［図 3.34（a）］。この場合には，すべての形体が規制の対象となる［図 3.34（b）］。

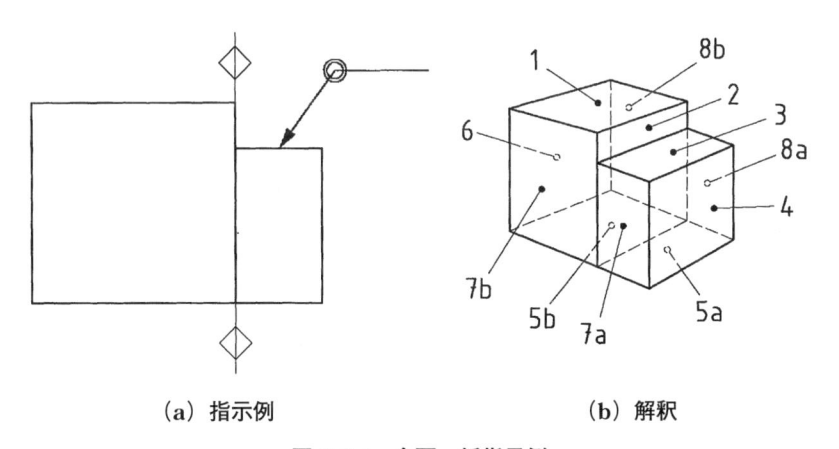

(a) 指示例　　　　　　　　　　(b) 解釈

図 3.34　全面一括指示例

3.3.7　全面部分指示

表 3.4 の全面部分指示は，図 3.35 の記号を用いて記入する。この場合には，投影図に表れた図 3.36（b）の番号 2, 3, 4, 5a, 7a 及び 8a である。

図 3.35　全面部分指示の図示記号

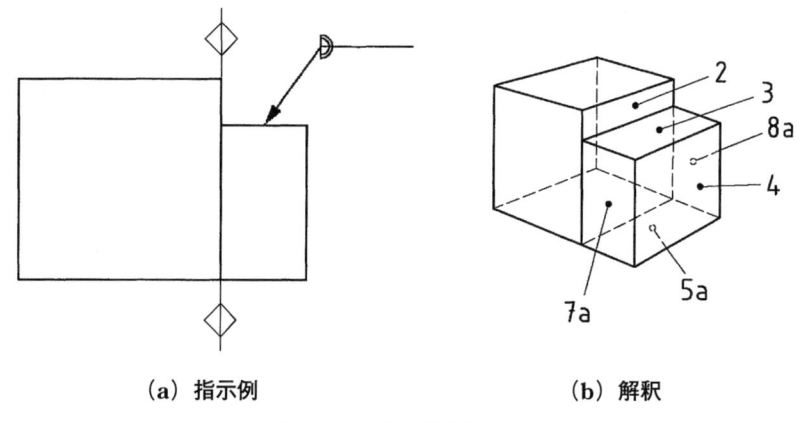

(a) 指示例　　　　　　　　　　(b) 解釈

図 3.36　全面部分指示例

3.4　抜けこう配

3.4.1　一般事項

成形品の表面に設ける抜けこう配（draft angle）は，単独の図示記号（図 3.37）又は組合せの図示記号（図 3.38）を用いて，角度を付記して指示する。これらの図示記号は，縦に用いてもよい。

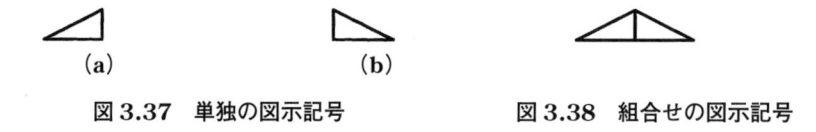

(a)　　　　　　　(b)

図 3.37　単独の図示記号　　　　図 3.38　組合せの図示記号

3.4.2　単独の図示記号による抜けこう配の指示例

図 3.37 の図示記号を参照線の上側に指示し，角度を付記して抜けこう配を適用する形体に指示する（図 3.39〜図 3.41）。

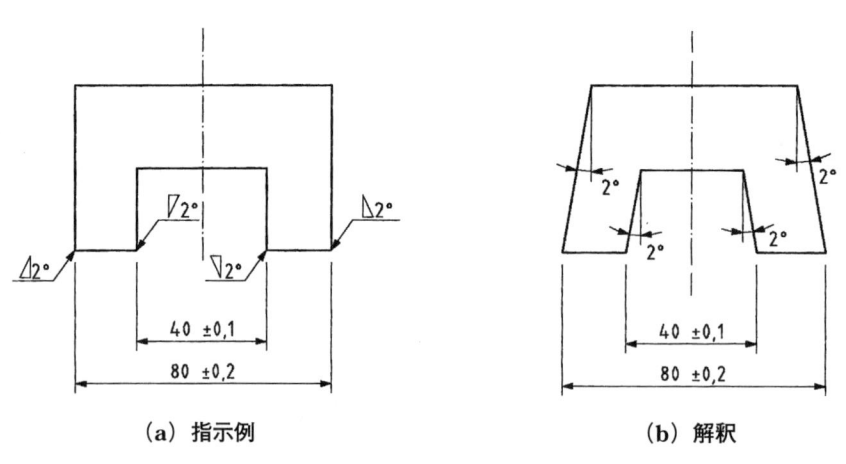

(a) 指示例　　　　　　　　　　(b) 解釈

図 3.39　単独の図示記号による抜けこう配の指示例 1

3.4 抜けこう配　　49

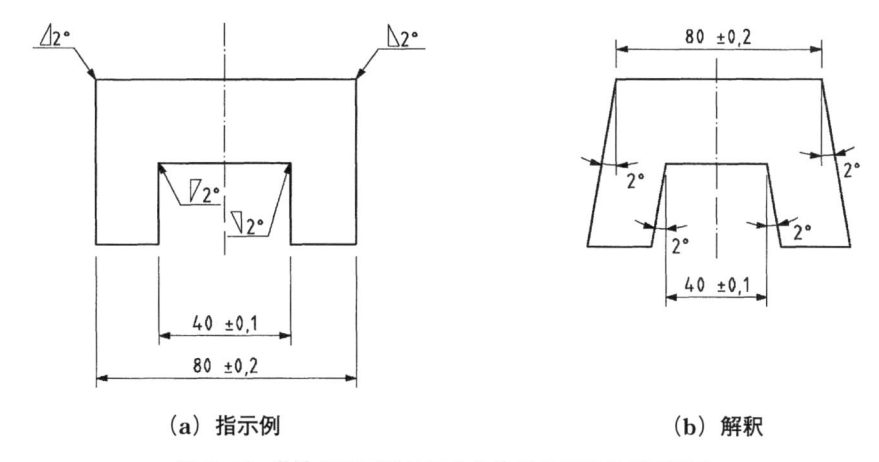

(a) 指示例　　(b) 解釈

図3.40　単独の図示記号による抜けこう配の指示例2

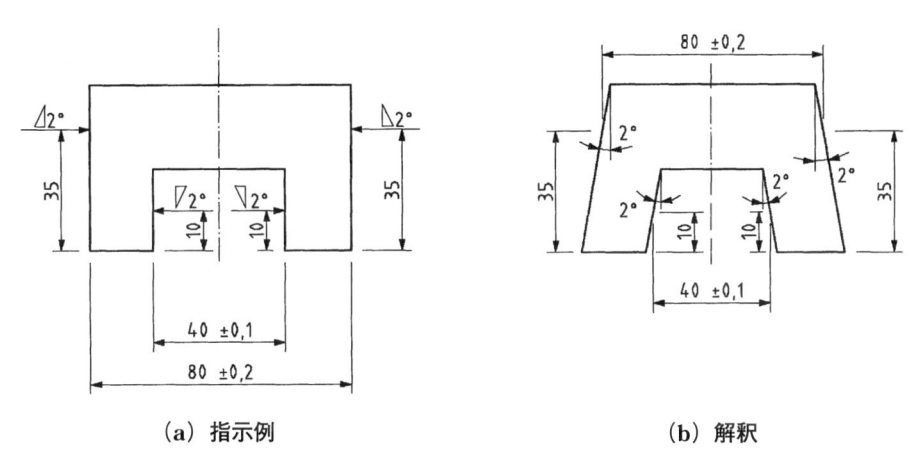

(a) 指示例　　(b) 解釈

図3.41　単独の図示記号による抜けこう配の指示例3

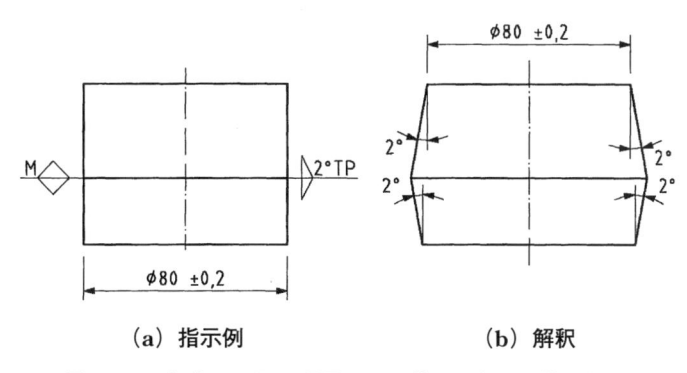

3.4.3　組合せの図示記号による抜けこう配の指示

見切り面によって抜けこう配の向きが変わるので，見切り線のところに組合せの図示記号による抜けこう配を指示をする（図3.42）。

なお，図中のTPはプラス（+）抜けこう配を，TMはマイナス（-）抜けこう配を示す。

(a) 指示例　　(b) 解釈

図3.42　組合せの図示記号による抜けこう配の指示例1

(a) 指示例　　　　　(b) 解釈

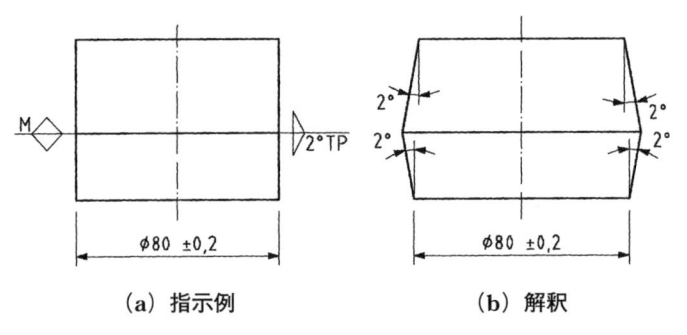

図 3.43　組合せの図示記号による抜けこう配の指示例 2

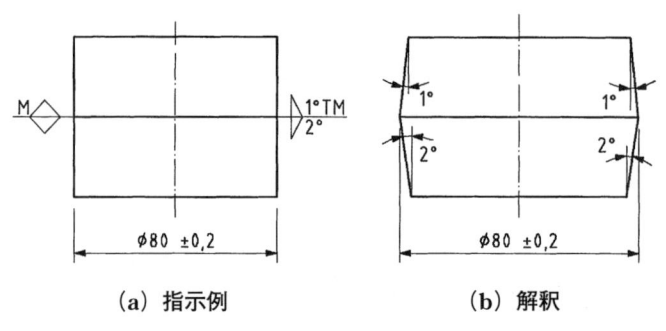

(a) 指示例　　　　　(b) 解釈

図 3.44　組合せの図示記号による抜けこう配の指示例 3

3.4.4　合致させる抜けこう配

合致させる抜けこう配（テーパ）（記号：TF）は，抜けこう配の数値（図 3.45）の代わりに指示してもよい（図 3.46 及び図 3.47）。

なお，TF は，Taper to Fit の頭文字である。

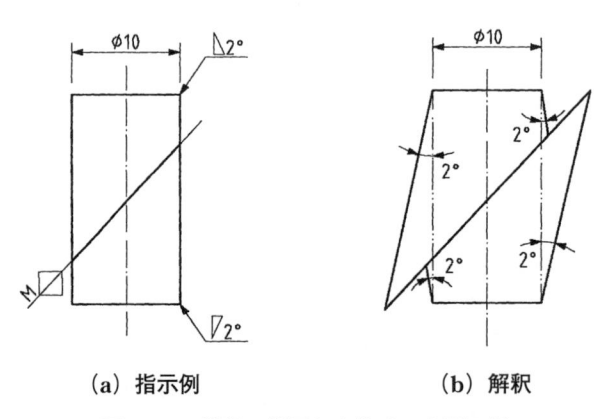

(a) 指示例　　　　　(b) 解釈

図 3.45　数値で指示した抜けこう配の例

3.4 抜けこう配　51

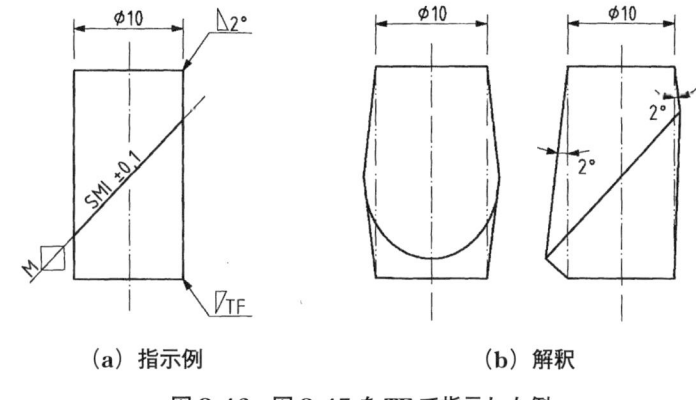

(a) 指示例　　　(b) 解釈

図 3.46　図 3.45 を TF で指示した例

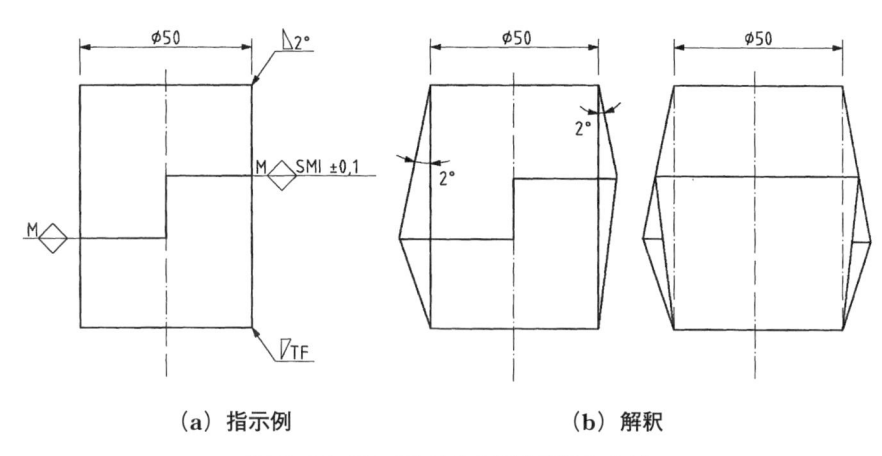

(a) 指示例　　　(b) 解釈

図 3.47　TF で抜けこう配を指示した例

3.4.5　抜けこう配の拡張

回転体の形体に適用する抜けこう配は，投影図の片側にだけ指示する（図 3.48）。

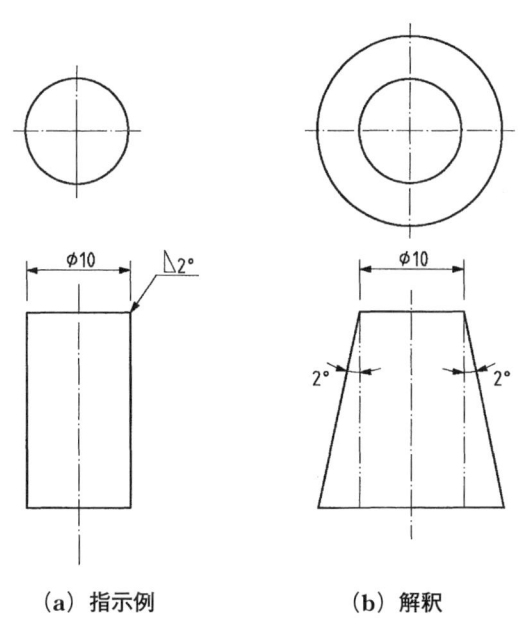

(a) 指示例　　　(b) 解釈

図 3.48　回転体への抜けこう配の指示例

3.4.6 ツールの動き方向

ツールの動き方向は，実線の両端に矢印を付け，その線の上側に文字記号 TMD を付記して指示する（図 3.49）。

なお，TMD は，Tool Motion Direction の頭文字である。この指示例を図 3.50 に示す。

図 3.49 ツールの動き方向の図示記号

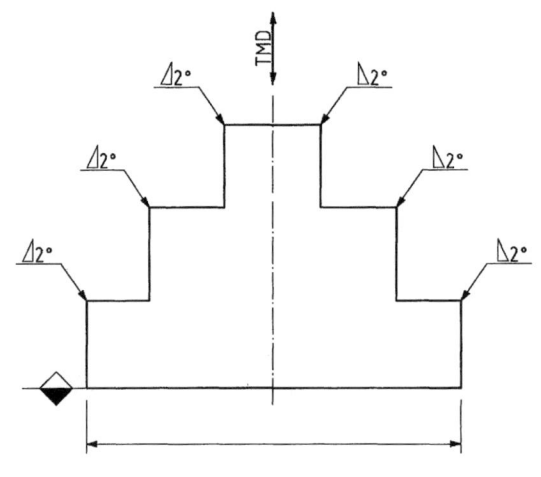

図 3.50 ツールの動き方向の指示例

可動ツール部分及び／又はツールの動き方向は，図 3.51 のように指示する。

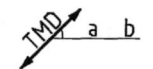

凡例　a　可動ツール部分の位置
　　　b　角度仕様の位置

図 3.51 可動ツール部分及び／又はツールの動き方向の指示位置

可動ツール部分の種類は，表 3.5 に示す文字記号による。そして，指示例を図 3.52 に示す。

表 3.5 可動ツール部分の文字記号

文字記号	適用
C	可動中子
M	主可動部分
S	副可動部分

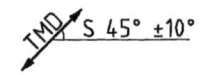

図 3.52 可動ツール部分の指示例

鋳型を可動させる方向を，図 3.52 に従って部品図に記入する例を図 3.53 に示す。

図 3.53　可動方向の指示例

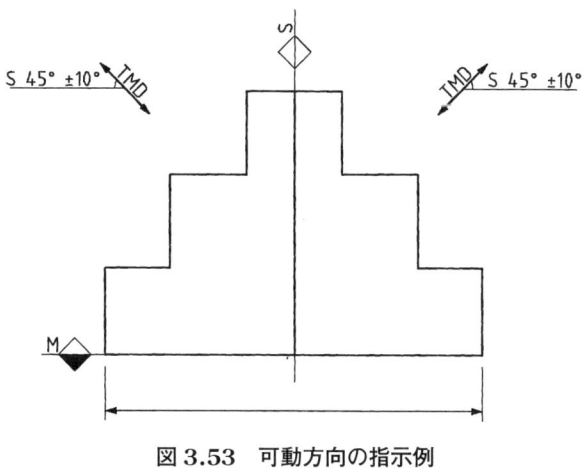

3.4.7　成形品の抜き方向

成形品の抜き方向を部品図に指示する場合には，図 3.54 に示す図示記号を用いる。
なお，PRD は Part Removal Direction の頭文字である。

（a）左方向　　　　　　　　　　　　（b）右方向

図 3.54　抜き方向の図示記号

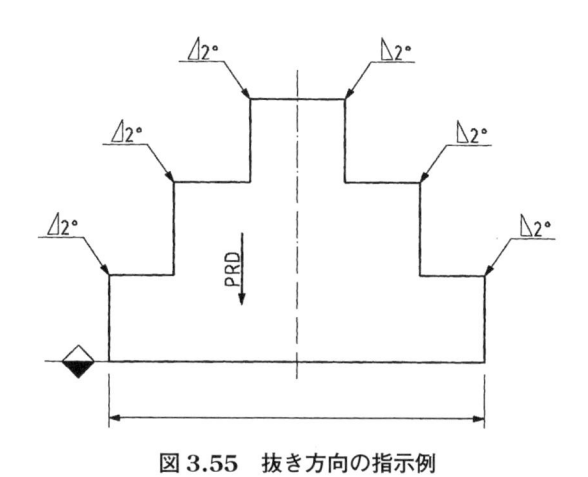

図 3.55　抜き方向の指示例

部品図に成形品の抜き方向を角度で指示する場合には，図 3.56 の例のように記入する。

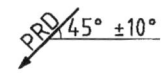

図 3.56　抜き方向の角度の指示例

3.4.8　く ぼ み

成形品の表面にできるくぼみを規制するために，引出線及び参照線を用いて，参照線の上側に図示記号▽を記入し，それに続いてくぼみの深さを数値で記入する（図 3.57）。

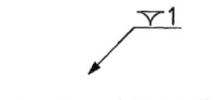

図 3.57　くぼみの指示例

くぼみの深さ及び直径又はくぼみの深さ及びく（矩）形形状を許容する場合には，それぞれ図 3.58 及び図 3.59 のように指示する。

なお，図 3.58 の解釈は，図 3.60 のとおりである。

図 3.58　くぼみの深さ及び直径の指示例　　　**図 3.59　くぼみの深さ及びく形の指示例**

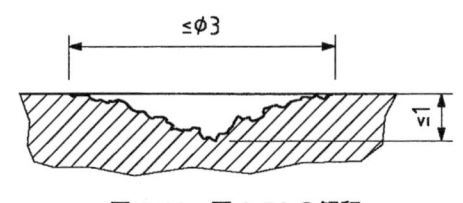

図 3.60　図 3.58 の解釈

3.4.9　多孔度

多孔度（porosity）の要求事項は，引出線及び参照線を用いて，参照線の上側に記号 P を記入し，それに続いて多孔度の仕様を図 3.61 のように記入する。

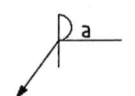

凡例　a　多孔度の仕様の記入位置

図 3.61　多孔度の仕様の指示位置

3.4.10　マーキング

成形品の表面に浮き出し，凹みによる表示又はマーキングを特定の位置に表示するには，その表示位置を細い二点鎖線で囲み，それに仕様を記入する（図 3.62）。

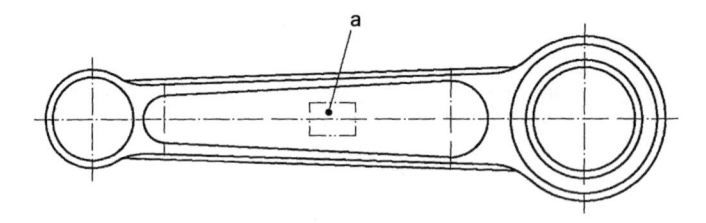

凡例　a　マーキングの仕様の記入位置

図 3.62　マーキングの指示位置

3.4.11 乱してはならない表面の指示

乱してはならない表面は，記号 ⊗ を用いて適用する形体へ指示する（図3.63）。

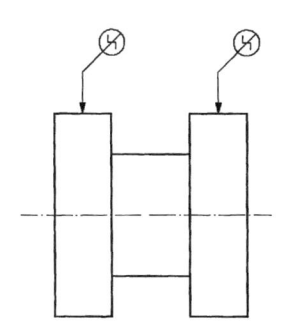

図3.63 乱してはならない表面の指示例

3.5 サイズ形体の寸法

成形品に抜けこう配を指示したサイズ形体（feature of size）（図3.64）は，特に指示がない限り，JIS B 0672-1:2002（= ISO 14660-1:1999）に規定する当てはめ方法（association method）による（図3.65）。

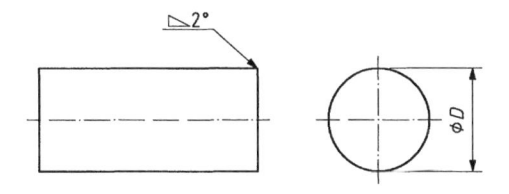

図3.64 サイズ形体の指示例

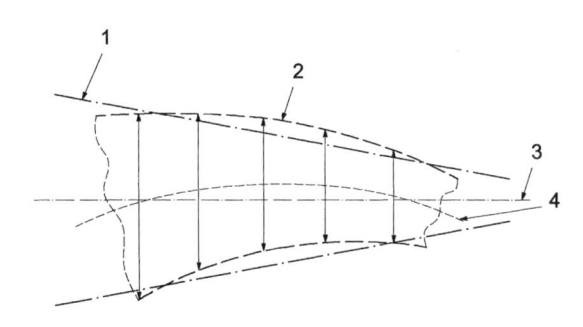

凡例　1　当てはめ円すい
　　　2　誘導表面
　　　3　当てはめ軸線
　　　4　誘導中心線

図3.65　図3.64の当てはめ方法による解釈

見切り面が指示されている場合［図 3.66 (a)］には，サイズ形体は見切り面に対象な局部実寸法（actual local size）で定義される［図 3.66 (b)］。

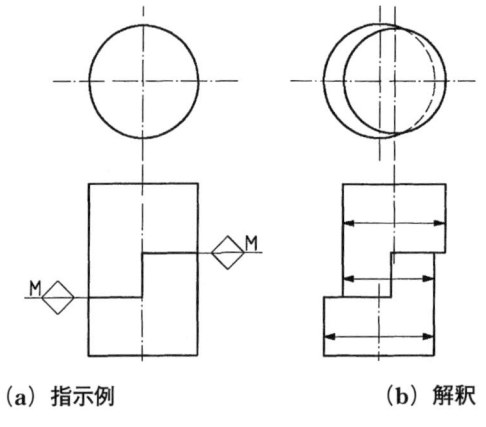

(a) 指示例　　　　　　(b) 解釈

図 3.66　見切り面が指示されたサイズ形体

見切り面に平行な方向のサイズは，最大長とする（図 3.67）。

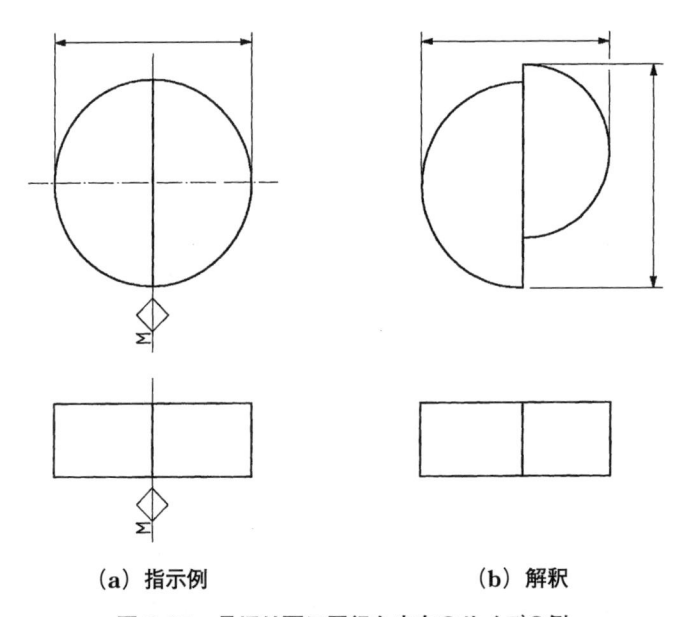

(a) 指示例　　　　　　(b) 解釈

図 3.67　見切り面に平行な方向のサイズの例

第4章 データム

　従来，基準と呼ばれた用語は，データムという用語になっている。このデータムの概念が部品の形状・姿勢・位置を規制する幾何公差方式の基礎となっている重要な要素である。図面指示において，データムを正しく指定しているかどうかで，幾何公差の指示のよしあし（善悪）が判別できるほどである。

　この章では，データムの新しい概念を含めて，データムの定義から設定方法までについて述べる。

4.1　データム

4.1.1　データムに関する定義

JIS Z 8114:1999（≒ISO 10209-1:1992, -2:1993）では，"データム"を次のように定義している。

　　「形体の姿勢公差・位置公差・振れ公差などを規制するために設定した理論的に正確な幾何学的基準。」

　なお，データムを規定するISO 5459:2011（JIS B 0022:1984はISO 5459:1981に対応）では，次のように定義を修正している（筆者仮訳）。

　　「データムは，公差域の位置及び／又は姿勢を定義するため，又は（相互補完要求の場合，例えば，最大実体公差方式の）理想形体を定義するために，データム形体に対して当てはめ方法によって当てはめた一つ以上の形体の一つ以上の設定形体（situation feature）である。」

　なお，当てはめ方法（association method）の詳細については，JIS B 0672-1:2002（＝ISO 14660-1:1999）を参照。

　円筒のデータム軸直線（datum axis，図4.1）は，円筒表面の多くの測定点［これをデータセット（data set）という］について，規定された演算ソフトで演算処理を行って，幾何学的円筒形状を求める。その中央軸線がデータム軸直線である（図4.2）。

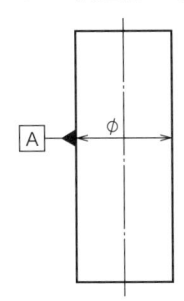

図4.1　データムの指示例

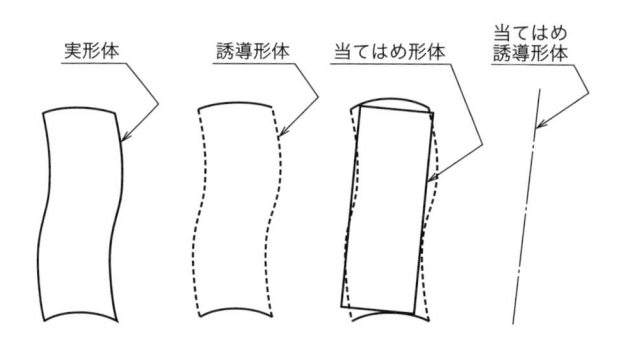

図 4.2 データムの指示例の説明図

なお，ここで設定形体というのは，形体の位置及び／又は姿勢を定義することができる点，直線，平面，又はら線（helix）である（ISO 5459）。

大型の工作機械のベッド，輸送機器，公差が大きい鋳・鍛造部品などでは，数メートルに及ぶコンピュータ搭載の測定機はないので，当てはめ方法が適用できない。このような場合には，精密定盤，工作機械のテーブルの表面を実用データム形体（simulated datum feature）とし，簡易的なデータムとする（図 4.3）。

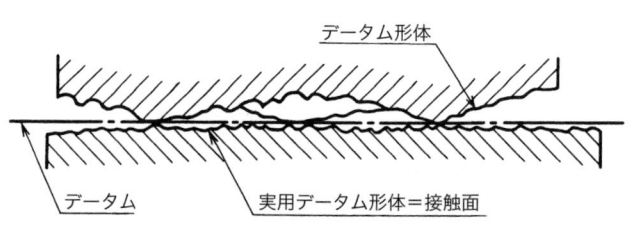

図 4.3 実用データム形体

4.1.2 三平面データム系

データムは，一つの部品に対して，形体の位置，方向を固定するために，関連した複数個を指定することができる。この関連した複数個のデータムを直角座標系で考えるので，これを三平面データム系（three datum reference system）という。JIS B 0022:1984（≒ ISO 5459:1981）の例を図 4.4 に示す。

なお，三平面データム系には優先順位があり，第一優先データム（primary datum），第二優先データム（secondary datum）及び第三優先データム（tertiary datum）がある（図 4.4）。そして，三平面データム系を具体化したものが，実用データム系である（図 4.5）。

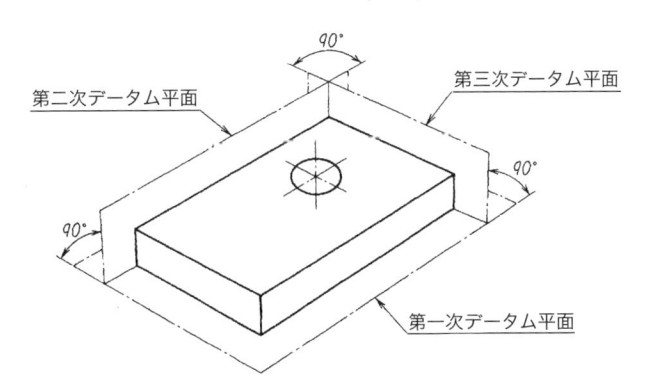

図 4.4　三平面データム系

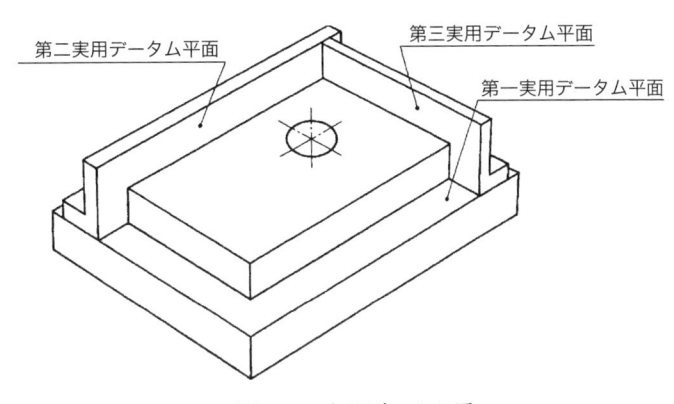

図 4.5　実用データム系

4.1.3　データムターゲット

データムターゲット（datum target）とは，データムを設定するために，加工，測定及び検査用の装置，器具などに接触させる対象物上の点，線又は限定した領域である（JIS B 0022）。対象物上の点をデータムターゲット点（datum target point），線をデータムターゲット線（datum target line），そして領域をデータムターゲット領域（datum target area）という。領域は，円形，正方形，長方形などがある。

4.1.4　可動データムターゲット

可動データムターゲット（movable datum target）は，軸線又は中心平面に対して対象な位置にあるデータムターゲット点，データムターゲット線又はデータムターゲット領域を，軸線又は中心平面の方向に挟む装置を用いて，新たな軸線又は中心平面を設定するデータムである。

4.2　データムの指示方法

4.2.1　データムの指示

データムは，関連形体（related feature）に幾何公差を適用する場合に指示する。例外的に，線の輪郭度公差及び面の輪郭度公差に対してもデータムを指示することができる。

記号を用いてデータムを指示する場合には，データム三角記号（datum triangle）と識別文

字記号(identification datum letter)を正方形の枠で囲んで,一般的には,次のように指示する。

(1) データム形体は,次に示す塗りつぶしたデータム三角記号又は塗りつぶさないデータム三角記号のいずれかを用いて指示する(図4.6)。これをデータム形体指示記号(datum feature indicator)という。この場合,1枚又は一連の図面には,いずれかに統一して指示する。

なお,正方形の枠の中には,アルファベットの大文字[これを,データム文字記号(datum letter symbol)という]を記入する。I, O 及び Q は,誤読のおそれがあるので,使用してはならない。

図4.6 データム形体指示記号

(2) データムはデータム形体から設定するが,データム形体が線又は面である場合には,データム形体又はその寸法補助線にデータム形体指示記号を直接指示する[図4.7 (a)]。

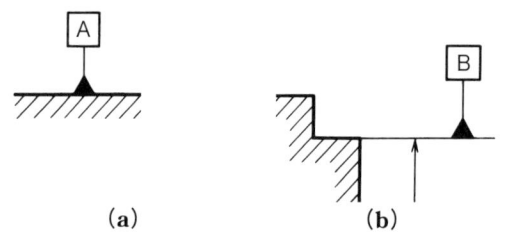

図4.7 データム形体が線又は面である場合の指示例

(3) データムが軸線又はデータム中心平面である場合には,データム三角記号を寸法線の端末記号(termination)に対向させて指示する(図4.8)。

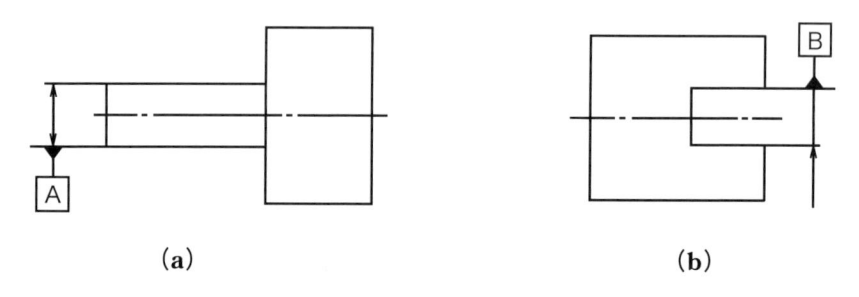

図4.8 データムが軸直線又はデータム中心平面である場合の指示例

(4) 表面上の特定の部分をデータム形体とする場合には,その形体上に黒丸を付けて引き出して,参照線にデータム三角記号を付ける(図4.9)。

なお,データム形体が投影図の裏面にある場合には,引出線を破線とし,白丸とする[図4.9 (b)]。

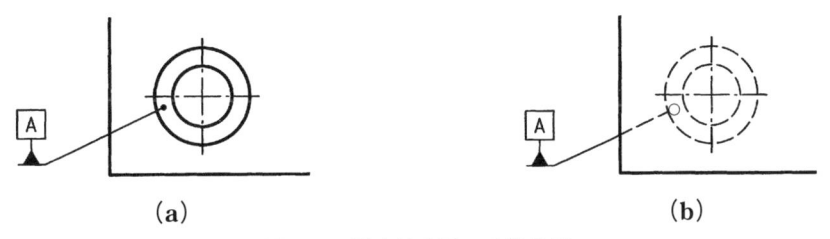

図4.9 引出線を用いる指示例

(5) 複数のデータム形体から一つのデータムとすることができる［これを共通データム（common datum）という］。この場合，データム文字記号をハイフンで結んで示す（例：A–B）（図 4.10）。

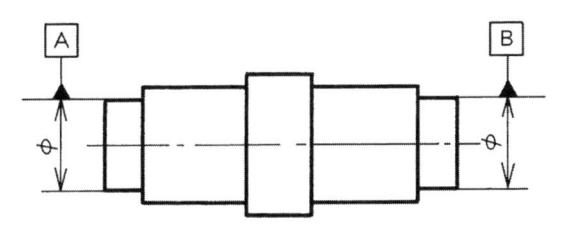

図 4.10 共通データムの指示例

なお，図 4.10 の共通データム軸直線を簡易的に設定するために，両センタ穴の軸線から誘導される回転中心軸線をデータムとすることがある。

(6) 形体の特定の部分をデータム形体とする場合には，特殊指定線（太い一点鎖線）をデータム形体に沿って引き，それにデータム三角記号を付ける（図 4.11）。この場合，特定の部分の位置は，理論的に正確な寸法（Theoretically Exact Dimension：TED）で指示される。

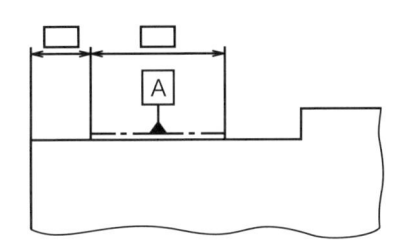

図 4.11 特定の部分をデータム形体に指示する例

(7) 形体の特定の領域をデータム形体とする場合には，細い二点鎖線で囲み，その領域内にハッチングを施し，寸法指示を行う（図 4.12）。そして，その領域の位置は，理論的に正確な寸法で指示する。

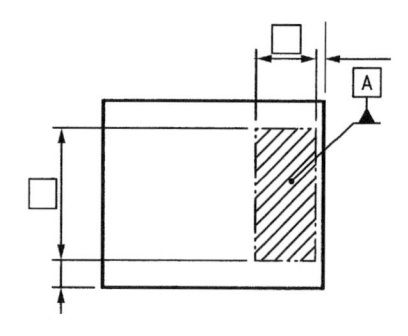

図 4.12 特定の領域をデータム形体とする指示例

4.2.2 データムターゲットの指示
(1) データムターゲット記号及び記入枠

不成形な表面をもつ鋳・鍛造，プレス加工部品などに対してデータムターゲットを指定するデータムターゲット記号（symbols for datum target）を表4.1に示す。

表 4.1 データムターゲット記号

種類	記号	備考
データムターゲット点	✕	太い実線の✕印である。
データムターゲット線	✕――――✕	細い実線の両端に太い実線の✕印である。
データムターゲット領域	▨ ●	細い二点鎖線で形状を表し，内部にハッチングを施す。

(2) データムターゲット点

不成形な表面の特定の点［これをデータムターゲット点（datum target point）という］を指定して，そこから新たなデータム平面を得る。特定の点は，✕印を投影図に指定し，それにデータムターゲット記入枠を，指示線を用いて指示する（図4.13）。この場合，データムAは，データムターゲットが幾つあるかをデータム形体指示記号の枠の外側に，例えば，データムターゲットが三つの場合にはA1, 2, 3のように付記する。

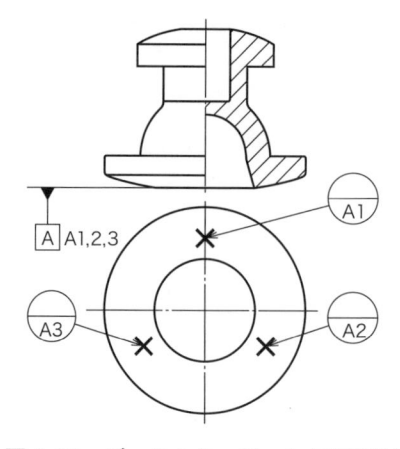

図 4.13 データムターゲット点の指示例

なお，データムターゲット点は，第1優先データムでは3点を，第2優先データムでは2点を，そして第3優先データムでは1点を指定するのがよい。これを，3-2-1方式という。

(3) データムターゲット線

データムターゲット線（datum target line）は，ストレートバー，ストレートエッジなどを枕にするような状態で指示する（図4.14）。

参考 ISO 5459 では，二つの✕印をつなぐ線を細い二点鎖線で表している。

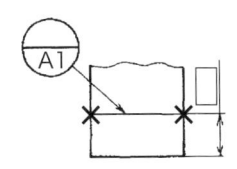

図 4.14 データムターゲット線の指示例

(4) データムターゲット領域

データムターゲット領域は，円柱端面，角柱端面などで支える領域を形体表面に指示する。この場合，新たなデータムは，どのデータムターゲットから設定するのかをA1, 2, 3（図4.13参照）あるいはB1, 2（図4.15）のように付記する。

そして，データムターゲット領域の寸法をデータムターゲット記入枠の上半分に記入する。

なお，長方形領域などの場合は，データムターゲット記入枠の上半分の部分から引出線を用いて，記入枠の外側に寸法を記入する（図4.16）。

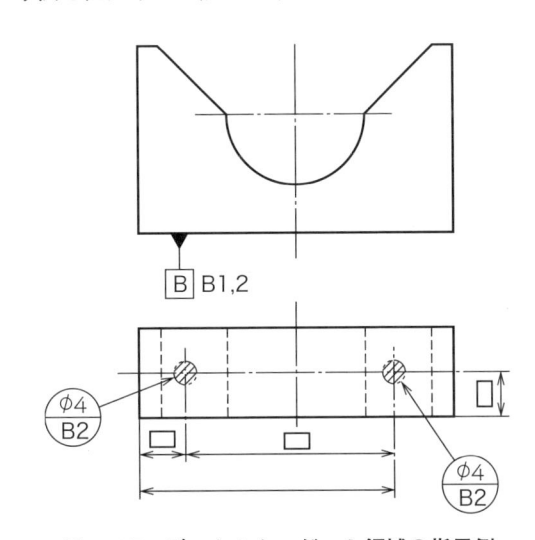

図 4.15 データムターゲット領域の指示例

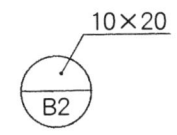

図 4.16 長方形のデータムターゲット領域の指示例

4.2.3 可動データムターゲット

可動データムターゲット（movable datum target）は，不成形の表面から対称軸線，中心平面などの姿勢，位置などをデータムとする場合に指示するため，可動データムターゲット記号（symbol for movable datum target）（図4.17）を一対で用いて可動データムターゲットを指示する（図4.18）。

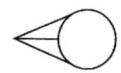

図4.17　可動データムターゲット記号

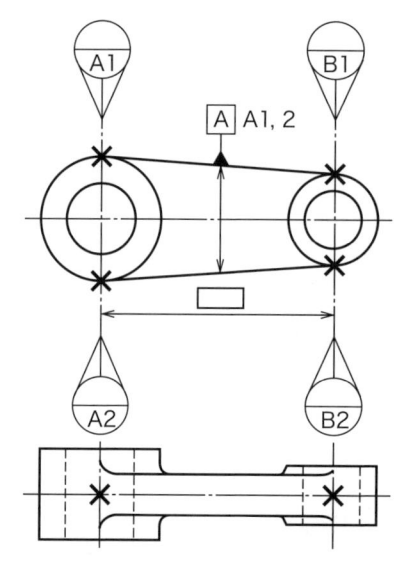

図4.18　可動データムターゲットの指示例

4.2.4　接触形体

図面上のデータム形体からデータムを設定しなければならないが，データムの設定方法については，4.3節で述べる。ここでは，データムを設定するために必要な接触形体が何であるか，すなわち，点であるか，線であるか，又は平面であるかを，幾何公差を指示する公差記入枠（toleranced frame）内に示す。台形溝を例に説明する（図4.19）。

接触形体（contacting feature）とは，対象とする呼び形体を当てはめ方法によって誘導されたある種の理想形体（ideal feature）である。

4.2 データの指示方法

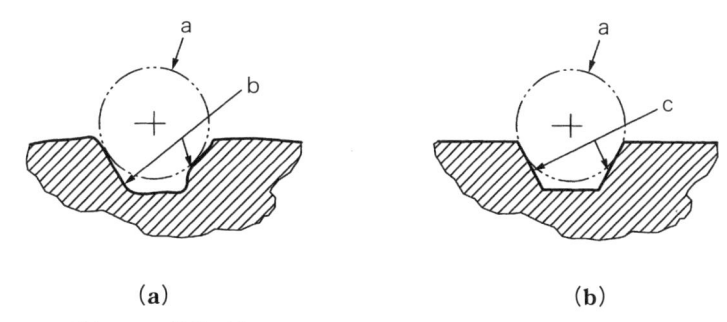

(a)　　　　　　　　(b)

凡例　a　接触形体：データム形体又は対象とする形体に接触した理想球
　　　b　データム形体：台形溝に対応した実形体
　　　c　対象とする形体：呼び台形溝

図 4.19　接触形体

4.2.5　データム指示記号の公差記入枠への記入

データム指示記号（datum indicator）は，データム形体又はその延長線にデータム三角記号を指示するのが普通であるが（図 4.7 参照），公差記入枠の上側枠線又は下側枠線にデータム三角記号を付けることもできる（図 4.20）。

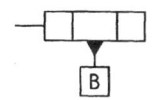

図 4.20　公差記入枠へデータム指示記号を指示する例

4.2.6　データム文字記号の公差記入枠への記入

データム又はデータム系は，公差記入枠の右側に区画を設けて，それに関係づけて次のように記入する。

① データムが一つの場合には，右端の区画にデータム文字記号を記入する［図 4.21 (a)］。
② データムが一つであると数える共通データムは，右端の区画にデータム文字記号にハイフンで文字記号を結んで記入する［図 4.21 (b)］。
③ データムが二つの場合には，公差記入枠の右側に二つの区画を設けてデータム文字記号を記入する［図 4.21 (c)］。この場合，左から右の区画に従ってデータムの優先順位が下がる。データムの優先順位が同じ場合でも，どちらかを優先させる。
④ データムが三つの場合には，公差記入枠の右側に三つの区画を設けてデータム文字記号を記入する［図 4.21 (d)］。左から右の区画に従ってデータムの優先順位が下がる。

(a)　　　　(b)　　　　(c)　　　　(d)

図 4.21　データム文字記号の公差記入枠への記入例

4.2.7 データムに対する特別要求事項

データムを公差記入枠へ指示する場合に，識別のために表4.2に示す略号をデータム文字記号の後に付記することができる。データムが点である場合の例を図4.22 (a) に，データムが直線である場合の例を図4.22 (b) に，そしてデータムが中心平面である場合の例を図4.22 (c) に示す．

これらの略号は，同時に複数を指示してもよいが，指示に矛盾があってはならない。

表4.2 略号

略号	説明
［PT］	（設定形体の種類）点
［SL］	（設定形体の種類）直線
［PL］	（設定形体の種類）中心平面
［CF］	接触形体
［ACS］	任意の横断面

(a)　　　　　　(b)　　　　　　(c)

図4.22 "設定形体の種類"の記入例

接触形体がデータムである場合には，データム文字記号の後に略号［CF］を付記する（図4.23）。

なお，CFは，Contact Featureの略号である。

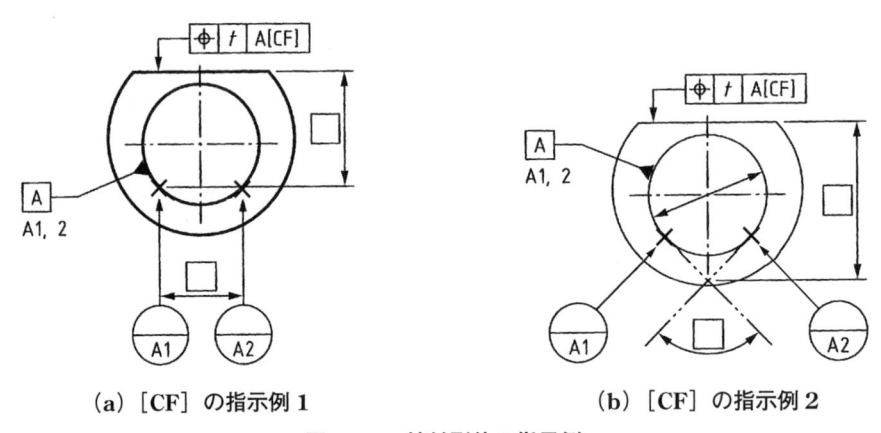

(a)［CF］の指示例1　　　(b)［CF］の指示例2

図4.23 接触形体の指示例

データムが任意の横断面の軸線，中心平面などである場合には，データム文字記号の後に略号［ACS］を付記する［図4.24 (a)］か，又は公差記入枠の付近に略号［ACS］を付記する［図4.24 (b)］。

なお，ACSは，Any Cross Sectionの略号である。

4.3 データの設定

図4.24 データムが任意の横断面の場合の指示例

4.3 データムの設定

4.3.1 当てはめ方法
(1) 円すいの軸線

図4.25は，設定データムBを指示した例である。この設定データムB，すなわち，円すいの軸直線Bは，当てはめ方法によって設定される（図4.26）。

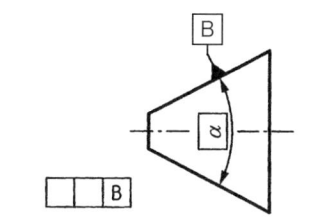

図4.25 設定データムの指示例

凡例　a　データム形体
　　　b　当てはめ形体
　　　c　データム軸直線B

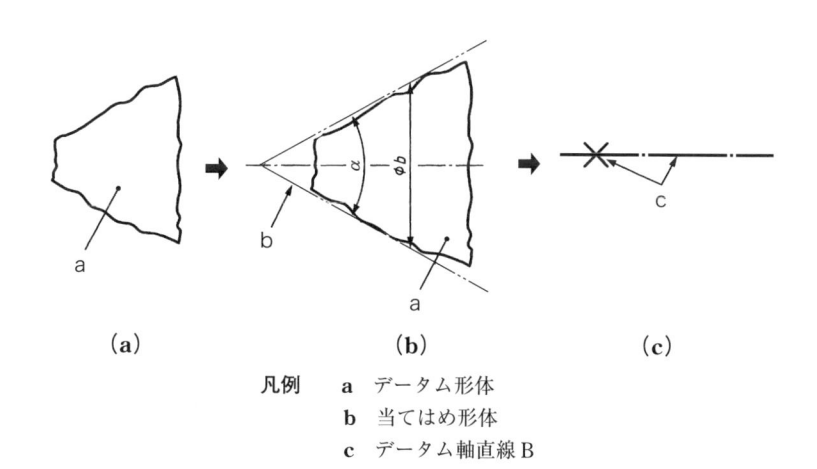

図4.26 図4.25のデータム軸直線Bの設定

(2) 二面の中心平面

角度サイズ（angular size）の二分割平面をデータム中心平面Aとする指示例を図4.27に示す。この設定データムA，すなわち，角度サイズの中心平面Aは，当てはめ方法によって設定される（図4.28）。

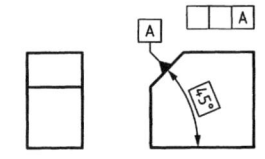

図 4.27 データム中心平面 A の指示例

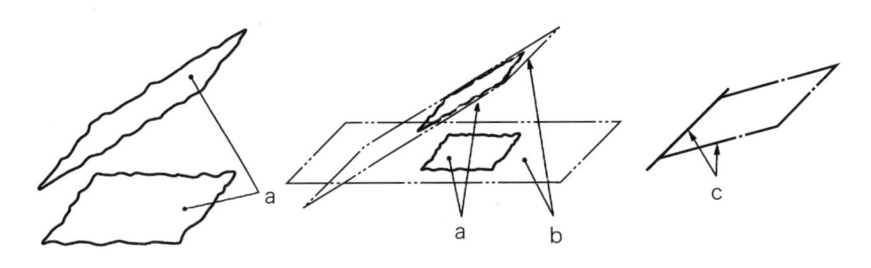

凡例　a　データム形体　b　当てはめ形体　c　データム中心平面 A

図 4.28　図 4.27 のデータム中心平面 A の設定

(3) 共通データム平面

二つの平面の共通データム平面 A-B の指示例を図 4.29 に示す。この設定データム A-B，すなわち，二つのデータム形体の共通平面 A-B は，当てはめ方法によって設定される（図 4.30）。

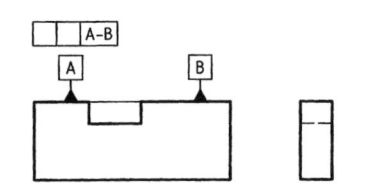

図 4.29　共通データム平面 A-B の指示例

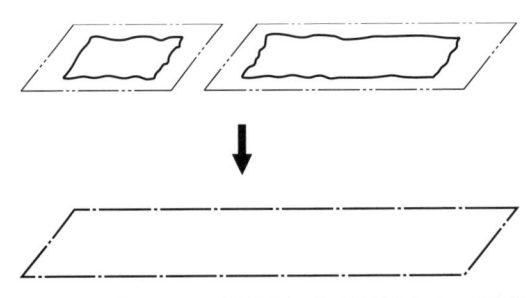

図 4.30　図 4.29 の共通データム平面 A-B の設定

(4) 共通データム軸直線

二つの円筒の共通データム軸直線 A-B の指示例を図 4.31 に示す。この設定データム A-B，すなわち，二つのデータム形体の共通データム軸直線 A-B は，当てはめ方法によって設定される（図 4.32）。

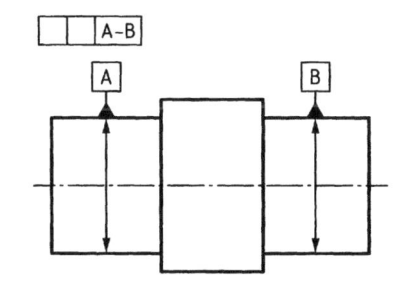

図 4.31　共通データム軸直線 A-B の指示例

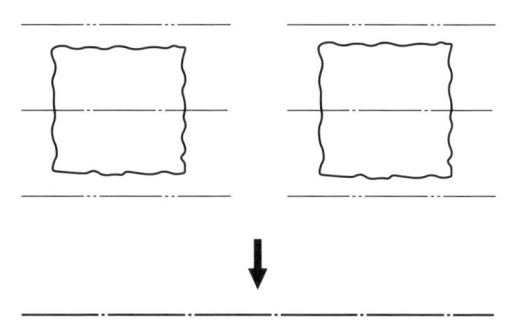

図 4.32　図 4.31 の共通データム平面 A-B の設定

(5) 平面及びそれに直角な円筒軸直線のデータム形体

平面形体とそれに直角な円筒形体とのそれぞれをデータム形体とする場合の例を図 4.33 に示す。二つのデータム A 及び B は，当てはめ方法によって設定される（図 4.34）。

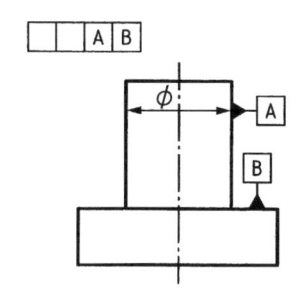

図 4.33　平面及びそれに直角な円筒軸直線がデータムの例

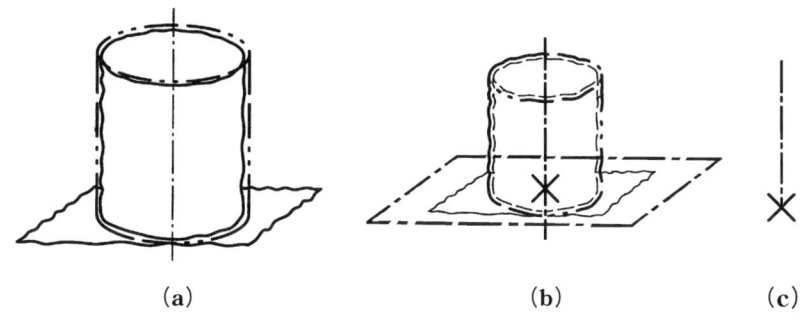

(a)　　　　　　　　　(b)　　　　　　　　(c)

図 4.34　図 4.33 の二つのデータム A 及び B からデータムの設定

4.3.2 簡易的なデータムの設定

(1) 円すいの軸線

図 4.35 は，円すいの表面からデータム B を指示する例である。そして，円すいの表面のデータム軸直線データ B を設定する（図 4.36）。

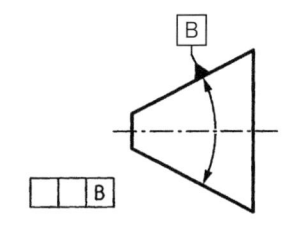

図 4.35 円すいの表面からのデータム A の指示例

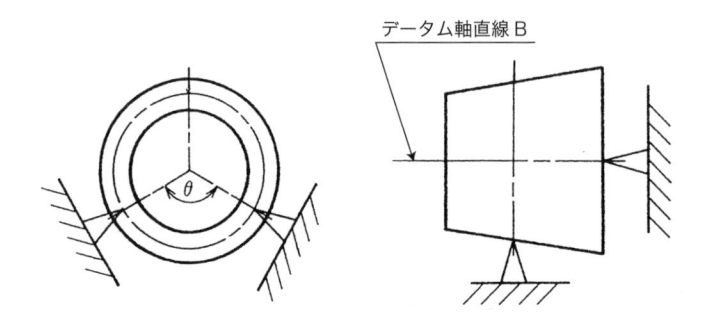

図 4.36 図 4.35 のデータム軸直線 B の設定例

(2) データム平面及びデータム軸直線

平面形体とそれに直角な円筒穴形体とのそれぞれをデータム形体とする場合の指示例を（図 4.37）に示す。二つのデータム A 及び B は，実用データム形体によって設定される（図 4.38）。

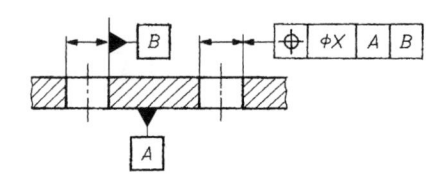

図 4.37 データム平面及びデータム軸直線の指示例

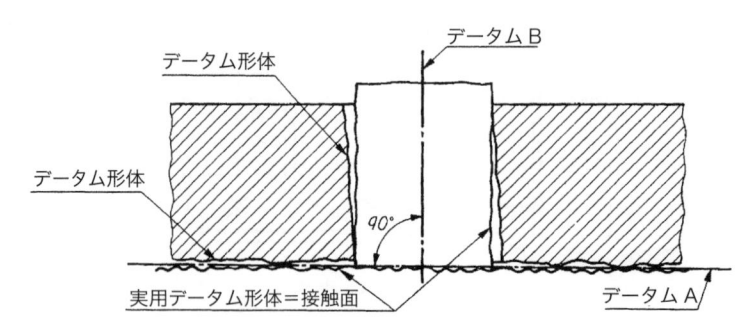

図 4.38 図 4.37 の二つのデータム A 及び B の設定例

第5章　幾何公差方式

部品の形状・姿勢・位置の規制は，部品に高精度，高性能が要求されるようになると，寸法だけでは規制できない場合に必要となる。理想的な形状・姿勢・位置からの狂いの大きさが幾何偏差であり，その許容値が幾何公差である。

この章では，幾何偏差及び幾何公差の定義及び幾何公差の指示方法を中心に述べる。

5.1　幾何偏差

5.1.1 幾何偏差の種類

JIS B 0621:1984（≠ ISO 1101:1983）に規定する幾何偏差の種類は，表5.1のとおりである。

表 5.1　幾何偏差の種類

幾何偏差の種類		適用する形体
形状偏差	真直度 平面度 真円度 円筒度	単独形体
	線の輪郭度 面の輪郭度	単独形体又は 関連形体
姿勢偏差	平行度 直角度 傾斜度	関連形体
位置偏差	位置度 同軸度及び同心度 対称度	
振れ	円周振れ 全振れ	

ここで，単独形体というのは，データムに関連なく幾何公差を決める形体である。そして，関連形体とは，データムに関連して幾何公差を決める形体である（JIS B 0021:1998（= ISO/DIS 1101:1996）。

また，振れについては，ダイヤルゲージを用いた形状・姿勢・位置の狂いを測定する方法の一つであったが，現在では幾何特性に組み入れられている。

5.1.2 幾何偏差の定義

(1) 真直度

真直度（straightness）とは，直線形体の幾何学的に正確な直線（以下，幾何学的直線という）からの狂いの大きさをいう（JIS B 0621）。

円周振れ及び全振れを除く幾何偏差の定義は最小領域法によるが，数式と対比させる場合及び設計要求がある場合には，最小二乗平均参照線（又は平面もしくは理論的に正確な形状）から直線（又は平面もしくは理論的に正確な形状）であるべき輪郭上のある点までの＋偏差と－偏差との二乗平均平方根［最小二乗法（least square method）という］で定義する［TS B 0028-1：2010（≒ ISO/TS 12780-1：2003，ISO 12780-11：2011 に移行）］（図5.1）。ただし，偏差の決定において，疑義が生じた場合には，最小領域法（minimum zone method）で測定した結果で判断するのがよい。

なお，最小領域法を適用する場合は，図5.2 による。

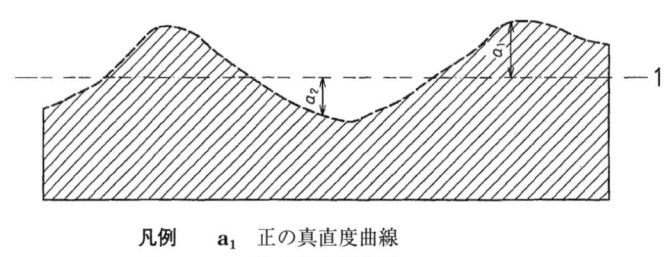

凡例　a_1　正の真直度曲線
　　　a_2　負の真直度曲線
　　　1　基準直線

図 5.1　最小二乗法による局部真直度（偏差）

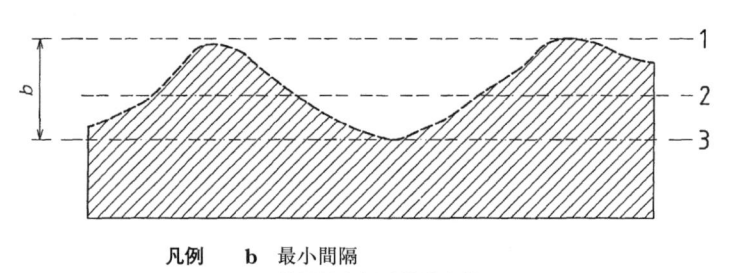

凡例　b　最小間隔
　　　1　外側最小領域基準直線
　　　2　最小領域平均基準直線
　　　3　内側最小領域基準直線

図 5.2　最小領域法による局部真直度（偏差）

真直度は，JIS B 0621 で次の設計要求ができるように規定している。

a) 一方向の真直度（図 5.3）
b) 互いに直角な二方向の真直度（図 5.4）
c) 方向を定めない場合の真直度（図 5.5）
d) 表面の要素としての直線形体の真直度（図 5.6）

| 図 5.3 | 図 5.4 | 図 5.5 | 図 5.6 |

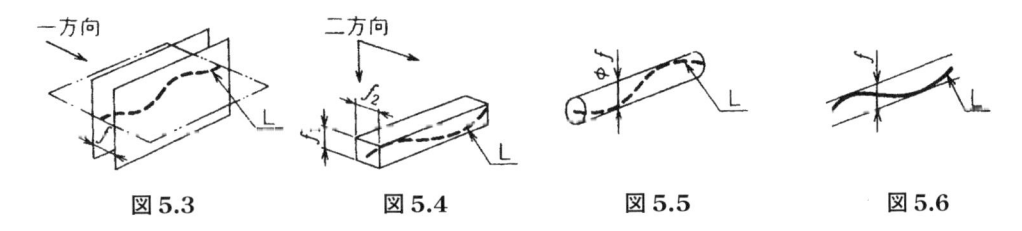

ここに，fは偏差を，Lは公差付き形体を表す。

(2) 平面度

平面度（flatness）とは，平面形体の幾何学的に正確な平面（以下，幾何学的平面という）からの狂いの大きさをいう（JIS B 0621）。すなわち，平面度は，図 5.7 である。

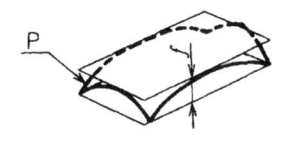

図 5.7 平面度

ここに，Pは平面形体を表す。

TS B 0029-1：2010（≒ ISO/TS 12781-1：2003，ISO 12781-1：2011 に移行）では，平面度は，平面度輪郭曲線に接する二つの平行な平面のうち，最小間隔をもつ場合の偏差であると記述している。すなわち，基準平面（reference plane）に対して直角方向に求めた，基準平面からの平面度プロフィールデータの各点までの偏差である（図 5.8）。

なお，基準面から見て，実体の方向に点が存在する場合には，負の偏差である。

ここで，基準平面は，規則に従って平面度プロフィールデータに当てはめた平面であり，平面からの偏差及び平面度パラメータ算出の基準となる。

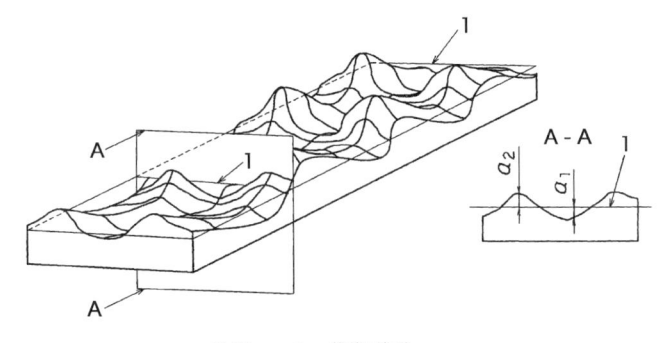

凡例　1　基準平面
　　　A　切断平面
　　　a_1　負の平面度曲線
　　　a_2　正の平面度曲線

図 5.8　局部平面度（偏差）

(3) 真円度

真円度（roundness）とは，円形形体の幾何学的に正確な円（以下，幾何学的円という）からの狂いの大きさをいう（JIS B 0621）。真円度は，図 5.9 である。

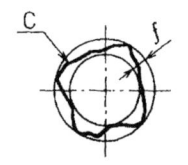

図 5.9 真円度

ここに，C は公差付き円形形体を表す。

TS B 0027-1:2010（≒ ISO/TS 12181-1:2003，ISO は ISO 12181-1:2011 に移行）は，真円度を次のように記述している。

真円度は，真円度曲線上の点から基準円までの最小距離である（図 5.10 及び図 5.11）。

なお，基準円は，指定規則に従った真円度曲線に当てはめた円であり，真円からの偏差と真円度パラメータの基準となる。そして，基準円から，実体の方向に点が存在する場合には，マイナスの偏差である。

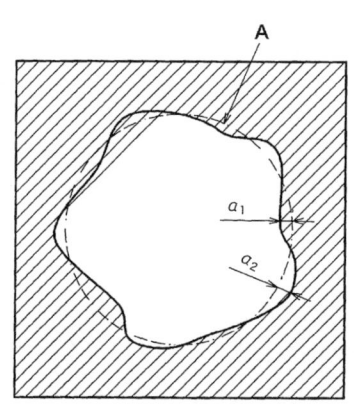

凡例　A　基準円
　　　a_1　正の真円度曲線（偏差）
　　　a_2　負の真円度曲線（偏差）

図 5.10 内側円形形体の局部形状偏差

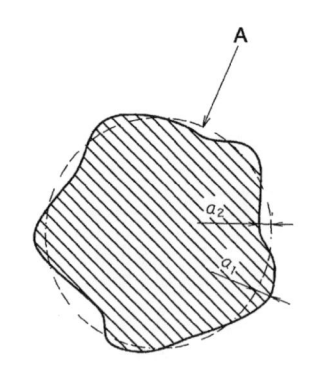

凡例　A　基準円
　　　a_1　正の真円度曲線（偏差）
　　　a_2　負の真円度曲線（偏差）

図 5.11 外側円形形体の局部形状偏差

(4) 円筒度

円筒度（cylindricity）とは，円筒形体の幾何学的に正確な円筒（以下，幾何学的円筒という。）からの狂いの大きさをいう（JIS B 0621）。円筒度は，図5.12である。

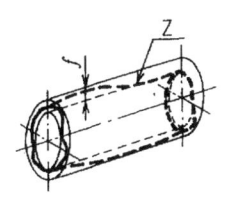

図5.12 円筒度

ここに，Zは円筒形体を表す。

TS B 0026-1：2010（≒ ISO/TS 12180-1：2003，ISO 12180-1：2011に移行）は，円筒度を次のように記述している。

円筒度は，基準円筒から円筒表面までの偏差であり，基準円筒に対して直角方向の偏差である（図5.13及び図5.14）。

なお，基準円筒は，円筒度及び円筒度パラメータからの偏差に関連した特定規則に従った円筒表面に当てはまる当てはめ円筒である。そして，基準円筒から見て，データの方向にポイントが存在する場合には，負の偏差である。

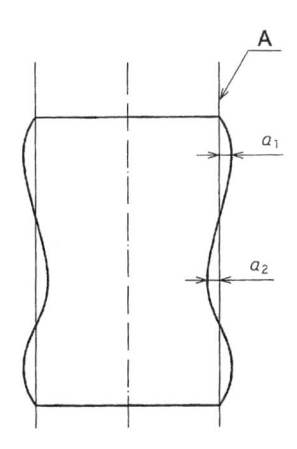

凡例　A　基準円筒
　　　a_1　正の円筒度曲線（偏差）のデータ
　　　a_2　負の円筒度曲線（偏差）のデータ

図5.13 外側円筒形体の局部形状偏差

凡例　A　基準円筒
　　　a_1　正の円筒度曲線（偏差）のデータ
　　　a_2　負の円筒度曲線（偏差）のデータ

図 5.14　内側円筒形体の局部形状偏差

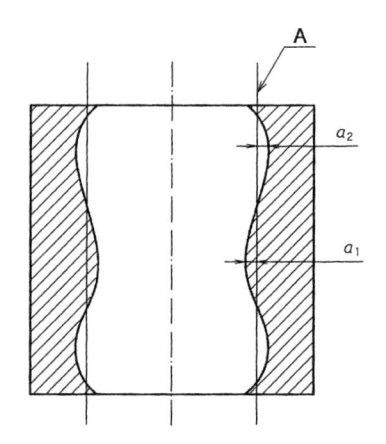

円筒偏差は，円筒軸線に直角な断面における輪郭線の偏差（真円度）と円筒軸線を含む断面における輪郭線の偏差（母線の真直度及び平行度）とを複合して求める。

（5）線の輪郭度

線の輪郭度（profile of any line）とは，理論的に正確な寸法によって定められた幾何学的に正確な輪郭（以下，幾何学的輪郭という。）からの線の輪郭の狂いの大きさをいう（JIS B 0621）。線の輪郭度は，図 5.15 である。

なお，線の輪郭は，データムに関連する場合と関連しない場合とがある。

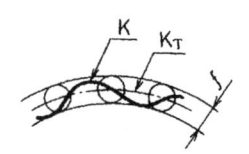

図 5.15　線の輪郭度

ここに，K は線の輪郭，K_T は幾何学的輪郭線を表す。

（6）面の輪郭度

面の輪郭度（profile of any surface）とは，理論的に正確な寸法によって定められた幾何学的輪郭からの面の輪郭の狂いの大きさをいう（JIS B 0621）。面の輪郭度は，図 5.16 である。

なお，面の輪郭度は，データムに関連する場合と関連しない場合とがある。

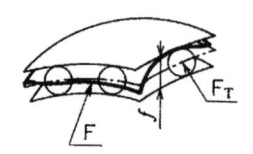

図 5.16　面の輪郭度

ここに，F は面の輪郭，K_T は幾何学的輪郭面を表す。

(7) 平行度

平行度（parallelism）とは，データム直線又はデータム平面に対して平行な幾何学的直線又は幾何学的平面からの平行であるべき直線形体又は平面形体の狂いの大きさをいう（JIS B 0621）。

なお，平行度は，データムと直線形体又は平面形体との間隔には，寸法及び寸法公差が適用される。

平行度は，直線形体又は平面形体が，データム直線又はデータム平面に対して垂直な方向において占める領域の大きさによって，次のいずれかで規制される。

　a）直線形体のデータム直線に対する平行度
　　① 一方向の平行度（図 5.17）
　　② 互いに直角な二方向の平行度（図 5.18）
　　③ 方向を定めない場合の平行度（図 5.19）
　b）直線形体又は平面形体のデータム平面に対する平行度（図 5.20 及び図 5.21）
　c）平面形体のデータム直線に対する平行度（図 5.22）

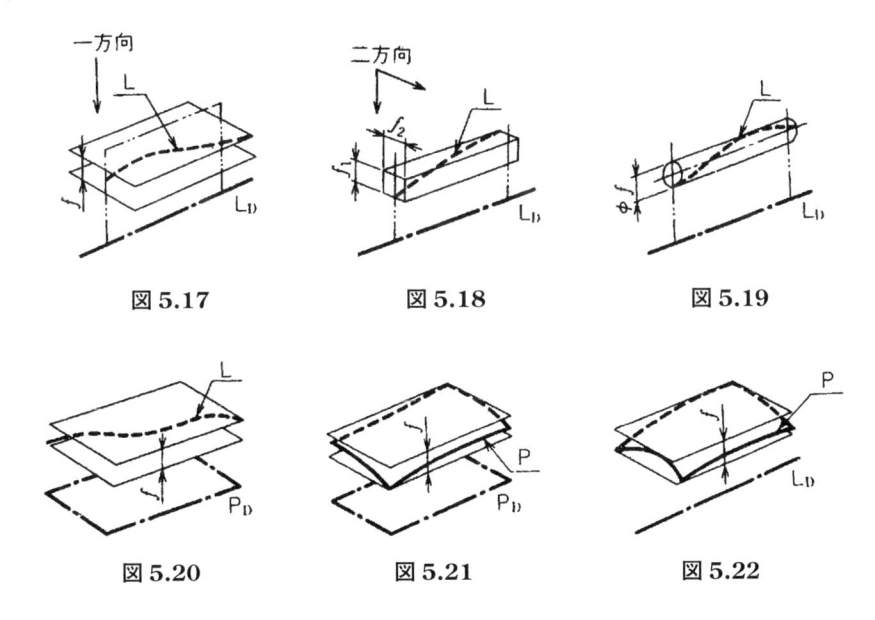

図 5.17　　**図 5.18**　　**図 5.19**

図 5.20　　**図 5.21**　　**図 5.22**

ここに，L_D はデータム直線を，P_D はデータム平面を表す。

(8) 直角度

直角度（perpendicularity）とは，データム直線又はデータム平面に対して直角な幾可学的直線又は幾何学的平面からの直角であるべき直線形体又は平面形体の狂いの大きさをいう（JIS B 0621）。

直角度は，直線形体又は平面形体がデータム直線又はデータム平面に対して平行な方向で占める領域の大きさによって，次のいずれかで規制される。

　a）直線形体又は平面形体のデータム直線に対する直角度（図 5.23 及び図 5.24）
　b）直線形体のデータム平面に対する直角度
　　① 一方向の直角度（図 5.25）

②　互いに直角な二方向の直角度（図 5.26）
③　方向を定めない場合の直角度（図 5.27）
c）平面形体のデータム平面に対する直角度（図 5.28）

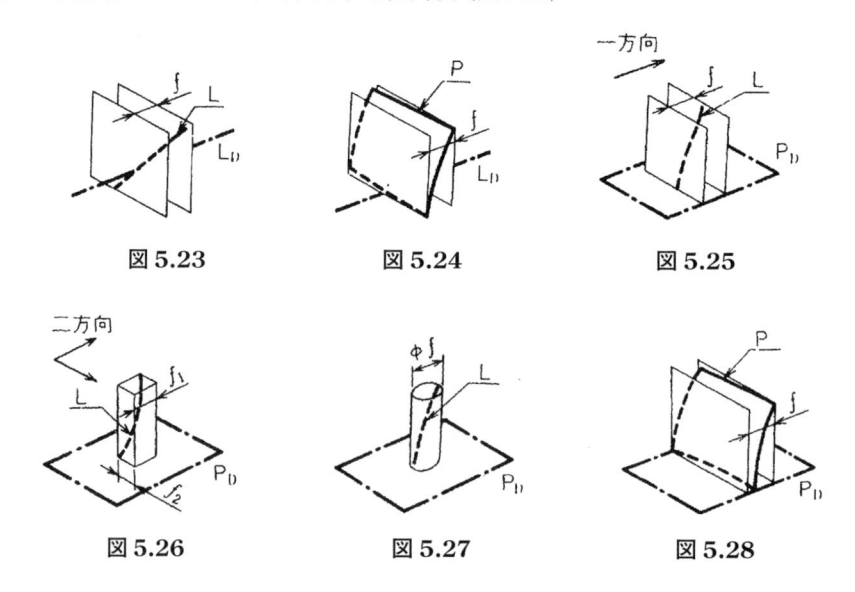

図 5.23　　　　　　図 5.24　　　　　　図 5.25

図 5.26　　　　　　図 5.27　　　　　　図 5.28

(9) 傾斜度

傾斜度（angularity）とは，データム直線又はデータム平面に対して理論的に正確な角度をもつ幾何学的直線又は幾何学的平面からの理論的に正確な角度をもつべき直線形体又は平面形体の狂いの大きさをいう（JIS B 0621）。

傾斜度は，直線形体又は平面形体がデータム直線又はデータム平面に対して理論的に正確な角度をもつ幾何学的直線又は幾何学的平面に垂直な方向で占める領域の大きさによって，次のいずれかで規制される。

a）直線形体のデータム直線に対する傾斜度
　①　同一平面上にある場合（図 5.29）
　②　同一平面上にない場合（図 5.30）
b）直線形体のデータム平面に対する傾斜度（図 5.31）
c）平面形体のデータム直線又はデータム平面に対する傾斜度（図 5.32 及び図 5.33）

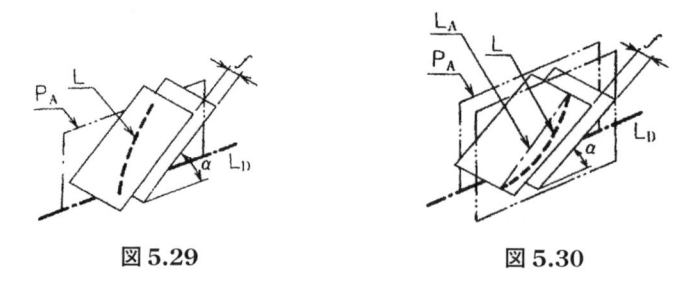

図 5.29　　　　　　　　図 5.30

図5.31　図5.32　図5.33

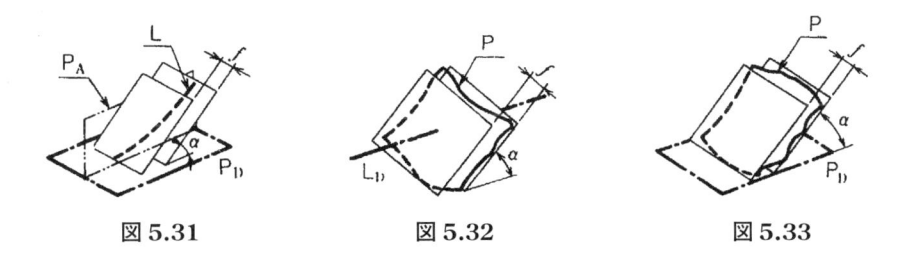

(10) 位置度

位置度（position）とは，データム又は他の形体に関連して定められた理論的に正確な位置からの点，直線形体又は平面形体の狂いの大きさをいう（JIS B 0621）．

位置度は，点，直線形体又は平面形体が理論的に正確な位置に対して占める領域の大きさによって，次のいずれかで規制される．

a) 点の位置度（図5.34）
b) 直線形体の位置度
　① 一方向の位置度（図5.35）
　② 互いに直角な二方向の位置度（図5.36）
　③ 方向を定めない場合の位置度（図5.37）
c) 平面形体の位置度（図5.38）

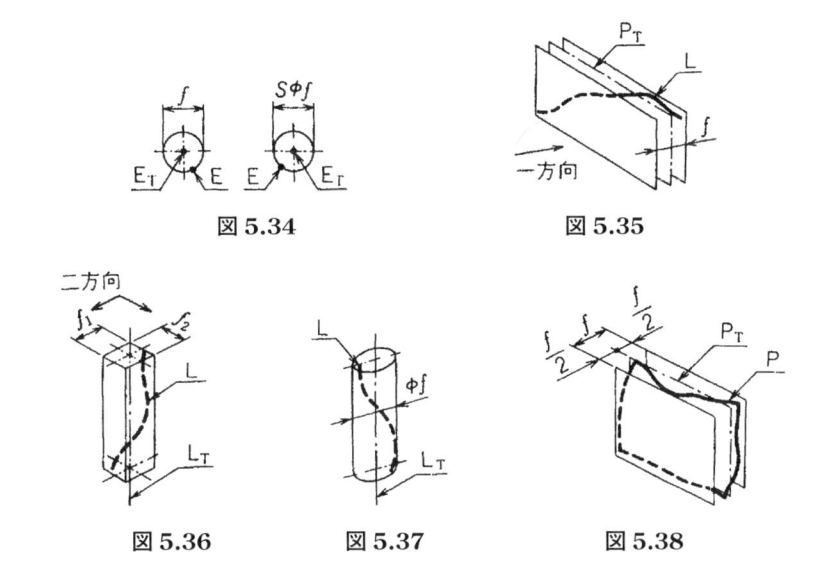

図5.34　図5.35

図5.36　図5.37　図5.38

ここに，Eは対象としている点，E_Tは理論的に正確な位置にある点を表す．

(11) 同軸度

同軸度（coaxiality）とは，データム軸直線と同一直線上にあるべき軸線のデータム軸直線からの狂いの大きさをいう（JIS B 0621）．同軸度は，図5.39である．

なお，平面図形の場合には，データム円の中心に対する他の円形形体の中心の位置の最大偏差を同心度（concentricity）という．

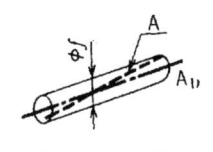

図 5.39　同軸度

(12) 対称度

対称度（symmetry）とは，データム軸直線又はデータム中心平面に関して互いに対称であるべき形体の対称位置からの狂いの大きさをいう（JIS B 0621）。

対称度は，軸直線又は中心面がデータム軸直線又はデータム中心平面に対して垂直な方向で占める領域の大きさによって，次のいずれかで規制される。

　a）　軸線の対称度
　　①　データム中心平面に対する対称度（図 5.40）
　　②　データム軸直線に対する互いに直角な二方向の対称度（図 5.41）
　b）　中心面の対称度
　　①　データム軸直線に対する一方向の対称度（図 5.42）
　　②　データム中心平面に対する対称度（図 5.43）

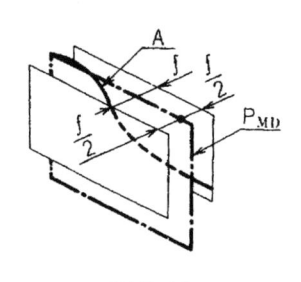

図 5.40

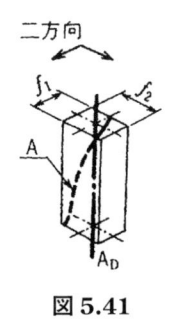

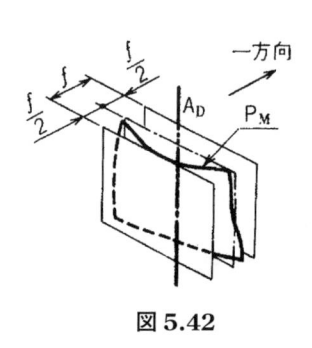

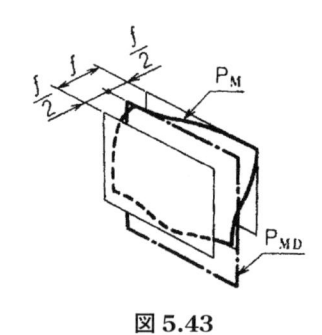

図 5.41　　　　　図 5.42　　　　　図 5.43

ここに，Aは軸線，A_D はデータム軸直線，P_M は中心面，そして P_{MD} はデータム中心平面を表す。

(13) 円周振れ

円周振れ（circular run-out）とは，データム軸直線を軸とする回転面をもつべき対象物又はデータム軸直線に対して垂直な円形平面であるべき対象物をデータム軸直線の周りに回転したとき，その表面が指定した位置又は任意の位置で指定した方向に変位する大きさをいう（JIS

B 0621)。

なお，指定した方向とは，データム軸直線と交わりデータム軸直線に対して垂直な方向（半径方向），データム軸直線に平行な方向（軸方向）又はデータム軸直線と交わりデータム軸直線に対して斜めの方向（斜め法線方向及び斜め指定方向）をいう。

円周振れは，指定した方向によって，それぞれ次に示すような，対象物の表面上の各位置における振れのうち，その最大値である。

    a) 半径方向の円周振れ（図 5.44）
    b) 軸方向の円周振れ（図 5.45）
    c) 斜め法線方向の円周振れ（図 5.46）
    d) 斜め指定方向の円周振れ（図 5.47）

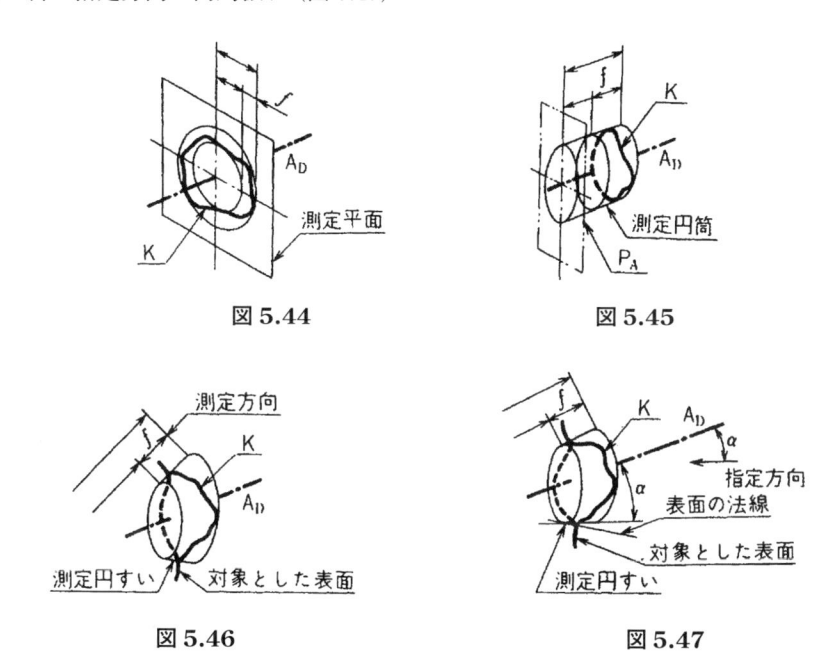

図 5.44

図 5.45

図 5.46

図 5.47

ここに，K は対象とした表面を表す。

(14) 全振れ

全振れ（total run-out）とは，データム軸直線を軸とする円筒面をもつべき対象物又はデータム軸直線に対して垂直な円形平面であるべき対象物をデータム軸直線の周りに回転したとき，その表面が指定した方向に変位する大きさをいう（JIS B 0621）。

なお，指定した方向とは，データム軸直線と交わりデータム軸直線に対して垂直な方向（半径方向）又はデータム軸直線に平行な方向（軸方向）をいう。

全振れは，指定した方向によって，それぞれ次のいずれかで規制される。

    a) 半径方向の全振れ
    b) 軸方向の全振れ

5.2 幾何公差方式

5.2.1 幾何公差方式概説
a) 幾何公差方式とは何か
　① 幾何偏差の最大許容値が幾何公差であり，この幾何公差を適用する方法
　② 幾何公差方式（geometrical tolerancing）は，部品の機能及び関係を重要視した精度設計の一つ

b) なぜ幾何公差方式を使うのか
　① 設計情報の完全性及び統一性を求めるため
　② 設計・製造・品質保証に一貫したコストの削減のため

c) どのようなときに幾何公差方式を使うのか
　① 部品（製品）機能がクリティカルなとき
　② 互換性が強く求められるとき
　③ 高い精度が求められるとき
　④ データム参照を必要とするとき
　⑤ 国際的な企業活動を行うとき

5.2.2 基本理念
JIS B 0021 による幾何公差方式の基本理念の一部分は，次による。

a) 幾何公差は，機能的要求によって指示する。製造及び検査の要求についても，幾何公差方式に影響を与える。
　　注記　図面に指示する幾何公差は，特定の製造，測定又は機能ゲージ手法（functional gauging）の使用を意図するものではない。

b) 形体に適用した幾何公差は，その中に形体が含まれる公差域を指定する。

c) 形体は，点，線，又は表面のような加工物の特定の部分であり，これらの形体は現実に存在している形体（例えば，円筒の外側表面）又は派生したもの（例えば，軸線又は中心平面）である。JIS B 0672-1:2002（= ISO 14660-1:1999）を参照。

d) 公差が指示された公差の種類及び寸法の指示方法によって，公差域は表 5.2 の一つになる。

表 5.2　公差域（JIS B 0021:1984）

	公差域	公差値	図
(1)	円の中の領域	円の直径	図 5.48
(2)	二つの同心円の間の領域	同心円の半径の差	図 5.49
(3)	二つの等間隔の線又は二つの平行な直線の間に挟まれた領域	2 線又は 2 直線の間隔	図 5.50
(4)	球の中の領域	球の直径	図 5.51
(5)	円筒の中の領域	円筒の直径	図 5.52
(6)	二つの同軸の円筒の間に挟まれた領域	同軸円筒の半径の差	図 5.53
(7)	二つの等距離の面又は二つの平行な平面の間に挟まれた領域	2 面又は 2 平面の間隔	図 5.54
(8)	直方体の中の領域	直方体の各辺の長さ	図 5.55

e) 幾何公差は，特に指示がない限り，対象とする形体の全域に適用する。
f) 公差域内では，特に指示がない限り，形体は任意の形状又は姿勢でもよい。
g) 関連形体に指示した幾何公差は，データム形体自身の形状を規制しない。そして，データム形体に対して，形状公差を指示することができる。
h) 特に指示がない限り，ねじ部に幾何公差又はデータムを指示した場合には，有効径に指示したものとして扱う。

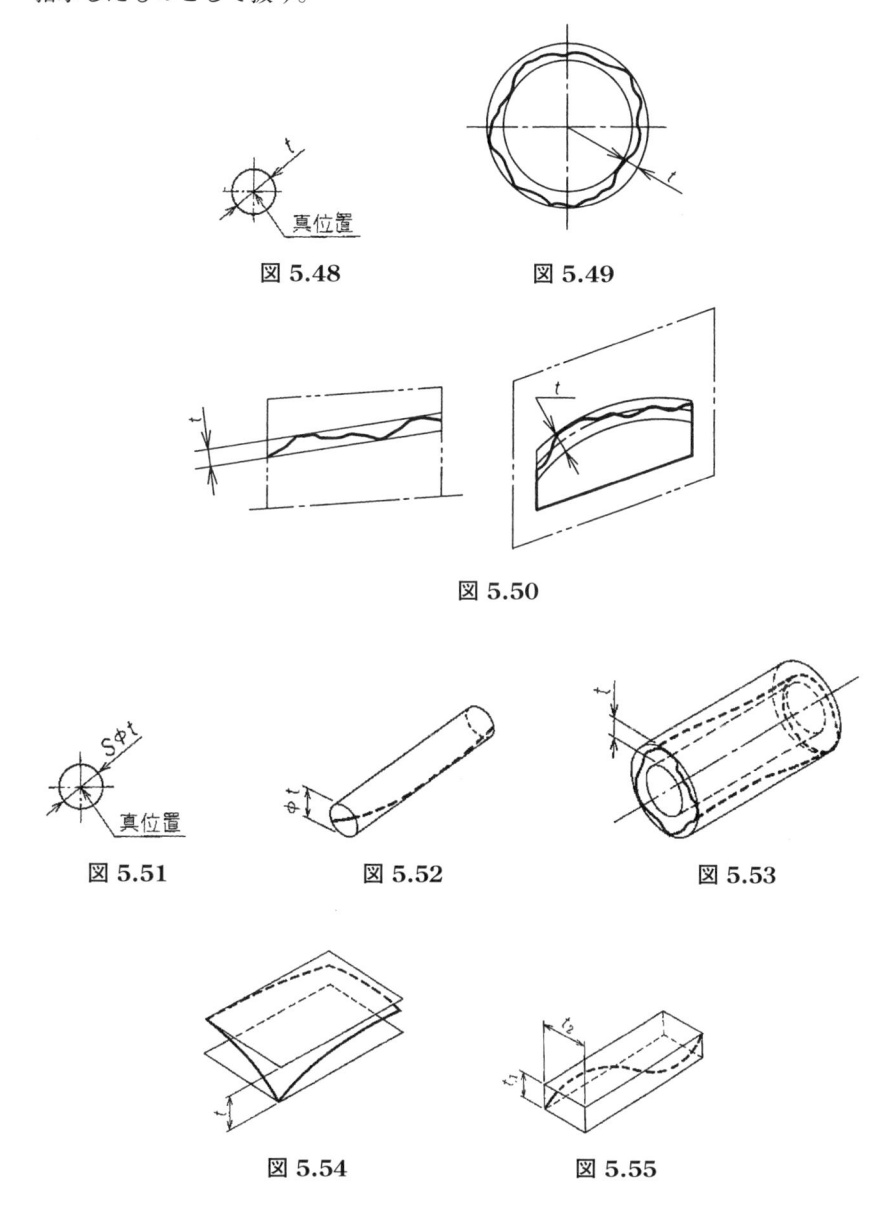

図 5.48　　図 5.49

図 5.50

図 5.51　　図 5.52　　図 5.53

図 5.54　　図 5.55

5.2.3　幾何特性及びその記号

幾何特性は 14 種類あり，その記号及び付加記号は，表 5.3 及び表 5.4 による。

なお，線及び面の輪郭度公差は，形状，姿勢及び位置を規制することができる。そして，振れ公差は，測定方法の一種から幾何特性に組み入れられたものである。

全振れ公差は，古い図面では FIR（Full Indicater Reading）又は TIR（Total Indicater Reading）が用いられた。

表5.3 幾何特性及びその記号

公差の種類	特性	記号	データム指示
形状公差	真直度	ー	否
	平面度	▱	否
	真円度	○	否
	円筒度	⌭	否
	線の輪郭度	⌒	否
	面の輪郭度	⌓	否
姿勢公差	平行度	∥	要
	直角度	⊥	要
	傾斜度	∠	要
	線の輪郭度	⌒	要
	面の輪郭度	⌓	要
位置公差	位置度	⊕	要・否
	同心度(中心点に対して)	◎	要
	同軸度(軸線に対して)	◎	要
	対称度	═	要
	線の輪郭度	⌒	要
	面の輪郭度	⌓	要
振れ公差	円周振れ	↗	要
	全振れ	⌰	要

5.2 幾何公差方式

表5.4 付加記号

説明	記号
公差付き形体指示	
データム指示	A / A
データムターゲット	φ2/A1
理論的に正確な寸法	50
突出公差域	Ⓟ
最大実体公差方式	Ⓜ
最小実体公差方式	Ⓛ
自由状態(非剛性部品)	Ⓕ
全周(輪郭度)	○
包絡の条件	Ⓔ
共通公差域	CZ

参考 P, M, L, F, E 及び CZ 以外の文字記号は,一例を示す。

5.2.4 幾何公差の指示方法

(1) 公差付き形体に指示

幾何公差は,一般的には公差記入枠(toleranced frame)から引き出した指示線に端末記号を付けて,公差付き形体(toleranced feature)に指示する。

a) 公差記入枠は,長方形の枠に区画を設けて,左から右の区画へ幾何特性の種類の記号,公差値,そして必要ならば,データム文字記号(最大三つまで)を指示する(図5.56)。

(a) ─ | 0.1
- 公差値
- 幾何特性の種類の記号

(b) // | 0.1 | A
- データムを指示する文字記号
- 公差値
- 幾何特性の種類の記号

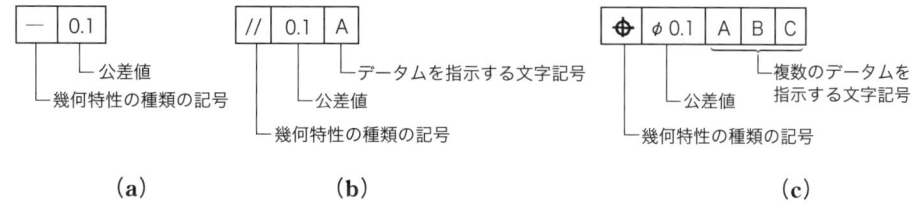

(c) ⌖ | φ0.1 | A | B | C
- 複数のデータムを指示する文字記号
- 公差値
- 幾何特性の種類の記号

図5.56 公差記入枠

b) 規制する形体に対して,複数の公差記入枠を重ねて指示することができる(図5.57)。この場合,指示する公差間に矛盾があってはならない。

○	0.01	
//	0.06	B

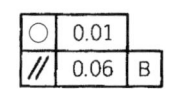

図 5.57　公差記入枠を重ねて指示する例

c)　公差付き形体が表面の場合には，それを表す外形線又はその延長線（寸法補助線）に指示線の矢を垂直に当てる（図 5.58）。この場合，矢の方向に公差域がある。

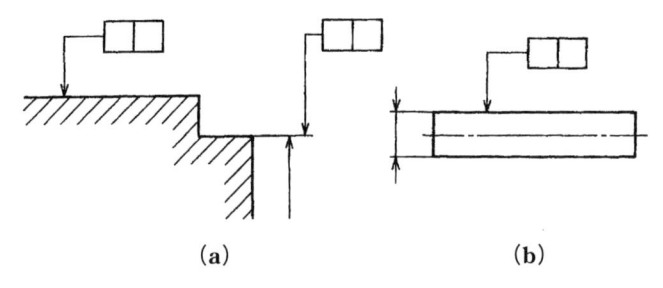

図 5.58　公差付き形体が表面の場合の指示例

d)　なお，表面の形状が投影図に表れている場合には，指示線の矢を小さな黒丸に代えて，形状の内部から引出線を引き，それに続く参照線に指示線を当てる（図 5.59）。

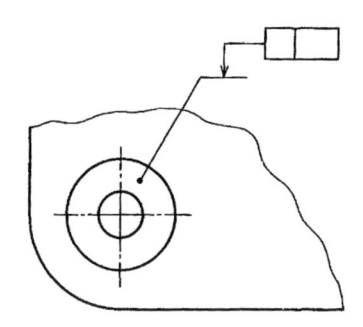

図 5.59　形状に直接指示する例

e)　公差付き形体が軸線又は中心平面の場合には，形体のサイズを指示する寸法線の一方の矢に対向させて指示線の矢を当てる（図 5.60）。

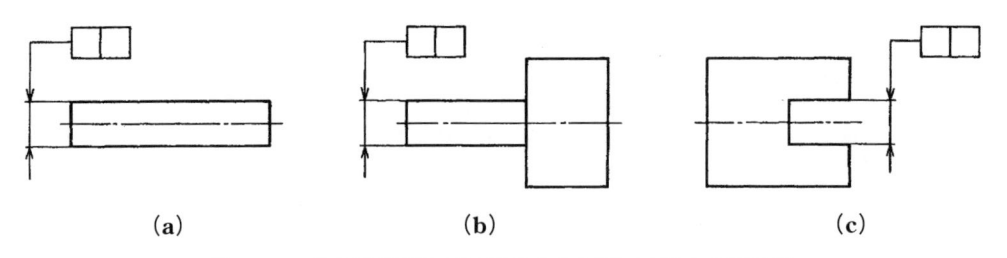

図 5.60　公差付き形体が軸線又は中心平面の場合の指示例

f)　形体の特定の部分（限定した部分）だけに幾何公差を指示する場合には，太い一点鎖線（特殊指定線という）を，公差付き形体を表す外形線に少し離して引き，それに寸法

を指示し,太い一点鎖線に指示線を当てる(図5.61)。

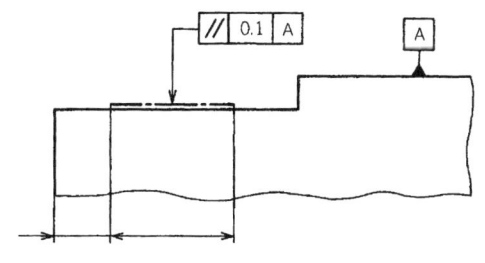

図 5.61 限定した部分へ幾何公差を指示する例

g) 表面の形状が投影図に表れている場合には,指示線の矢を小さな黒丸に代えて,形状の内部から引出線を引き,それに続く参照線に指示線を当てる(図5.62)。

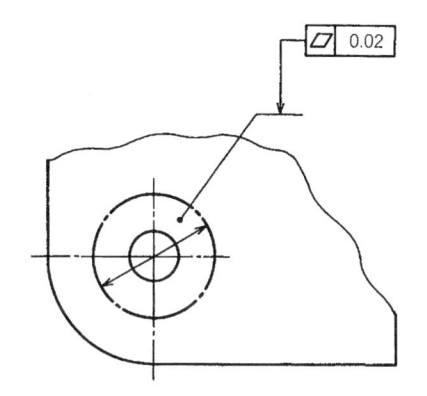

図 5.62 限定した領域に直接指示する例

(2) 公差域の方向

一般的には指示線の矢の方向に公差域が存在するが,次の規定による。

a) 互いに直角な二方向の公差域は,それぞれ幾何公差を指示する(図5.63)。

なお,図5.63の枠付き寸法は,理論的に正確な寸法(Theoretically Exact Dimension:TED)である。この寸法は,寸法公差が適用されない寸法であり,輪郭度公差,傾斜度公差,位置度公差及び対称度公差を指示する場合に用いる。

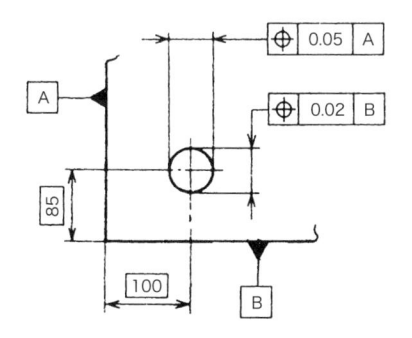

図 5.63 互いに直角な二方向の公差域

b) 形体が曲率を有する場合には,公差域の幅は正接線に直角な直線が図示した軸線

に交差する方向にある（図 5.64）。ただし，公差域の方向を指定した場合を除く（図 5.65）。

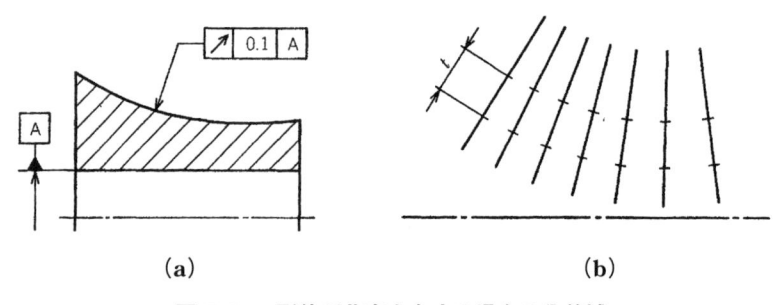

(a)   (b)

図 5.64 形体が曲率を有する場合の公差域

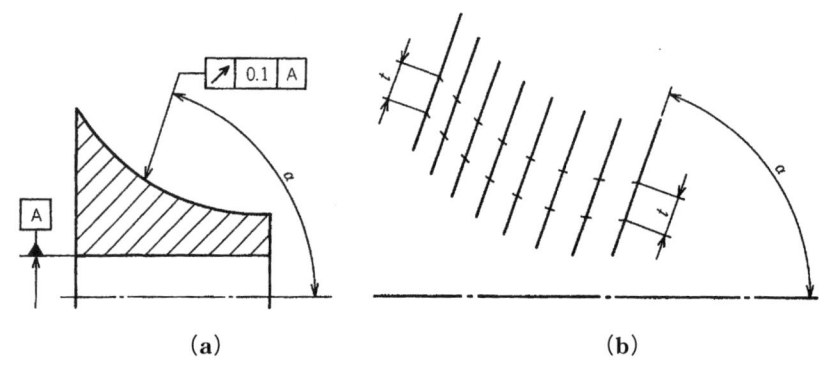

(a)   (b)

図 5.65 公差域の方向を指定した場合の例

c) 寸法補助記号 ϕ が公差値の前に付記されている場合には，指示線の方向にかかわらず，公差域は円筒である（図 5.66）。

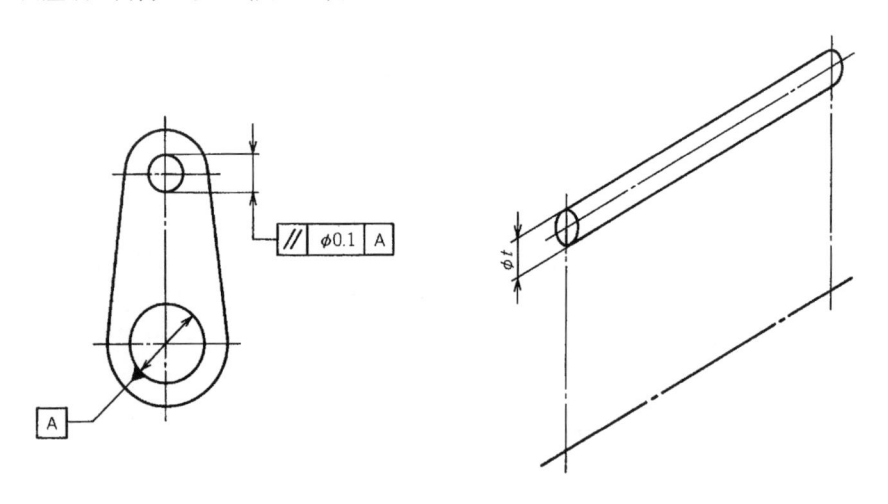

図 5.66 円筒公差域の指示例

d) 寸法補助記号 Sϕ が公差値の前に付記されている場合には，指示線の方向にかかわらず，公差域は球である（図 5.67）。

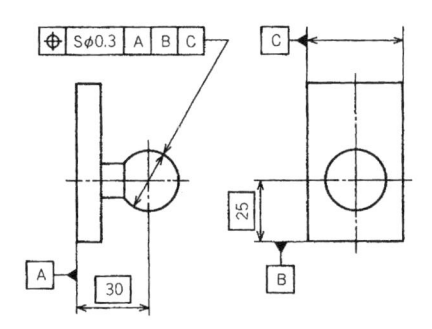

図 5.67 球の公差域の指示例

e) 複数の離れた形体に対して，一つの公差域を適用する場合には，公差値の後に文字記号 CZ を付記する．この CZ は，Common Zone（共通公差域）の頭文字である（図 5.68）．

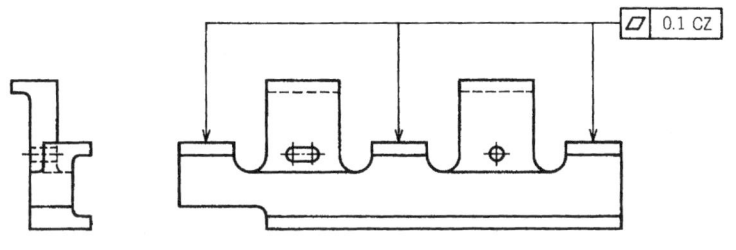

図 5.68 共通公差域の指示例

(3) 補足事項の指示

a) 幾何公差は形体の単位で指示する．しかし，投影図の一周にある形体に対して一つの幾何公差を適用する場合には，指示線の折れた部分に全周記号（all around symbol）を指示する（図 5.69）．

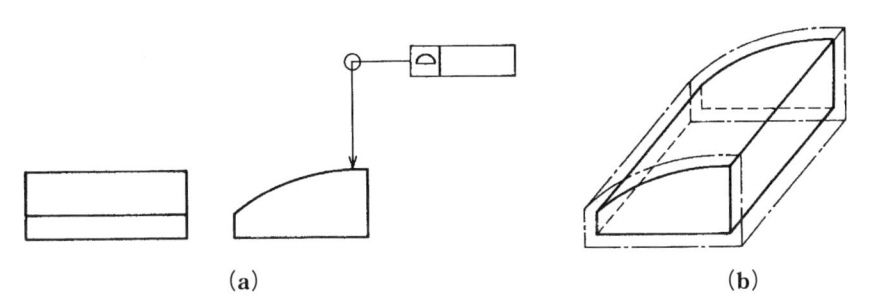

(a)　　　　　　　　　　(b)

図 5.69 全周に幾何公差を適用する指示例

b) ねじに幾何公差を適用する場合には有効径が公差付き形体であるが，設計要求又は検証要求から，ねじの外形，ピッチ円径もしくは谷底を公差付き形体にする場合には，それぞれ MD，PD もしくは LD を公差記入枠の付近に指示する（図 5.70）．これは，データムの指示に対しても適用する（図 5.71）．

なお，MD は Major Diameter，PD は Pitch Diameter，そして LD は Least Diameter の頭文字である．

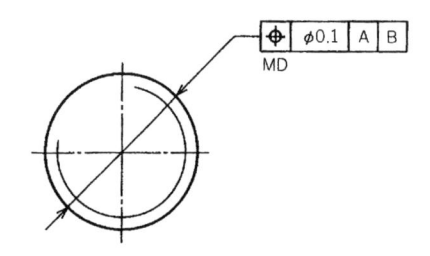

図 5.70 ねじ外形に幾何公差を指示する例

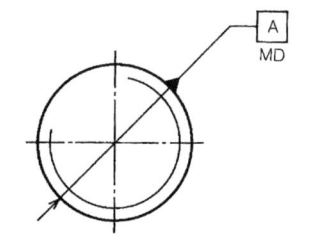

図 5.71 ねじ外形にデータムを指示する例

5.3 非剛性部品の幾何公差方式

自重及び重力の影響を受けて変形する形体,すなわち,非剛性部品（non-rigid parts）に幾何公差を適用する場合,JIS B 0026:1998（= ISO 10579:1993）によって幾何公差を指示する。非剛性部品の幾何公差の要求は,公差値の後に記号Ⓕを付記することによって成就する（図5.72）。

なお,F は,Free state の頭文字である。

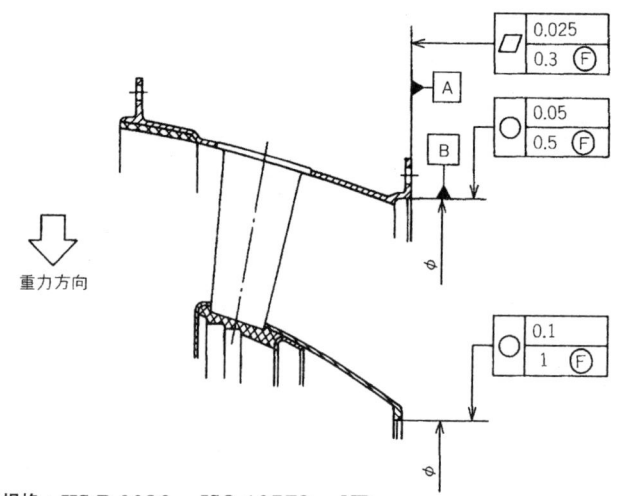

適用規格：JIS B 0026 — ISO 10579 — NR
注記　拘束状態：データム B として指定した表面は,対応する側の最大実体許容限界（MML）ではめ込まれ,データム A として指定した表面は（18 Nm～20 Nm のトルクで締め付けた M20 の 120 本のボルトで）組み付けて拘束する。

図 5.72　非剛性部品への幾何公差の指示例

Ⓕが付記された公差は,自由状態（free state）における要求事項である。そして,Ⓕが付記されてない公差は,拘束状態（constraint state）における要求事項である。図 5.72 の拘束状態の注記は,一例である。

5.4 追加すべき事項

ISO/TC 213/WG 18 は，ASME Y14.5:2009 との整合を図るためのスタディーグループ（SG-GD&T）を設置して，2009 年 9 月の San Antonio 会議から活動している。同グループの活動以前から ASME Y14.5 の幾つかの規定を ISO 1101 に導入すること，用語の統一などが審議されている。

5.4.1 混合規制

形体に対して，複数の幾何特性を用いて規制（combined control）することができる。ASME Y14.5:2009 では，図 5.73 を例示している。そして，その公差域の解釈を図 5.74 に示す。

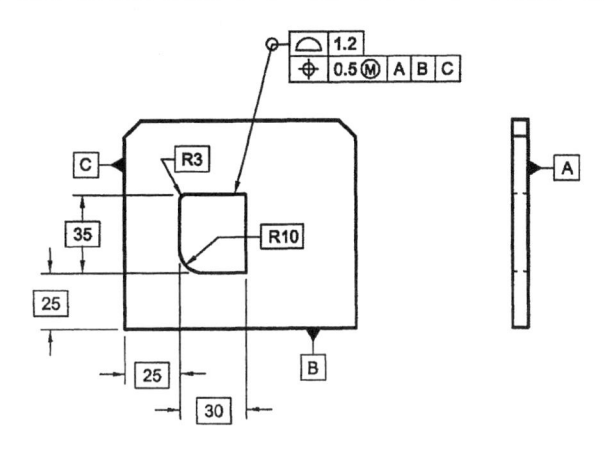

図 5.73 混合規制の例

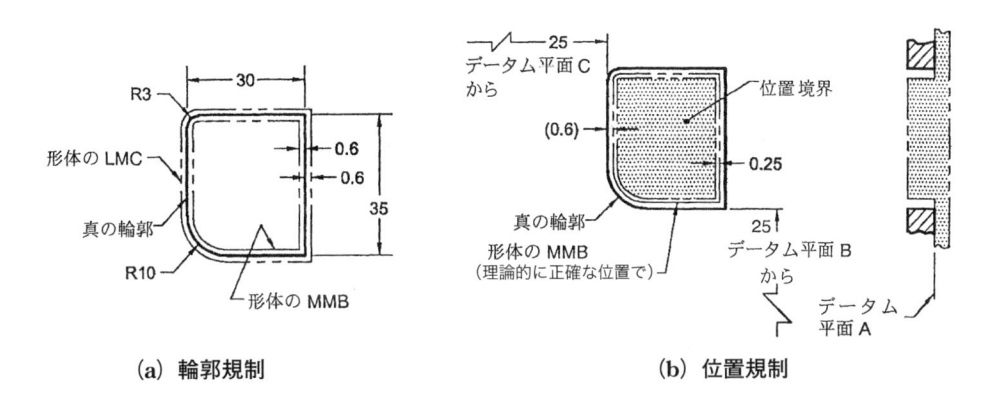

図 5.74 図 5.73 の公差域

(a) 輪郭規制　　(b) 位置規制

5.4.2 間記号

幾何特性をある範囲に適用するために，ASME Y14.5:2009 では間記号(あいだ)（between symbol）を規定している。図 5.75 の同図の公差記入枠の下側の C ↔ D 及び D ↔ E は，間記号である。

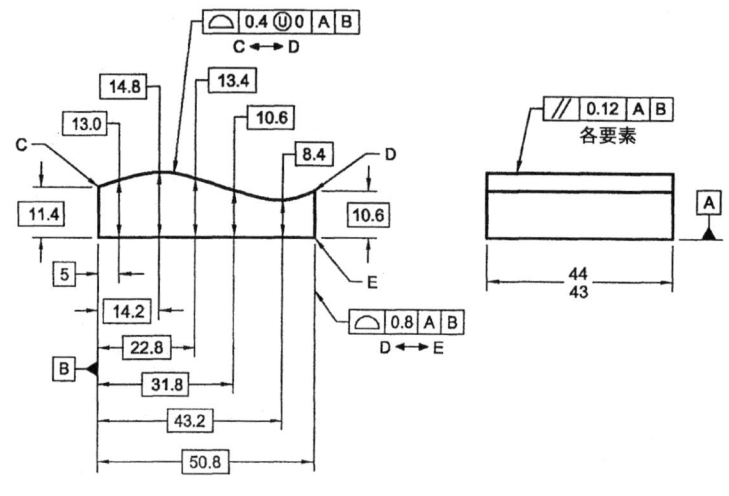

図 5.75　間記号

5.4.3　非対称輪郭度公差域

輪郭度公差は，理論的に正確な輪郭に対称な位置に公差域を配置するが，ASME Y14.5 は非対称な輪郭度公差域を認めている．図 5.76 は，全体の公差域は 0.3 であるが，モディファイヤⓊを公差値の後に付記することによって，非対称な輪郭度公差域（unequally disposed profile）を要求することができる（図 5.77）．

図 5.76 は，公差域は 0.3 の 1/3 の 0.1 を外側の公差域とし，内側の公差域は 0.2（0.3 − 0.1）となる．外側の公差域に適用する．

ISO/TC 213/WG 18 は，モディファイヤⓊを導入すべく審議を行っている．

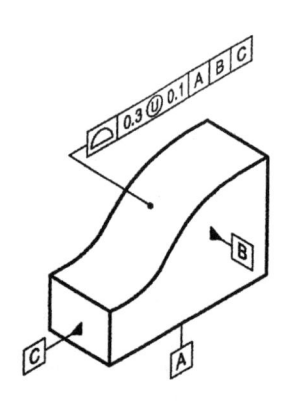

図 5.76　非対称な輪郭度公差の公差域

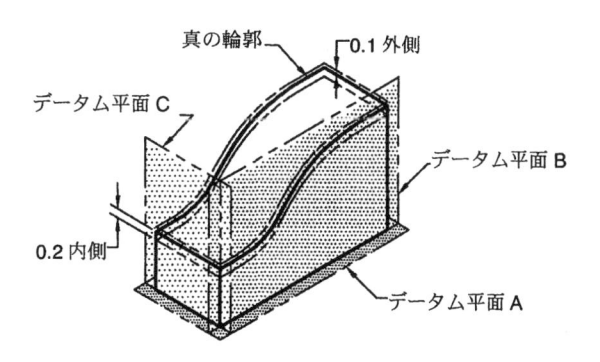

図 5.77 図 5.76 の公差域

5.4.4 フラッグ

3D 表示において，データムに対する公差付き形体の公差域の方向を指定するために，表 5.5 のフラッグを公差記入枠の後に指示することを，ISO 1101/ FDAM 1 検討の際に審議した．

表 5.5 フラッグ

事項	フラッグ
公差平面	⟨//|B⟩ ⟨⊥|B⟩ ⟨≡|B⟩
姿勢平面	⟨//|B⟩ ⟨⊥|B⟩ ⟨∠|B⟩

5.4.5 2D と 3D との対比

幾何公差 14 特性の定義は JIS B 0021:1998（= ISO/DIS 1101:1996）に示されている．ISO/TC 213/WG 18 では，3D 表示例を ISO 1101:2004/ FDAM 1:2011 として審議し，2012 年に発行した．

この FDAM 1 に先立って，ISO/TC 10 では，2006 年に ISO 16792 を発行している．これは 2D 表示（2D annotation，図 5.78）から 3D 表示（3D annotation）になるように規定しているが（図 5.79），3D 図面のための規定ではない．IT 技術者のための 3D 表示のガイドラインであることに注意しなければならない．

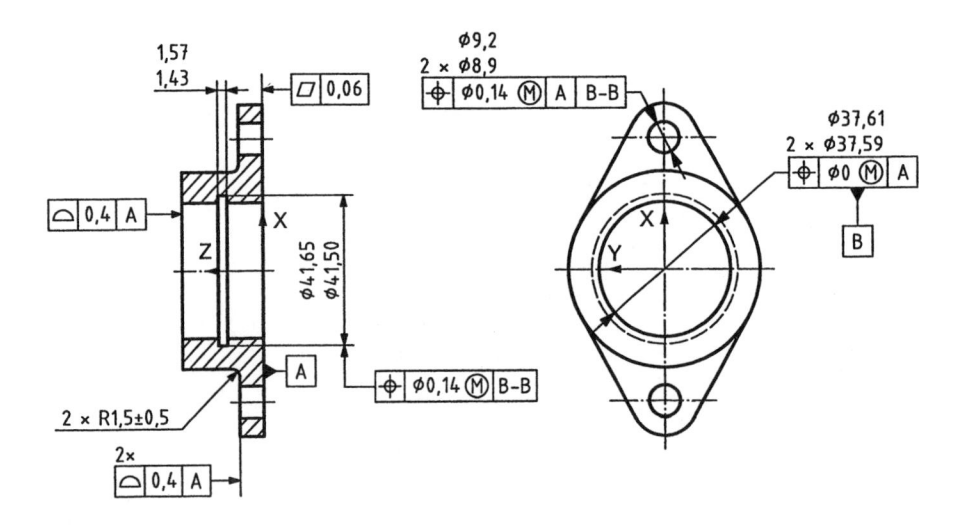

図 5.78 2D 指示例

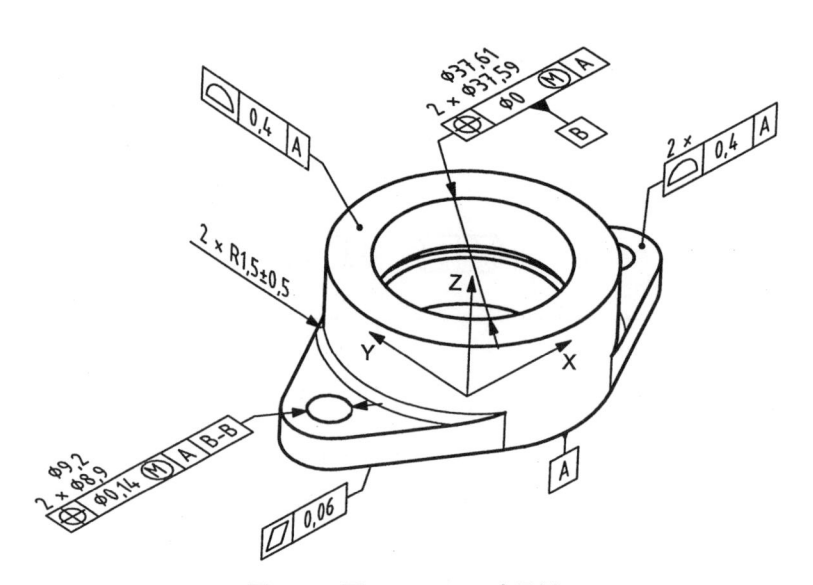

図 5.79 図 5.78 の 3D 表示例

5.5 幾何公差方式の 2D と 3D との対比表

表 5.3 に,幾何特性及びその記号を示した。本節では,その記号ごとに,ISO 1101 で規定する 2D と ISO 1101/FDAM 1 で規定する 3D との比較を表 5.6 に示す。

表 5.6 幾何公差方式の 2D と 3D との対比

記号	公差域の定義	2D 指示方法(説明を含む)	3D 表示方法(説明を含む)
―	**1 真直度公差** 対象とする平面内で,指定した方向において,公差域は t だけ離れた平行二直線によって規制される。 図 5.80	上側表面上で,指示された方向における投影面に平行な測得(実)線は,0.1 だけ離れた平行二直線の間になければならない。 図 5.81	フラッグで指示したように,データム平面 A に平行な上側の表面における任意の誘導された(実)線は,0.1 だけ離れた平行二直線の間になければならない。 図 5.81 (3D)
	公差域は,t だけ離れた平行二平面の間によって規制される。 図 5.82	円筒母線の測得(実)線は,0.1 だけ離れた平行二平面の間になければならない。 **注記** 測得母線の定義は,まだ標準化されていない。 図 5.83	図 5.83 (3D)
	公差値に記号 ϕ が指示されたときの公差域は,直径 t の円筒によって規制される。 図 5.84	公差が適用される円筒の測得(実)中心軸線は,直径 0.08 の円筒公差域の中になければならない。 図 5.85	図 5.85 (3D)
⌭	**2 平面度公差** 公差域は,t だけ離れた平行二平面によって規制される。 図 5.86	測得(実)平面は,0.08 だけ離れた平行二平面の間になければならない。 図 5.87	図 5.87 (3D)

記号	公差域の定義	2D 指示方法（説明を含む）	3D 表示方法（説明を含む）
	3　真円度公差		
○	対象とする横断面において，公差域は同軸の半径の差が t の二つの円によって規制される。 図 5.88	円筒及び円すい表面の任意の横断面において，半径方向の測得（実）線は半径が 0.03 だけ離れた共通平面上の同軸の二つの円の間になければならない。 図 5.89 円すい表面の任意の横断面内において，半径方向の測得（実）円周線は半径距離で 0.1 だけ離れた共通平面上の同軸の二つの円の間になければならない。 　注記　半径方向の円周線に対する定義は，標準化されていない。 図 5.90	図 5.89（3D） 図 5.90（3D）
	4　円筒度公差		
⌭	公差域は，半径の差が t の二つの同軸円筒によって規制される。 図 5.91	測得（実）円周表面は，半径の差が 0.1 だけ離れた二つの同軸円筒の間になければならない。 図 5.92	図 5.92（3D）

5.5 幾何公差方式の 2D と 3D との対比表

記号	公差域の定義	2D 指示方法（説明を含む）	3D 表示方法（説明を含む）
⌒	**5　データムに関連しない線の輪郭度公差（JIS B 0027 参照）**			
⌒	公差域は，直径 t の円の二つの包絡線によって規制され，それらの円の中心は理論的に正確な幾何学形状をもつ線上に位置する。 図 5.93	個々の横断面で，指示された方向において，投影面に平行な測得（実）輪郭線は，直径 0.04 の，それらの円の中心が理論的に正確な幾何学形状をもつ線上に位置する円の二つの等間隔の包絡線の間になければならない。 図 5.94	図 5.94（3D）
⌒	**6　データム系に関連した線の輪郭度公差（JIS B 0027 参照）**			
⌒	公差域は，直径 t の各円の二つの包絡線によって規制され，それらの円の中心はデータム平面 A 及びデータム平面 B に関して，理論的に正確な幾何学形状をもつ線上に位置する。 図 5.95	測得（実）輪郭線は，直径 0.04 の，それらの円の二つの等間隔の包絡線の間にあり，その円の中心はデータム平面 A 及びデータム平面 B に関連して，理論的な幾何学形状をもつ線上に位置しなければならない。 図 5.96	図 5.96（3D）
⌒	**7　データムに関連しない面の輪郭度公差（JIS B 0027 参照）**			
⌒	公差域は，直径 t の球の二つの包絡面によって規制され，それらの球の中心は理論的に正確な幾何学形状をもつ面上に位置する。 図 5.97	測得（実）輪郭表面は，直径 0.02 の，それらの球の中心が理論的に正確な幾何学形状をもつ面上に位置する球の二つの等間隔の包絡面の間になければならない。 図 5.98	図 5.98（3D）

記号	公差域の定義	2D 指示方法（説明を含む）	3D 表示方法（説明を含む）
⌓	**8　データムに関連する面の輪郭度公差（JIS B 0027 参照）**		
	公差域は，直径 t の各球の二つの包絡面によって規制され，それらの球の中心はデータム平面Aに関連して理論的に正確な幾何学形状をもつ面上に位置する。 図 5.99	測得（実）輪郭表面は，直径 0.1 の，それらの球の中心がデータムに対して理論的に正確な幾何学形状をもつ面上に位置する球の二つの包絡面の間になければならない。 図 5.100	図 5.100（3D）
∥	**9　平行度公差**		
	9.1　データム軸直線に関連する線の平行度公差		
	公差域は，t だけ離れた平行二平面によって規制される。 この平行二平面は，データム軸直線A及び指定された方向に平行である。 図 5.101	測得（実）軸線は，データム軸直線A及び指定された方向に平行な 0.1 だけ離れた平行二平面の間になければならない。 図 5.102	図 5.102（3D）
	図 5.103	測得（実）軸線は，データム平面Bに平行な 0.1 だけ離れた平行二平面の間になければならない。 図 5.104	図 5.104（3D）

5.5 幾何公差方式の2Dと3Dとの対比表

記号	公差域の定義	2D指示方法（説明を含む）	3D表示方法（説明を含む）
//	公差域は，それぞれ t_1 及び t_2 だけ離れ，互いに直角な二つの平行二平面によって規制される。この平行二平面（の軸線）は，データム軸直線Aに平行である。 図5.105	測得（実）軸線は，データム軸直線Aに対してそれぞれ0.1及び0.2だけ離れ，指定された方向で互いに直角な二つの平行二平面の間になければならない。 図5.106	図5.106（3D）
	9.2 データム直線に関連する線の平行度公差		
	公差域は，公差値の前に記号 ϕ が置かれた場合，データム軸直線に平行で，直径 t の円筒によって規制される。 図5.107	測得（実）軸線は，データム軸直線Aに平行な直径0.03の円筒公差域の中になければならない。 図5.108	図5.108（3D）
	9.3 データム平面に関連する線の平行度公差		
	公差域は，データム平面Bに平行で，t だけ離れた平行二平面によって規制される。 図5.109	測得（実）軸線は，データム平面Bに平行な0.01だけ離れた平行二平面の間になければならない。 図5.110	図5.110（3D）
	9.4 共通データム平面に関連する線の平行度公差		
	表面形体の個々の線の公差域は，データム平面Aに平行で，t だけ離れた平行二直線によって規制される。 図5.111	個々の測得（実）線（LE）は，共通データム平面Aに平行な0.02だけ離れた平行二直線の間になければならない。 図5.112	図5.112（3D）

記号	公差域の定義	2D 指示方法（説明を含む）	3D 表示方法（説明を含む）
//	**9.5 データム軸直線に関連する平面の平行度公差** 公差域は，データム軸直線に平行で，tだけ離れた平行二平面によって規制される。 図 5.113	測得（実）平面は，データム軸直線Cに平行な 0.1 だけ離れた平行二平面の間になければならない。 図 5.114	図 5.114（3D）
	9.6 データム平面に平行な平面の平行度公差 公差域は，データム平面に平行で，tだけ離れた平行二平面によって規制される。 図 5.115	測得（実）平面は，データム平面Dに平行な 0.01 だけ離れた平行二平面の間になければならない。 図 5.116	図 5.116（3D）
⊥	**10 直角度公差** **10.1 データム軸直線に関連した線の直角度公差** 公差域は，データム軸直線に直角で，tだけ離れた平行二平面によって規制される。 図 5.117	測得（実）軸線は，データム軸直線Aに直角な 0.06 だけ離れた平行二平面の間になければならない。 図 5.118	図 5.118（3D）
	10.2 共通データム平面に関連した線の直角度公差 公差域は，データム軸直線に直角で，tだけ離れた平行二平面によって規制される。 図 5.119	測得（実）軸線は，データム平面Aに直角な 0.1 だけ離れた平行二平面の間になければならない。 図 5.120	図 5.120（3D）

5.5 幾何公差方式の 2D と 3D との対比表

記号	公差域の定義	2D 指示方法（説明を含む）	3D 表示方法（説明を含む）
⊥	公差域は，データム平面に直角で，それぞれ t_1 及び t_2 だけ離れ，互いに直角な二つの平行二平面によって規制される。 図 5.121 図 5.122	測得（実）軸線は，データム平面Aに直角で，それぞれ 0.1 及び 0.2 だけ離れ，互いに直角な二つの平行二平面の間になければならない。 図 5.123	図 5.123（3D）
	10.3 データム平面に関連した線の直角度公差		
	公差域は，データム平面に直角で，直径 t の円筒によって規制される。 図 5.124	測得（実）軸線は，データム平面Aに直角な直径 0.01 の円筒の中になければならない。 図 5.125	図 5.125（3D）
	10.4 データム軸直線に関連した平面の直角度公差		
	公差域は，データム軸直線に直角で，t だけ離れた平行二平面によって規制される。 図 5.126	測得（実）平面は，データム軸直線Aに直角な 0.08 だけ離れた平行二平面の間になければならない。 図 5.127	図 5.127（3D）

記号	公差域の定義	2D指示方法（説明を含む）	3D表示方法（説明を含む）
⊥	**10.5 データム平面に関連した平面の直角度公差** 公差域は，データム平面に直角で，tだけ離れた平行二平面によって規制される。 図5.128	測得（実）平面は，データム平面Aに直角な0.08だけ離れた平行二平面の間になければならない。 図5.129	図5.129（3D）
∠	**11 傾斜度公差** **11.1 データム軸直線に関連した線の傾斜度公差** a）データム軸直線と公差付き形体である軸線とが同一平面上にある場合： 公差域は，データム軸直線に対して指示された角度で，tだけ離れた平行二平面によって規制される。 図5.130 b）データム軸直線と公差付き形体である軸線とが同一平面上にない場合： 公差域は，データム軸直線に対して指示された投影角度で傾き，tだけ離れた平行二平面によって規制される。対象とする線とデータム軸直線とは同一平面上にない。 図5.132	測得（実）軸線は，共通データム軸直線A-Bに対して60°の理論的に正確な角度で傾き，0.08だけ離れた平行二平面の間になければならない。 図5.131 測得（実）軸線は，共通データム軸直線A-Bに対して60°の投影角度で，0.08だけ離れた平行二平面の間になければならない。 図5.133	図5.131（3D） 図5.133（3D）

5.5 幾何公差方式の 2D と 3D との対比表

記号	公差域の定義	2D 指示方法（説明を含む）	3D 表示方法（説明を含む）
∠	**11.2 データム平面に関連した線の傾斜度公差**		
	公差域は，データム平面に対して指示された角度で，t だけ離れた平行二平面によって規制される。 図 5.134	測得（実）軸線は，データム平面 A に対して 60°の理論的に正確な角度で傾き，0.08 だけ離れた平行二平面の間になければならない。 図 5.135	図 5.135（3D）
	公差値の前に記号 ϕ が指示されたならば，公差域はデータム平面に対して指示された角度で直径 t の円筒によって規制される。 図 5.136	測得（実）軸線は，データム平面 A に対して 60°の理論的に正確な角度で傾き，直径 0.1 の円筒公差域の中になければならない。 図 5.137	図 5.137（3D）
	11.3 データム軸直線に関連した平面の傾斜度公差		
	公差域は，データムに対して指示された角度で，t だけ離れた平行二平面によって規制される。 図 5.138	測得（実）平面は，データム軸直線 A に対して 75°の理論的に正確な角度で，0.1 だけ離れた平行二平面の間になければならない。 図 5.139	図 5.139（3D）
	11.4 データム平面に関連した平面の傾斜度公差		
	公差域は，データムに対して指示された角度で，t だけ離れた平行二平面によって規制される。 図 5.140	測得（実）平面は，データム平面 A に対して 40°の理論的に正確な角度で，0.08 だけ離れた平行二平面の間になければならない。 図 5.141	図 5.141（3D）

記号	公差域の定義	2D 指示方法（説明を含む）	3D 表示方法（説明を含む）
	12　位置度公差		
	12.1　点の位置度公差		
⌖	公差値が記号Sφで指示されたならば，公差域は直径 t の球によって規制される。公差域の中心は，データム平面A，B及びデータム中心平面Cに関係づけて理論的に正確な寸法によって位置づけられる。 図 5.142	測得（実）球の中心は，データム平面A，B及びデータム中心平面Cに関係づけた理論的に正確な寸法によって位置づけられた直径0.3の球の中になければならない。 **注記**　測得（実）球の中心は，標準化されていない。 図 5.143	図 5.143（3D）
	12.2　線の位置度公差		
⌖	公差域は，中心線に対称で，t だけ離れた平行二直線によって規制される。線の中心は，データム平面A，Bに関係づけて理論的に正確な寸法によって位置づけられる。 図 5.144	測得（実）線の中心は，データム平面A及びBに関係づけた理論的に正確な寸法によって位置づけられた0.1だけ離れた平行二平面の間になければならない。 図 5.145	図 5.145（3D）
	公差域は，理論的に正確な位置に対して対称で，それぞれ t_1 及び t_2 だけ離れた二つの平行二平面によって規制される。理論的に正確な位置は，データム平面C，A及びBに関係づけて理論的に正確な寸法によって位置づけられる。 図 5.146	個々の穴の測得（実）中心線は，指定された方向で，それぞれ0.05及び0.2だけ離れ，互いに直角な二つの平行二平面の間になければならない。 互いに平行な個々の平面対は，データム系に関連した方向で，対象とした穴の理論的に正確な位置に対称で，データム平面C，A及びBによって位置づけられた位置になければならない。 図 5.148	図 5.148（3D）

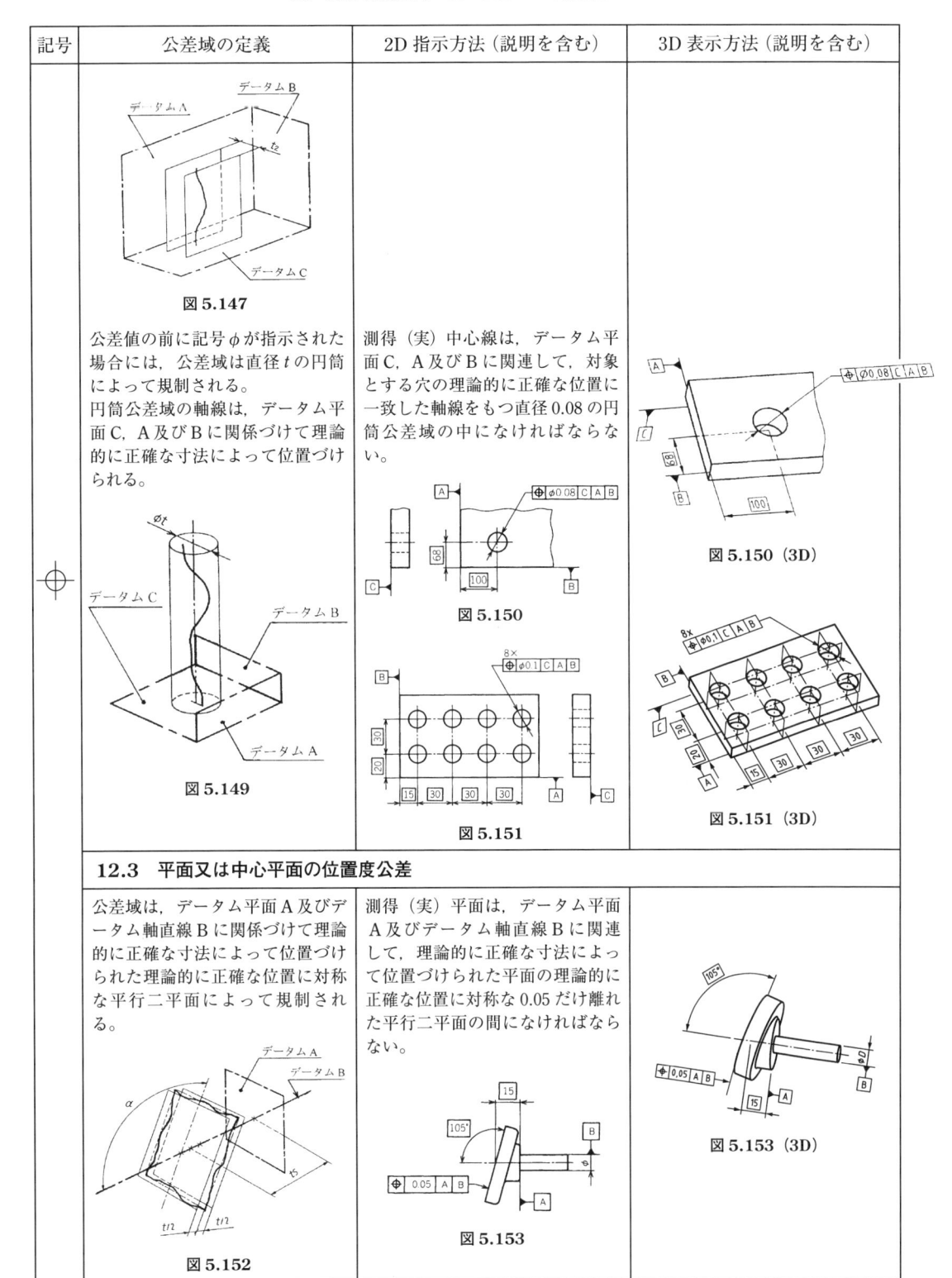

5.5 幾何公差方式の2Dと3Dとの対比表

記号	公差域の定義	2D指示方法（説明を含む）	3D表示方法（説明を含む）
⌖	図5.147 公差値の前に記号φが指示された場合には，公差域は直径 t の円筒によって規制される。 円筒公差域の軸線は，データム平面 C，A 及び B に関係づけて理論的に正確な寸法によって位置づけられる。 図5.149	測得（実）中心線は，データム平面 C，A 及び B に関連して，対象とする穴の理論的に正確な位置に一致した軸線をもつ直径0.08の円筒公差域の中になければならない。 図5.150 図5.151	図5.150（3D） 図5.151（3D）
12.3 平面又は中心平面の位置度公差			
	公差域は，データム平面 A 及びデータム軸直線 B に関係づけて理論的に正確な寸法によって位置づけられた理論的に正確な位置に対称な平行二平面によって規制される。 図5.152	測得（実）平面は，データム平面 A 及びデータム軸直線 B に関連して，理論的に正確な寸法によって位置づけられた平面の理論的に正確な位置に対称な0.05だけ離れた平行二平面の間になければならない。 図5.153	図5.153（3D）

記号	公差域の定義	2D 指示方法（説明を含む）	3D 表示方法（説明を含む）
⊕		測得（実）平面は，データム軸直線A及びデータム中心平面Bに関連して，中心平面の理論的に正確な位置に対称 0.05 だけ離れた平行二平面の間になければならない。 注記　八つのキー溝の理論的に正確な角度は，暗示されている（JIS B 0021, 18.12.3 参照）。 図 5.154	図 5.154（3D）

13　同心度公差又は同軸度公差

13.1　点の同心度公差

◎	公差値の前に記号φが付けられたならば，公差域は直径 t の円によって規制される。円形公差域の中心は，データム点に一致する。 図 5.155	内側の円の測得（実）中心は，横断面内において，データム点Aに同心の直径 0.1 の円の中になければならない。 図 5.156	図 5.156（3D）

13.2　軸線の同軸度公差

	公差値の前に記号φが付けられたならば，円筒公差域は直径 t の円筒によって規制される。 図 5.157	公差付き円筒の測得（実）軸線は，共通データム軸直線 A-B に同軸の直径 0.08 の円筒公差域の中になければならない。 図 5.158	図 5.158（3D）

5.5 幾何公差方式の2Dと3Dとの対比表

記号	公差域の定義	2D指示方法（説明を含む）	3D表示方法（説明を含む）
◎		公差付き円筒の測得（実）軸線は，データム軸直線Aに同軸の直径0.1の円筒公差域内になければならない。 図5.159	図5.159（3D）
		大きい直径の測得（実）軸線は，直径の0.1の円筒公差域内にあり，その軸線はデータム平面Aに直角なデータム軸直線Bである。 図5.160	図5.160（3D）
14 対称度公差			
14.1 中心平面の対称度公差			
⌯	公差域は，データムに関連して，中心平面に対称で，tだけ離れた平行二平面によって規制される。 図5.161	測得（実）中心面は，データム中心平面Aに対称で，0.08だけ離れた平行二平面の間になければならない。 図5.162	図5.162（3D）
		測得（実）中心面は，共通データム中心平面A-Bに対称で，0.08だけ離れた平行二平面の間になければならない。 図5.163	図5.163（3D）

記号	公差域の定義	2D 指示方法（説明を含む）	3D 表示方法（説明を含む）
	15　円周振れ公差		
	15.1　円周方向の円周振れ公差		
↗	公差域は，データムに一致する中心をもち，直径の差がtの二つの同心円によって規制される。 図 5.164	データム軸直線のまわりをAに直角な測得（実）線は，半径の差が0.1の二つの同心円の間になければならない。 図 5.165	図 5.165（3D）
		データム軸直線Aのまわりを，データム平面Bに接した測得（実）線は，半径の差が0.1の二つの同心円の間になければならない。 図 5.166	図 5.166（3D）
		共通データム軸直線A-Bに直角な横断面における測得（実）線は，半径の差が0.1の二つの同心円の間になければならない。 図 5.167	図 5.167（3D）
	振れ公差は，通常，完全な形体に適用するが，形体の限定した領域にも通用することができる。	データム軸直線Aに直角な横断面における測得（実）線は，半径の差が0.2の二つの同心円の間になければならない。 図 5.168	図 5.168（3D）

5.5 幾何公差方式の 2D と 3D との対比表

記号	公差域の定義	2D 指示方法（説明を含む）	3D 表示方法（説明を含む）
		図 5.169	図 5.169（3D）
	15.2 軸方向の円周振れ公差		
	公差域は，データムに一致する軸線上で，円筒端面において t だけ離れた二つの円によって規制される。 図 5.170	データム軸直線 D に一致する円筒軸に直角な円筒端面において，軸方向の測得（実）線は 0.1 離れた二つの円の間になければならない。 図 5.171	図 5.171（3D）
↗	**15.3 任意の方向における円周振れ公差**		
	公差域は，データムに一致する任意の円すいの断面において t だけ離れた二つの円の中によって規制される。 公差域の幅は，指示した以外は指示した表面の性状に垂直である。 図 5.172	データム軸直線 C に一致した軸線上で，任意の円すい断面において，測得（実）線は半径の差が 0.1 だけ離れた円すい断面内の二つの円の間になければならない。 図 5.173 公差付き形体が真直でない母線の場合には，円すい断面の円すい頂角は実際の位置に依存して変動する。 図 5.174	図 5.173（3D） 図 5.174（3D）

記号	公差域の定義	2D 指示方法（説明を含む）	3D 表示方法（説明を含む）
↗	**15.4 指定した方向における円周振れ公差** 公差域は，データムに一致する軸線上で，t だけ離れた二つの円によって指定した角度の任意の断面内で規制される。 図 5.175	データム軸直線 C に一致した軸線上で，測得（実）線は 0.1 だけ離れた二つの円の間になければならない。 図 5.176	図 5.176（3D）
16 全振れ公差			
↗↗	**16.1 半径方向の全振れ公差** 公差域は，データムに一致する軸線上で，半径の差が t の二つの同軸円筒によって規制される。 図 5.177	共通データム軸直線 A－B に一致して，測得（実）表面は 0.1 だけ離れた二つの同軸円筒の間になければならない。 図 5.178	図 5.178（3D）
	16.2 軸方向の全振れ公差 公差域は，データムに直角で，t だけ離れた平行二平面によって規制される。 図 5.179	測得（実）平面は，データム軸直線 D に直角な 0.1 だけ離れた平行二平面の間になければならない。 図 5.180	図 5.180（3D）

第6章　最大・最小実体公差方式及び交互公差方式

　部品の組付け性を高め，検証コストの削減などを図るために，幾つかの幾何公差に対して最大実体公差方式を適用することができる。そして，最大実体公差方式の表裏の関係にあり，特に同軸形体の穴と軸，同一中心平面をもつブロックと溝との間の最小肉厚規制などに適用することができる最小実体公差方式も重要である。

　新しく ISO 2692：2006 に導入された交互公差方式は，公差付き形体の幾何偏差が小さく仕上がったときには，その分だけその形体のサイズの許容限界寸法を変更してもよい，という考え方である。

　この章では，最大・最小実体公差方式及び交互公差方式の概念について，ISO 2692：2006 に規定する内容を JIS B 0023：1996（= ISO 2692：1988）との違いを示しながら述べる。

6.1　主な用語及び定義

6.1.1　最大実体公差方式

　最大実体公差方式（Maximum Material Requirement：MMR）は，サイズ形体（feature of size）に対する要求事項であり，最大実体実効サイズ（Maximum Material Vertual Size：MMVS）に等しい固有の（寸法）特性に対する図面に与えられた数値に関して，同じ種類の，そして完全形状の幾何形体を定義することであり，実体の外側についての非理想形体をコントロールする（ISO 2692）。すなわち，実体が最大実体実効状態（MMVC）を侵害しないことを規制し，工作物の組付け性をコントロールする方式である。

　ここで，JIS B 0023 では，最大実体実効サイズ（MMVS）及び最大実体実効状態（MMVC）を，それぞれ実効寸法及び実効状態という用語を使用している。概念的には，同じである。

　図 6.1 は，円筒の軸線の真直度を規制するもので，それに最大実体公差方式（記号：Ⓜ）を適用した例である。また，この円筒の直径を二点測定で求める場合の解釈を，図 6.2 に示す。

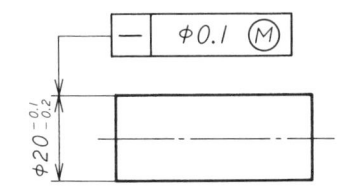

図 6.1　軸線の真直度公差にⓂを適用した指示例

(a) MMC   **(b) LMC**

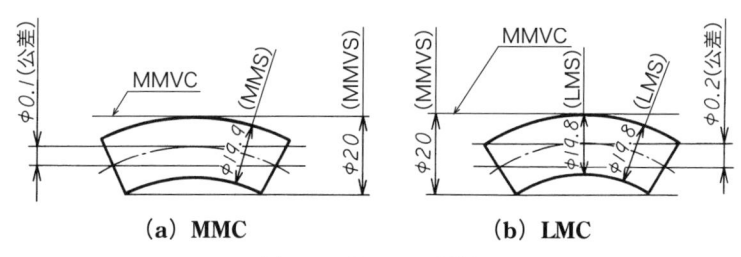

図 6.2　図 6.1 の解釈

ここで，MMC は Maximum Material Condition，LMC は Least Material Condition を表す。

MMVC は，軸のような外側形体に対しては，MMS + GT である。穴のような内側形体に対しては，MMS − GT である。なお，GT は Geometrical Tolerance の頭文字である。

ISO 2692 では，MMVS（Maximum Material Virtual Size）は，次のように定義されている。

サイズ形体の MMS と同一サイズ形体から誘導される形体に対して与えられる幾何公差（形状，姿勢及び位置）との相互効果によってできるサイズ（size demention）である。

軸及び穴の真直度公差に最大実体公差方式Ⓜを適用した例を図 6.3 及び図 6.4 に示す。

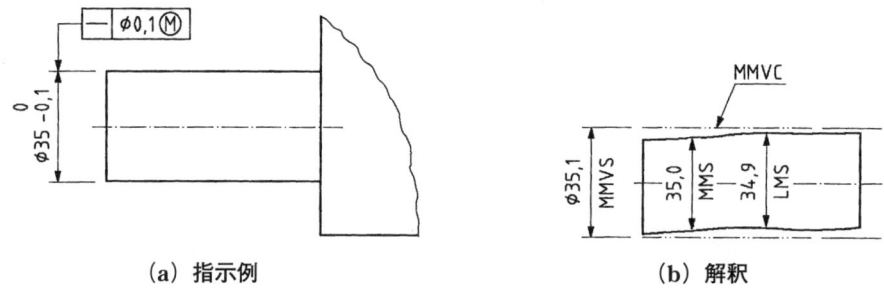

(a) 指示例　(b) 解釈

図 6.3　円筒軸の真直度公差にⓂを適用した例

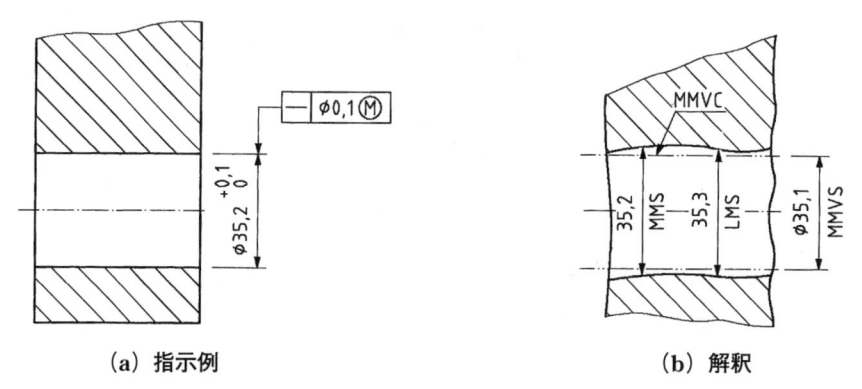

(a) 指示例　(b) 解釈

図 6.4　円筒穴の真直度公差にⓂを適用した例

注記 1　MMVS は，MMVC に結び付けた数値として用いられる。

注記 2　外側形体に対して，MMVS は MMS と幾何公差との合計であり，内側形体に対しては MMS と幾何公差との差である。

注記 3　外側サイズ形体に対する MMVS を表す $l_{MMVS,e}$ は，式（6.1）による。

$$l_{MMVS,e} = l_{MMS} + \delta \tag{6.1}$$

そして，内側サイズ形体に対する MMVS を表す $l_{MMVS,i}$ は，式（6.2）による。

$$l_{\text{MMVS,i}} = l_{\text{MMS}} - \delta \tag{6.2}$$

ここに，

  l_{MMS} は，最大実体サイズである。

  δ は，幾何公差である。

そして，MMVC は，MMVS の当てはめ形体（associated feature）の状態である（ISO 2692）。

JIS B 0023 では，最大実体サイズに対して最大実体寸法という用語を使用している。

穴の真直度公差にⓂを適用した図 6.4（b）は，当てはめ方法による検証に基づく解釈であるが，二点測定（two point measurement）を主体とした解釈は図 6.5 となる。すなわち，穴径の最短距離を検証する。

なお，実効サイズを検証するゲージについては，第 8 章を参照されたい。

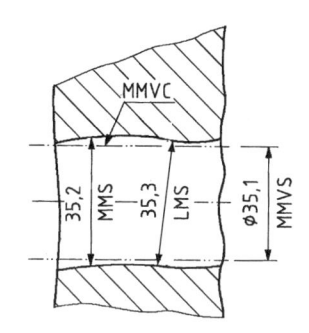

図 6.5　二点測定による穴の解釈

図 6.3（a）の設計要求は，次のとおりである。

 ① 円筒の軸の直径が $\phi 35$ の MMS であるとき，円筒の軸線は $\phi 0.1$ の円筒公差域の中になければならない。

 ② 軸の MMVS は，$\phi 35.1 \,[= (35 + 0) + 0.1]$ で，これを侵害してはならない。

これらの要求を満たすために，公差域は次のとおりである。

 ① 円筒の直径は，$\phi 35 \sim \phi 34.9$ であればよい。

 ② 軸の直径が $\phi 35$ の MMS であるとき［図 6.3（b）］，軸線は $\phi 0.1$ の円筒公差域の中にあればよい。

 ③ 円筒の軸の直径が $\phi 34.9$ の LMS であるとき［図 6.3（b）］，円筒公差域は $\phi 0.2 \,[= 0.1 + (0.1 - 0)]$ まで変動できる。

 ④ 全体の軸は，完全形状で，$\phi 35.1 \,[= (35 + 0) + 0.1]$ の実効状態（VC）の境界内にあればよい。

なお，JIS においては，特に指示がない限り，MMC において，寸法の許容限界内では公差付き形体の形状は問わない。

JIS B 0023 の最小実体寸法に対応する ISO の最小実体サイズ（LMS）とは，形体の LMC を定義するサイズである（ISO 2692）。

 注記 1　LMS は，誘導形体のサイズの幾つかの一つによって，デフォルト（default）又は特定の定義によって定義することができる。

 注記 2　この規格（ISO 2692）では，LMS は数値として用いられ，それゆえ，誘導寸法の特定

の定義は，LMS のあいまいな使用を許すことはない。

　そして，LMC は，対象とする誘導形体の状態であり，サイズ形体の実体がどこにおいても最小実体サイズである場合，例えば，最大の穴径及び最小の軸径である場合，の寸法許容限界の状態である（ISO 2692）。

　　注記 1　LMC は，この規格では理想形体又は図示形体レベルで指示するために用いられる［JIS B 0672-1:2002（= ISO 14660-1:1999）を参照］。

　　注記 2　LMC での誘導形体のサイズは，誘導形体のサイズの幾つかのデフォルト又は特定の定義によって定義することができる。

　　注記 3　この規格で定義されたように，LMC は，誘導形体のサイズのある定義とともにあいまいさなく使用することができる。

　また，LMVS は，サイズ形体の LMS と，同一サイズ形体から誘導される形体に対して与えられる幾何公差（形状，姿勢及び位置）との相互効果によってできるサイズである（ISO 2692）。

　　注記 1　LMVS は，LMVC に結び付けた数値として用いられる。

　　注記 2　外側形体に対して，LMVS は LMS と幾何公差との差であり，内側形体に対しては LMS と幾何公差との合計である。

　　注記 3　外側サイズ形体に対する MMVS を表す $l_{MMVS,e}$ は，式 (6.3) による。

$$l_{MMVS,e} = l_{MMS} - \delta \tag{6.3}$$

そして，内側サイズ形体に対する LMVS を表す $l_{LMVS,i}$ は，式 (6.4) による。

$$l_{MMVS,i} = l_{MMS} + \delta \tag{6.4}$$

ここに，

　　l_{LMS} は，最小実体サイズである。

　　δ は，幾何公差である。

LMVC は，LMVS の当てはめ形体の状態である（ISO 2692）。

　　注記 1　LMVC は，形体の完全形状の状態である。

　　注記 2　LMVC は，幾何公差が位置公差であるとき，ISO/DIS 1101:1996（= JIS B 0021:1998）及び ISO 5459:1981（≒ JIS B 0022:1984）によって当てはめ形体の位置拘束を含んでいる。

6.1.2　最小実体公差方式

　最小実体公差方式（Least Material Requirement：LMR）は，サイズ形体に対する要求事項であり，LMVS に等しい固有の（寸法）特性に対する図面に与えられた数値に関して，同じ種類の，そして完全形状の幾何形体を定義することであり，実体の内側についての非理想形体をコントロールする（ISO 2692）。すなわち，実体が LMVC を越えないことを規制する方式である。

　　注記 1　LMR は，一対で，例えば，二つの対称又は同軸のサイズ形体間の肉厚をコントロールするために用いられる。

　この LMR の要求は，幾つかの幾何公差特性の公差値の後に記号Ⓛを付記することによって成就される。

　同軸の外側形体及び内側形体の軸線に位置度公差を指示し，Ⓛを適用した例を図 6.6 (a) に示す。

　図 6.6 (a) の場合，内側形体の軸線をデータム A としているが，設計要求によっては，外

側形体の軸線をデータム A とする。

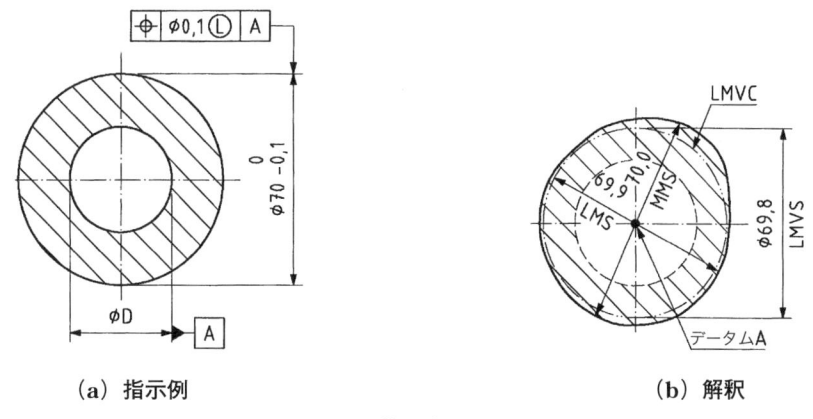

(a) 指示例　　　　　　　　**(b) 解釈**

図 6.6　Ⓛを適用した例

図 6.6 (a) に示すⒷの適用に対して，図 6.7 についての二点測定を主体とした解釈は図 6.8 のとおりである。

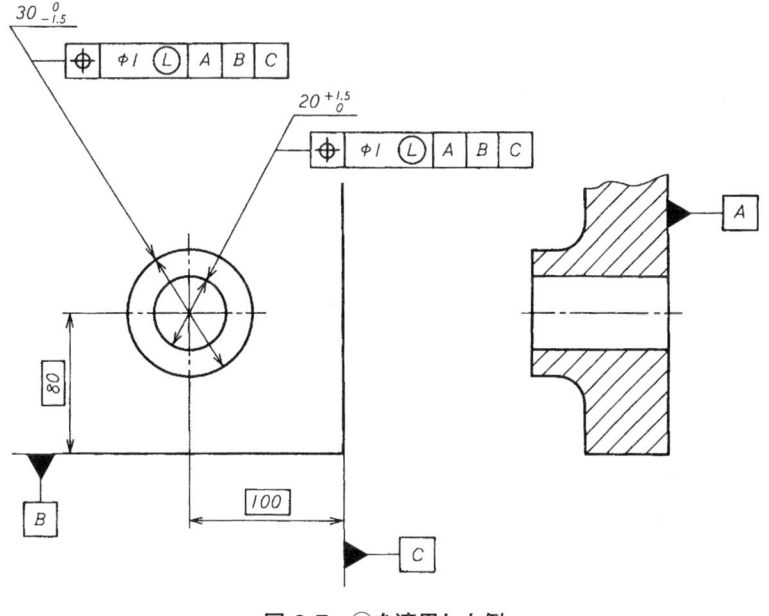

図 6.7　Ⓛを適用した例

① 外側形体が φ 28.5 の LMS であるとき，円筒の軸線は φ 1 の円筒公差域の中になければならない。
② 内側形体が φ 21.5 の LMS であるとき，円筒の軸線は φ 1 の円筒公差域の中になければならない。
③ 外側形体が φ 28.5 の LMS であり，内側形体が φ 21.5 の LMS であるとき，これらの最小肉厚は，2.5 でなければならない。

これらの要求を満たすために，公差域は次のとおりである。
① 外側形体の直径は，φ 28.5〜φ 30 であればよい。

② 外側形体の直径が φ 28.5 の LMS であるとき，軸線は φ 1 の円筒公差域の中にあればよい。
③ 外側形体の直径が φ 30 の MMS であるとき，円筒公差域は φ 2.5 まで変動できる。
④ 内側形体の直径が φ 21.5 の LMS であるとき，軸線は φ 1 の円筒公差域の中にあればよい。
⑤ 内側形体の直径が φ 20 の MMS であるとき，軸線は φ 2.5 まで変動できる。
⑥ 外側形体が φ 28.5 の LMS であり，内側形体が φ 21.5 の LMS であるとき，これらの最小肉厚は，2.5 であればよい。

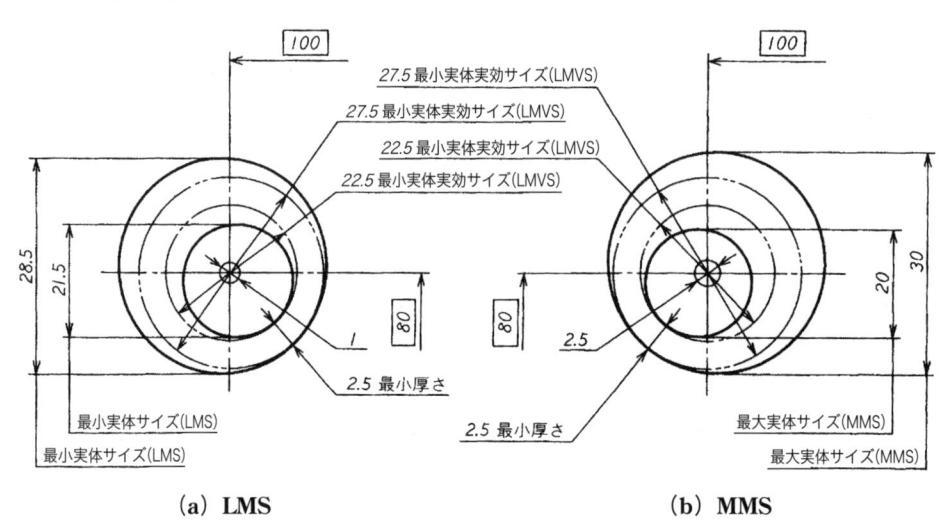

(a) LMS   (b) MMS

図 6.8　図 6.7 の解釈

6.1.3　交互公差方式

交互公差方式（reciprocity requirement：RPR）は，サイズ形体に対する追加要求事項であり，幾何公差と幾何偏差との差分をサイズ公差に増加させることを指示するための方式である，と定義される。MMR 又は LMR に追加して用いられる（ISO 2692）。Ⓜ又はⓁの後に，記号Ⓡで表す［図 6.9（a）］。

RPR は，日本が 20 年も前に ISO/TC 10/SC 5 へ提案したものであるが，2008 年の ISO 2692 の改正時に少し修正したものがイギリスから提案されて採用された。

参考　RPR は，旧東洋ベアリング（株）［現 NTN（株）］の松本美詔氏が考案した。

当時の日本の提案は，図面に指示された寸法の許容限界を逸脱して寸法の増減をすることは，寸法の許容限界の定義を変更しなければならない，という意見が出されたので，提案を取り下げた。

RPR の指示例を図 6.9（a）に，その公差域の解釈を図 6.9（b）に示す。

図 6.9（a）の場合，内側形体の軸線をデータム A としているが，設計要求によっては，外側形体の軸線をデータム A とする。

(a) 指示例　　　　　　　　　**(b) 解釈**

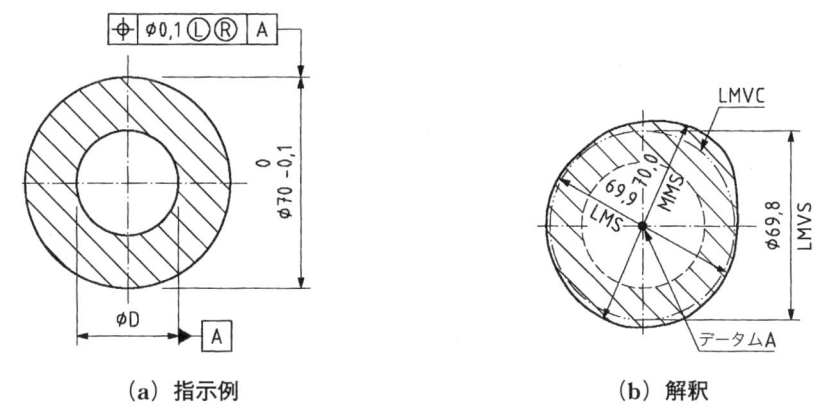

図 6.9 Ⓡを適用した例

公差付き形体に対する設計要求は，次のとおりである．
① 直径は，φ69.9（LMS）からφ70.0（MMS）の間になければならない．
② φ69.9のとき，位置度公差はφ0.1でなければならない．
位置度がφ0.1よりも小さく仕上がった場合には，その寸法分だけφ69.9（LMS）から差し引くことができる（最大0.1まで）．
③ 公差付き形体は，φ69.8（LMVS）の境界を侵害してはならない．

6.2 包絡の条件の適用

はめあいの設計要求，MMCで完全形状の要求などがあると，MMCであまり曲がりがあってはならない．このような場合には，MMCで形状公差をゼロにする方法が可能である（図6.10）．図6.10に対する公差域の解釈を図6.11に示す．

これは，第2章で述べた包絡の条件（envelope requirement）を要求することとまったく同じ要求である（図6.12）．なお，包絡の条件は，記号Ⓔを公差値の後に付記することによって成就する．

参考 包絡の条件は，単独形体に指示するために規定されたが，穴，ピンなどの位置を規制する幾何公差とともに指示でき，サイズをもち，軸線又は中心平面をもつ形体に用いることができる．

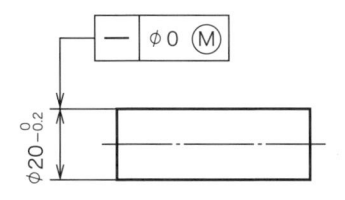

図 6.10 0 Ⓜを適用した例

(a) MMC　　　　　　　　**(b) LMC**

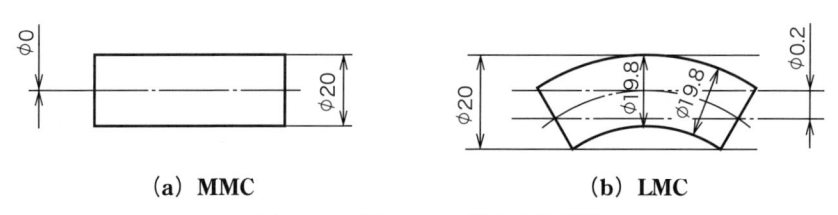

図 6.11　図 6.10 に対する公差域

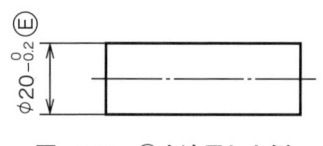

図 6.12　Ⓔを適用した例

図 6.10 に対する動的公差線図（dynamic tolerance diagram）を図 6.13 に示す。

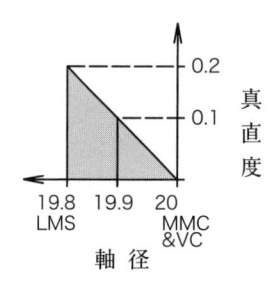

図 6.13　図 6.10 に対する動的公差線図[1]

円筒穴に 0 Ⓜを指示した例を図 6.14 に示す。

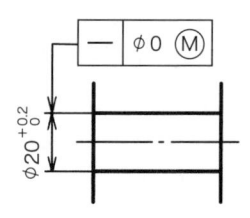

図 6.14　円筒穴に 0 Ⓜを指示した例

図 6.14 に対する公差域を図 6.15 に示す。

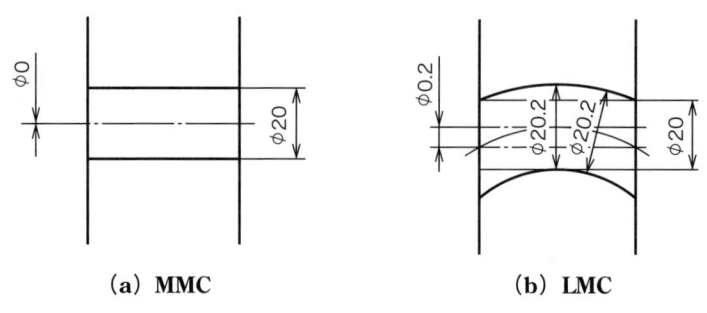

(a) MMC　　　　　　　　**(b) LMC**

図 6.15　図 6.14 に対する公差域

図6.14の動的公差線図を図6.16に示す。

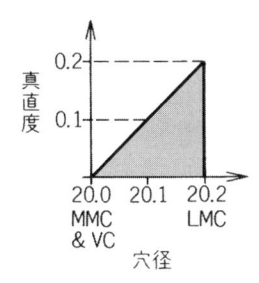

図6.16 図6.14に対する公差域の解釈

図6.14の要求は，Ⓔを要求することと同じである（図6.17）。

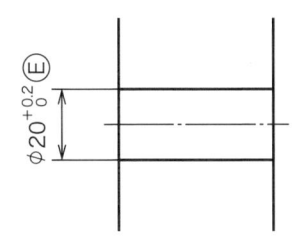

図6.17 Ⓔを適用したした例

6.3 データムにも最大・最小実体公差方式を適用

6.3.1 MMR

MMR（Ⓜ）は，サイズをもつデータムに対しても適用できる（図6.18）。

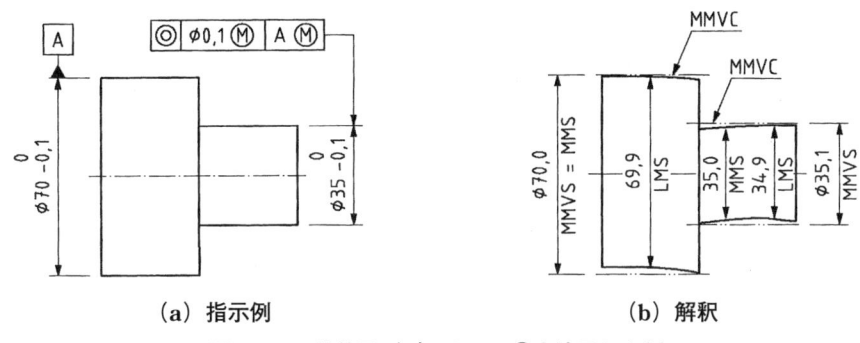

図6.18 公差及びデータムにⓂを適用した例

　データム形体は，幾何公差が指示されていないので，これをゼロと見立てると，MMS = MMVSとなる。

　MMRをデータムに適用することは，MMS = MMVSから求められる軸線又は中心平面に対して公差付き形体の姿勢又は位置を規制する。

　二点測定を主体とする検証では，図6.18（a）は図6.19のように解釈される。

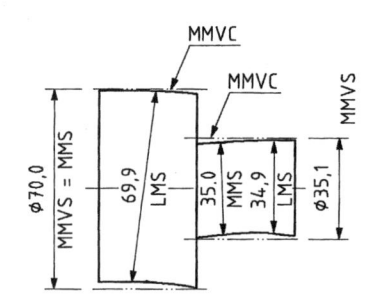

図 6.19 図 6.18(a) の解釈（二点測定）

データム形体には，形状公差を指示することができる。外側形体に対する指示例を図 6.20 に示す。

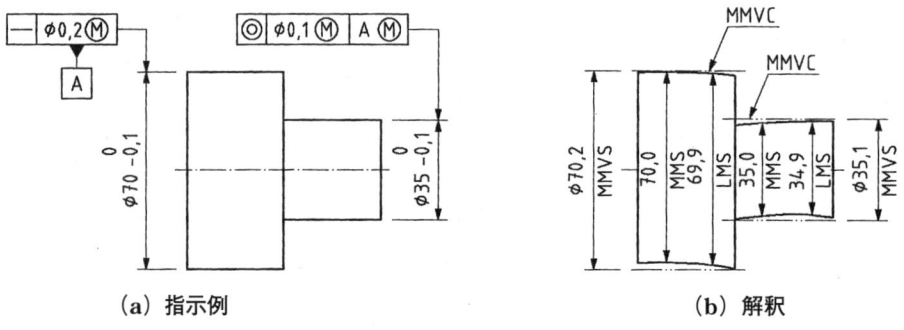

(a) 指示例　　　　(b) 解釈

図 6.20 データム形体（外側形体の軸線）に真直度公差を指示した例

データム軸直線 A は，MMVS ϕ 70.2 [= 70.0 + (0 + 0.2)] の軸直線であり，MMVC の境界を侵害してはならない。

二点測定を主体とする検証では，図 6.20(a) は図 6.21 のように解釈される。

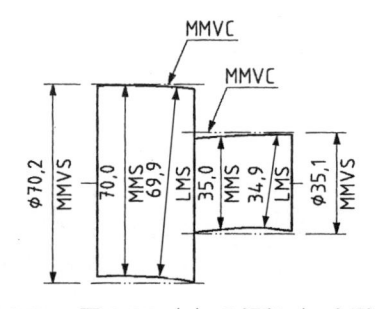

図 6.21 図 6.20(a) の解釈（二点測定）

内側形体の軸線をデータム形体とし，それに形状公差を指示する例を図 6.22 に示す。

6.3 データムにも最大・最小実体公差方式を適用　　121

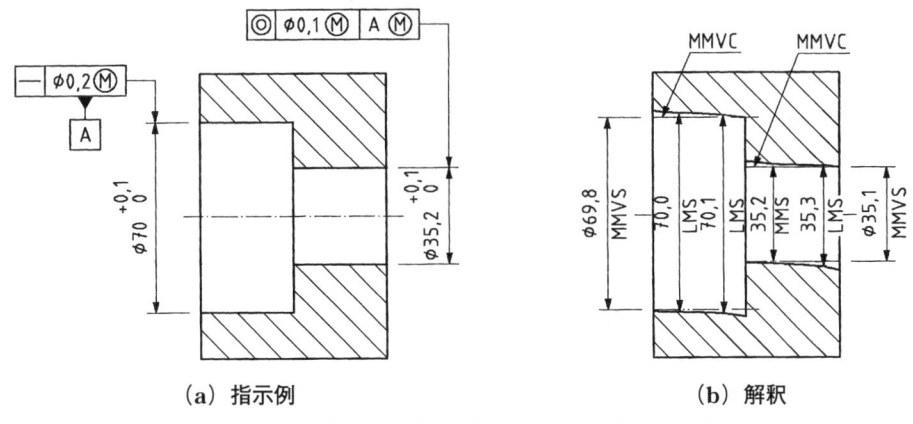

(a) 指示例　　(b) 解釈

図 6.22　データム形体に真直度公差を指示した例

図 6.22 の場合，データム軸直線 A は，MMVC の円筒の軸線である。

二点測定を主体とする検証では，図 6.22（a）は図 6.23 のように解釈される。

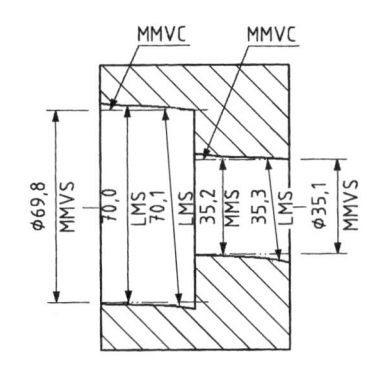

図 6.23　図 6.22（a）の解釈（二点測定）

6.3.2　LMR

データム形体に対しても LMR（Ⓛ）を適用することができる。この例を図 6.24 に示す。

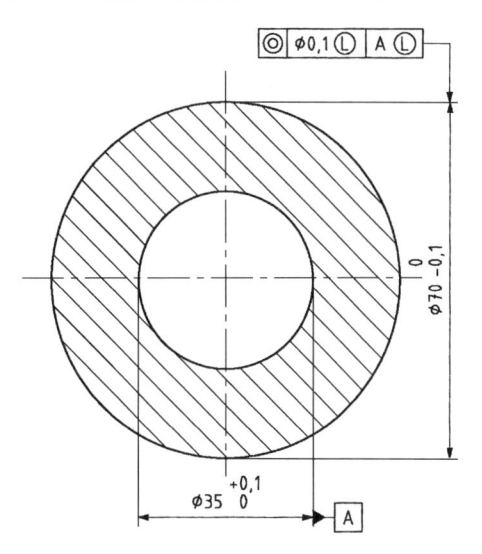

図 6.24　データム形体にもⓁを適用した例

図 6.24 の LMS, MMS 及び LMVS は，図 6.25 のとおりである．

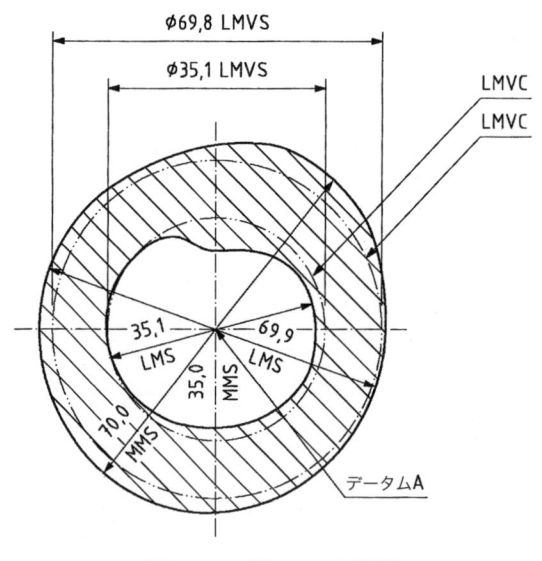

図 6.25　図 6.24 の解釈

LMR は，同軸形体，相対向する平行二平面の溝形体などの最小肉厚の規制に有効である．この指示例及びその解釈を図 6.26 及び図 6.27 に示す．

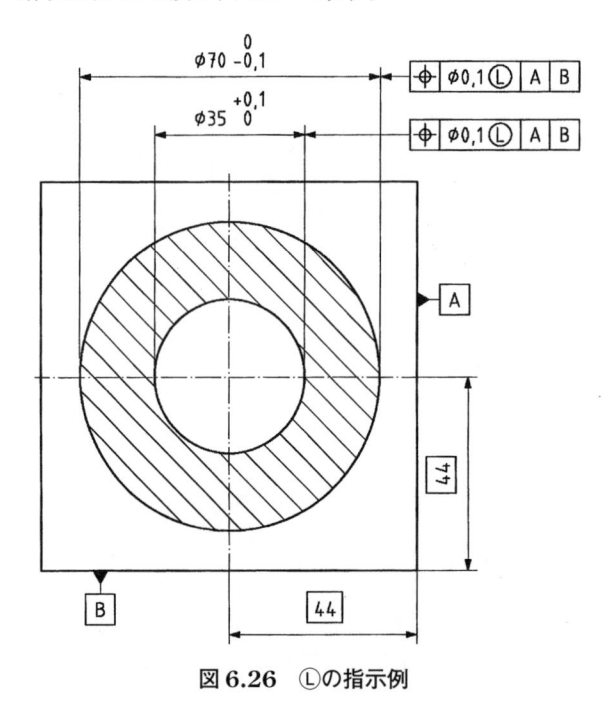

図 6.26　Ⓛの指示例

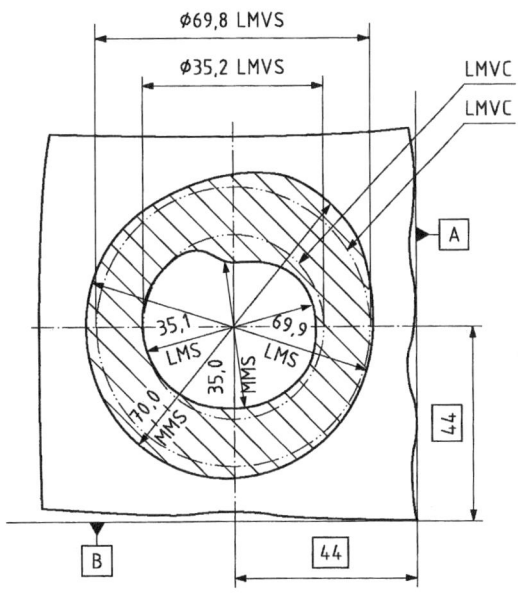

6.3 データムにも最大・最小実体公差方式を適用 123

図 6.27　図 6.26 の解釈

図 6.27 の例では、最小肉厚は ［｛(70 − 0.1) − 0.1｝ − ｛(35 + 0.1) + 0.1｝］/2 = 12.7 である。

データムに Ⓛ を適用し、二点測定を主体とする場合、JIS B 0023:1996（= ISO 2692:1988）の指示例を図 6.28 に示す。そして、図 6.28 に対する公差域の解釈を図 6.29 に示す。

この場合の最小肉厚は、5［= (50 − 40)/2］である。

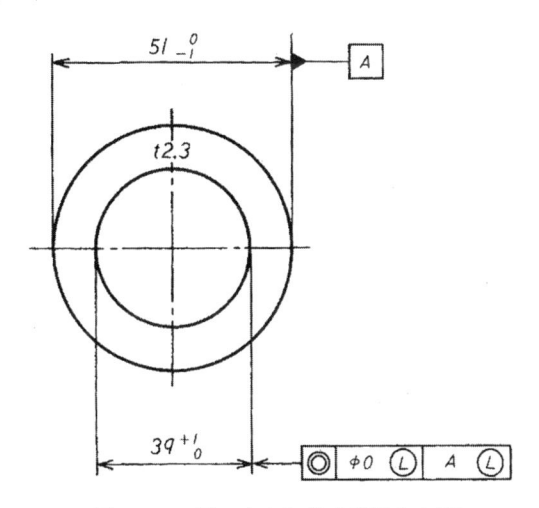

図 6.28　データムに Ⓛ を適用した例

(a) LMC

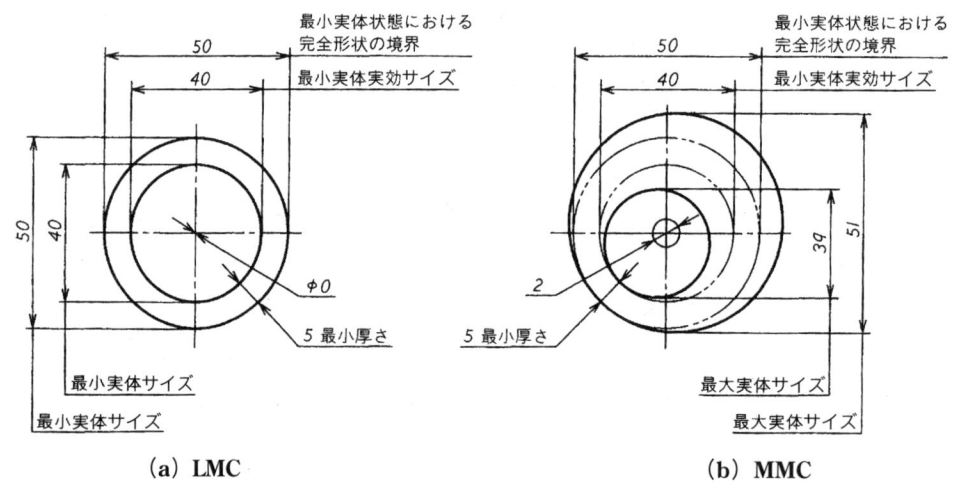

(b) MMC

図 6.29　図 6.28 の解釈

6.4　複合位置度公差方式

各形体について，一つのグループとしてパターンを形成して位置度公差によって規制し，パターン内のそれぞれの形体も別の位置度公差によって規制することができる。これを複合位置度公差方式（composite positional tolerancing）という。

複合位置度公差方式の下側の公差記入枠のデータムは，上側の公差記入枠の第 1 優先データムをとる（図 6.30）。

これら二つの位置度公差は，特に指示がない限り独立して適用される。図 6.30 に対する公差域の解釈を図 6.31 に示す。

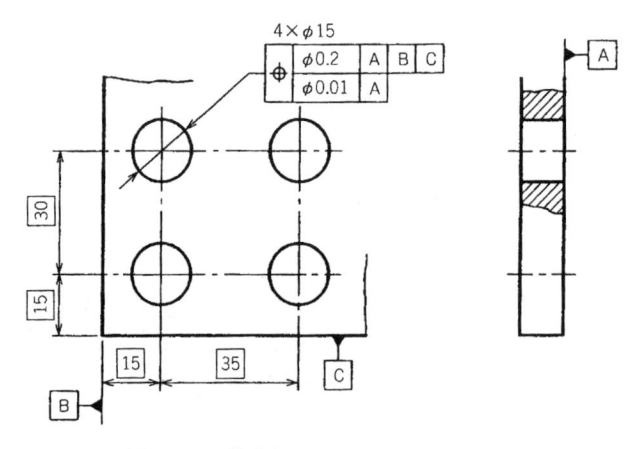

図 6.30　複合位置度公差方式の指示例

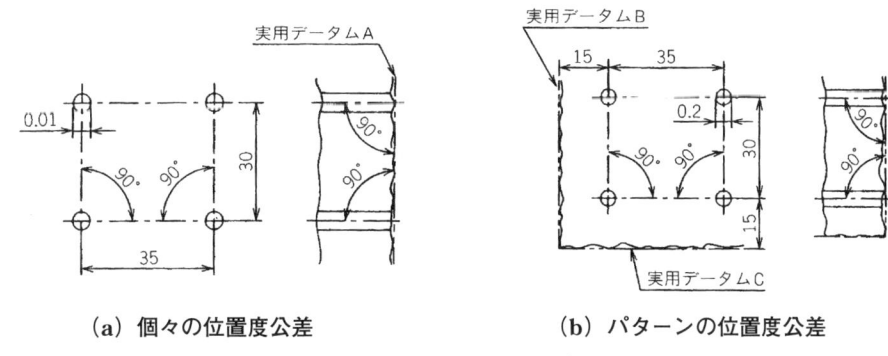

(a) 個々の位置度公差　　　　　　　　(b) パターンの位置度公差

図 6.31　図 6.30 の解釈

ASME Y14.5:2009 では，第 2 優先データム及び第 3 優先データムをとる例が規定されている。

6.5　突出公差域

MMR 及び LMR は形体そのものに公差を適用するが，形体から突出したところ，すなわち，組付けの相手形体の厚さ分のところに公差域を設定するのが突出公差域（projected tolerance zone）である。

この突出公差域は，公差域を設定するところを細い線の二点鎖線で囲んで示し，幾何公差の公差値の後及び突出公差域の高さ寸法数値の前に記号Ⓟを記入して指示する（図 6.32）。

なお，ASME Y14.5 では，記号ⓅをⓂの後に指示している（図 6.33）。ISO/TC 213/WG 18 においても，この指示方法が検討されている。

図 6.33 に対する公差域の解釈を図 6.34 に示す。

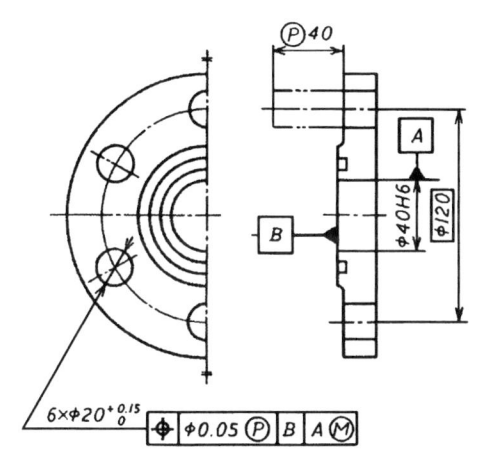

図 6.32　突出公差域の指示例

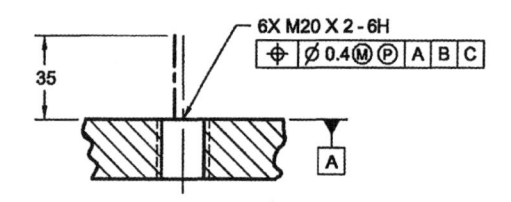

図6.33　ASME Y14.5の突出公差域の指示例

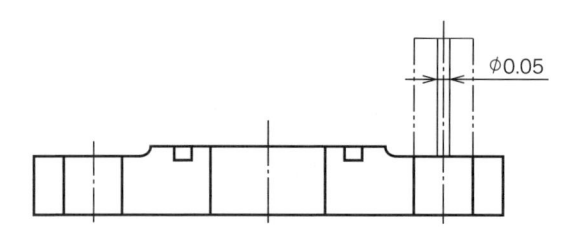

図6.34　図6.32のMMCにおける公差域の解釈

図6.32の指示は，Ⓜだけを適用した場合には，突出した分だけ公差域が長くなるので，それに比例して公差付き形体において位置度公差を小さくしなければならない。

6.6　最大実体公差方式が適用できる幾何特性

MMR（Ⓜ）は，サイズをもち，表6.1の幾何公差特性のうちの軸線又は中心平面をもつ形体に適用することができる。

表6.1　Ⓜの適用性

幾何公差特性	Ⓜの適用性	
真直度公差	可	不可
平行度公差	サイズをもち，軸線又は中心平面をもつ形体	平面又は表面上の線
直角度公差		
傾斜度公差		
位置度公差		
同軸度公差		
対称度公差		
平面度公差	不可	
真円度公差		
円筒度公差		
線の輪郭度公差		
面の輪郭度公差		
円周振れ公差		
全振れ公差		

6.7 特筆すべき事項

6.7.1 暗黙のデータム

一般的には位置を規制する場合，三平面データム系によるが，1940年から位置度公差はデータムを指定しなくても三平面データム系が暗示されている。これを暗黙のデータム（implied datum）といい，真位置度理論（true position theory）といわれている[2]。この例を図6.35に示す。

なお，二つの外側形体（円筒軸）と二つの内側形体（円筒穴）とは，別の設計要求として指示されているので，外側形体と内側形体との間の寸法は，寸法及び寸法公差（図6.35の場合，普通寸法公差）が適用される。

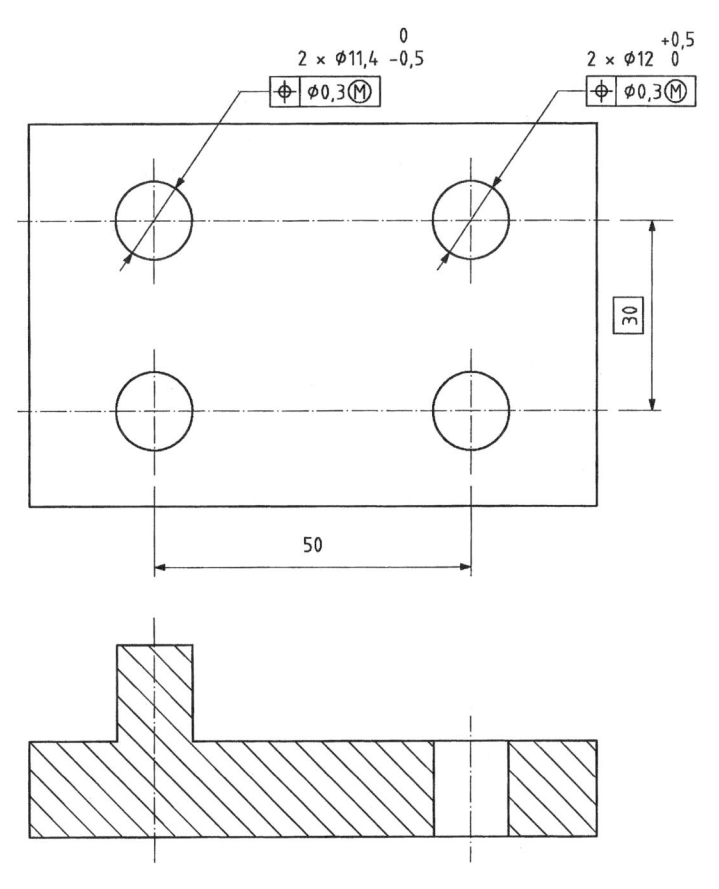

図6.35 暗黙のデータムの指示例

図 6.35 の解釈は，図 6.36 のとおりである。

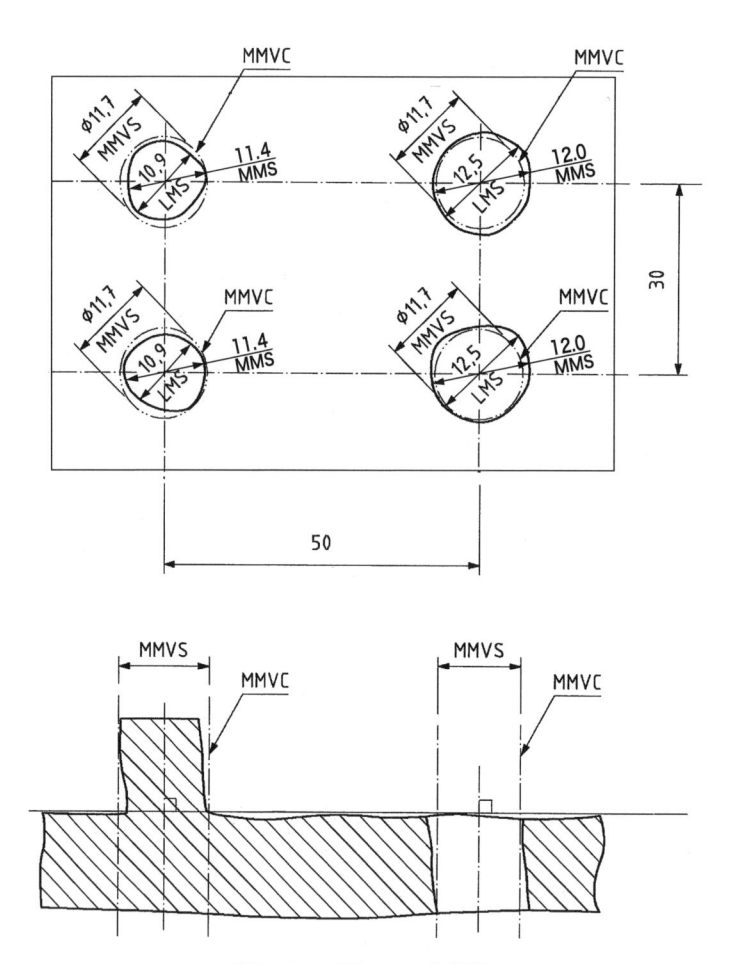

図 6.36　図 6.35 の解釈

6.7.2　共通データム

二つ以上のデータムからなる共通データム（common datum）又はグループデータム（group datum）に対する幾何公差を規制することができる。この指示例を図 6.37 に示す。

ϕ 8 穴のデータム［A-A］は，4 個の個々の穴の円筒面を測定して得られたデータセットを演算処理して求めた軸線から求めた共通データムである（ISO 5459：2011）。

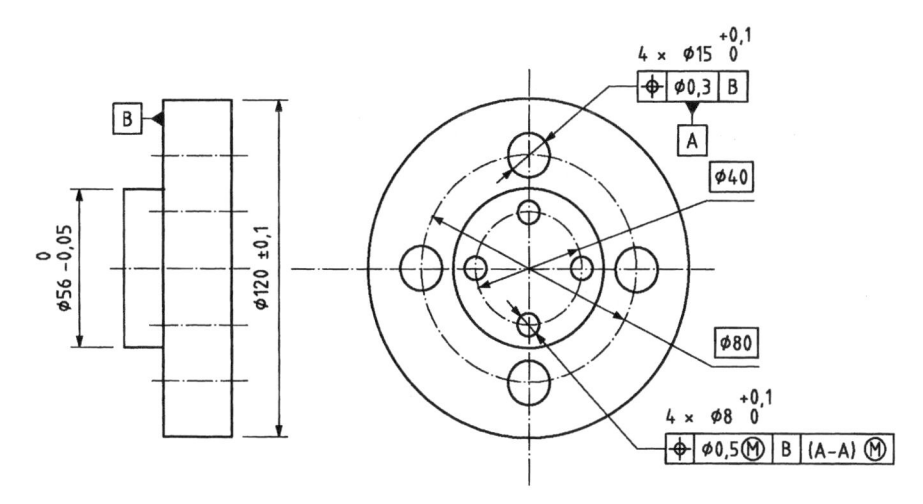

図 6.37 共通データムの指示例

　図 6.38 は，MMVC を検証する機能ゲージ（functional gauge）であり，組み付く相手となる形体の最悪状態をチェックするゲージである。このゲージの理論的な設計寸法は，MMVS である（第 8 章を参照）。

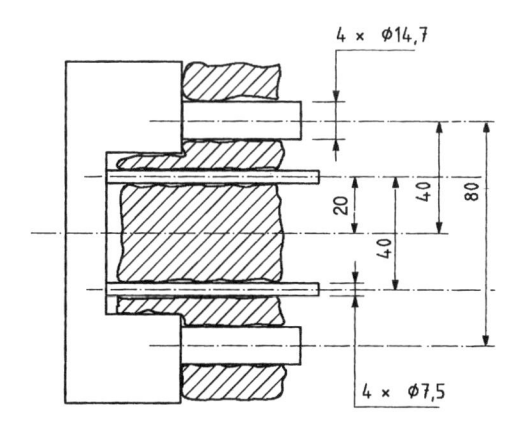

図 6.38 図 6.37 に対する機能ゲージの解釈

引用文献

1) 五十嵐正人（1992）：幾何公差システムハンドブック―ANSI Y14.5M DIMENSIONING AND TOLERANCING に基づく，p.20，日刊工業新聞社
2) Lowell W. Foster 著，五十嵐正人，松下光祥 共訳（1975）：ANSI・ISO による設計製図マニュアル，p.83，日刊工業新聞社

第7章　GPS用語及びその概念

ISO/TC 213は，多くのGPS用語を生み出して，GPS規格の中へ採用している。
ここでは，現在開発中の新しい用語を含めて，GPS用語とその概念について述べる。

7.1　GPS用語

7.1.1　形体オペレータ

ISO/TC 213は，GPS用語としてpartition（分割方式），extraction（測得方式），filtration（フィルタ方式），association（当てはめ方式），collection（集合方式）及びconstruction（構成方式）を規定しようとしている（図7.1）。

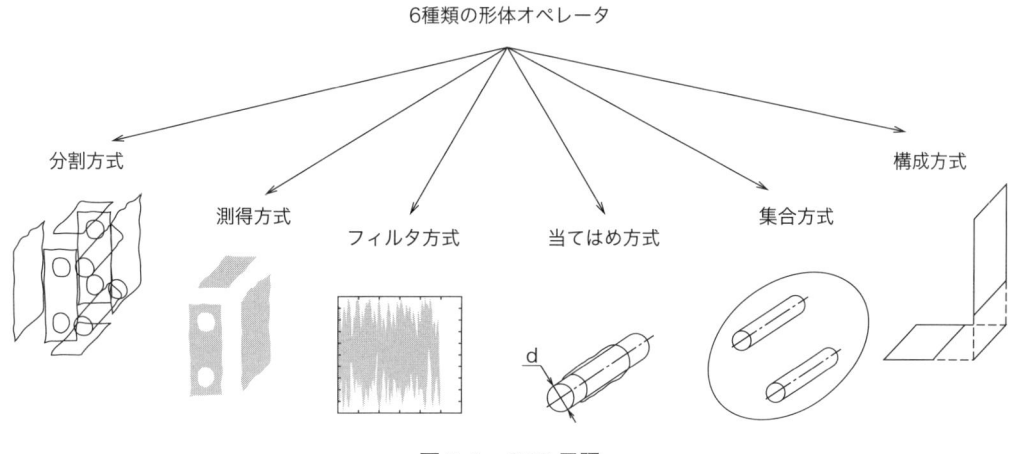

図7.1　GPS用語

これらのうち，当てはめ方式は，ISO 14660-1:1999（=JIS B 0672-1:2002）に規定されている。

7.1.2　形　　体

形体（feature）は，"機械の部分"としていた用語を，はめあい方式を規定するJIS B 0401:1986の改正時に採用したのが最初であった。ANSI, BS, ISOなどでは，古くからfeatureという用語が使用されてきた。

GPS用語としての形体は，デジタル化のための新しい概念が含まれている。

(1)（幾何）形体

（幾何）形体 [(geometrical) feature] について，ISO/TC 213 が最初に発行した規格は，ISO 14660-1：1999 及び ISO 14660-2：1999（= JIS B 0672-2：2002）であり，整合 JIS は 2002 年に制定された JIS B 0672-1 及び JIS B 0672-2 である。JIS B 0672-1 では，次のように示してある。

　　　点，線又は面。

JIS Z 8114：1999（≒ ISO 10209-1：1992, ≒ ISO 10209-2：1993）では，形体を次のように定義している。

　　　幾何公差の対象となる点，線，軸線，面及び平面。

重要なことは，軸線（axis）及び平面（median plane）が定義に含まれていることである。これらは，幾何公差を規制する対象となり，データムになり得る形体である。

(2) 外殻形体

外殻形体（integral feature）の定義は，次のとおりである（JIS B 0672-1）。

　　　表面又は表面上の線。

　　参考　外殻形体は，対象とする実体のある形体として定義される。

(3) 誘導形体

誘導形体（derived feature）の定義は，次のとおりである（JIS B 0672-1）。

　　　一つ以上の外殻形体から導かれた中心点，中心線又は中心面。

　　例1　球の表面から導かれる中心点。

　　例2　円筒の表面から導かれる中心線。

(4) サイズ形体

サイズ形体（feature of size）の定義は，次のとおりである（JIS B 0672-1）。

　　　大きさ寸法（size dimension）又は角度寸法（angular dimension）によって定義される形体。

　　参考1　円筒，球，平行二平面，円すい，くさびなど。

　　参考2　JIS B 0401-1：1998（= ISO 286-1：1988）及び ISO/R 1938 のような規格では，"単純な加工物（plain work piece）"及び"単独形体（single feature）"という用語は"サイズ形体"の意味である。

(5) 図示外殻形体

図示外殻形体（nominal integral feature）の定義は，次のとおりである（JIS B 0672-1，図 7.2 の A を参照）。

　　　図面又はその他の関連文書によって定義された理論的に正確な外殻形体。

(6) 図示誘導形体

図示誘導形体（nominal derived feature）の定義は，次のとおりである（JIS B 0672-1，図 7.2 の B を参照）。

　　　一つ以上の図示外殻形体から導かれた中心点，軸線又は中心平面。

　　参考　図面では，図示誘導形体は一般的に細い一点鎖線で表す。

(7) 加工物の実表面

加工物の実表面（real surface of a workpiece）の定義は，次のとおりである（JIS B 0672-1）。

　　　実際に存在し，空気に触れる境界をなす形体。

(8) 実（外殻）形体

実（外殻）形体［real (integral) feature］の定義は，次のとおりである（JIS B 0672-1，図7.2 の C を参照）。

　加工物の実表面の外殻形体。

　　参考　誘導形体は，実体としては存在しない。

(9) 測得外殻形体

測得外殻形体（extracted integral feature）の定義は，次のとおりである（JIS B 0672-1，図7.2 の D を参照）。

　規定された方法に従って測定して得られた実（外殻）形体を近似して表した形体。

　　参考　このような表現が形体の要求される機能に従って決まる。個々の実（外殻）形体に対して，このような表現が幾つも存在する。

(10) 測得誘導形体

測得誘導形体（extracted derived feature）の定義は，次のとおりである（JIS B 0672-1，図7.2 の E を参照）。

　一つ以上の測得外殻形体から導かれた中心点，中心線又は中心面。

　　参考　便宜上，— 測得円筒表面の誘導中心線を，測得中心線という（JIS B 0672-2 を参照）。
　　　　　　　　　 — 対向する二面の誘導中心面を，測得中心面という（JIS B 0672-2 を参照）。

(11) 当てはめ外殻形体

当てはめ外殻形体（associated integral feature）の定義は，次のとおりである（JIS B 0672-1，図7.2 の F を参照）。

　規定した方法に従って測定して得られた測得外殻形体から当てはめた完全形状の外殻形体。

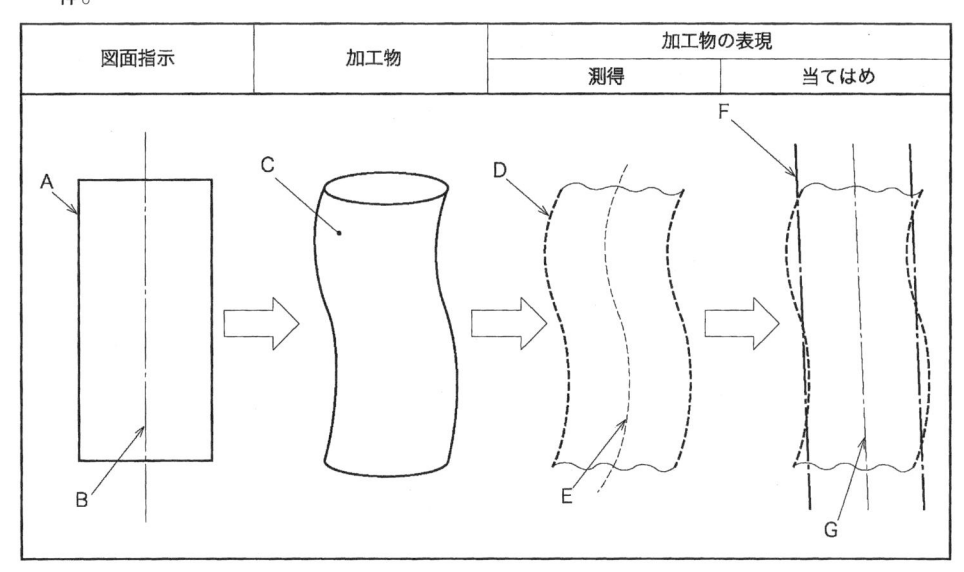

図面指示	加工物	加工物の表現	
		測得	当てはめ

凡例　　A　図示外殻形体　　E　測得誘導形体
　　　　B　図示誘導形体　　F　当てはめ外殻形体
　　　　C　実形体　　　　　G　当てはめ誘導形体
　　　　D　測得外殻形体

図 7.2　当てはめ方法

(12) 当てはめ誘導形体

当てはめ誘導形体（associated derived feature）の定義は，次のとおりである（JIS B 0672-1）

一つ以上の当てはめ外殻形から導かれた中心点，軸線又は中心平面である。

7.1.3 円筒の測得誘導形体

円筒の測得誘導形体には，当てはめ円に最小二乗法を適用する。そして，当てはめ円筒は，最小二乗円筒とする（図7.3）。

凡例	1 測得表面	4 測得中心線	7 当てはめ円筒中心
	2 当てはめ円筒	5 当てはめ円	8 当てはめ円筒
	3 当てはめ円筒軸線	6 当てはめ円中心	9 測得線

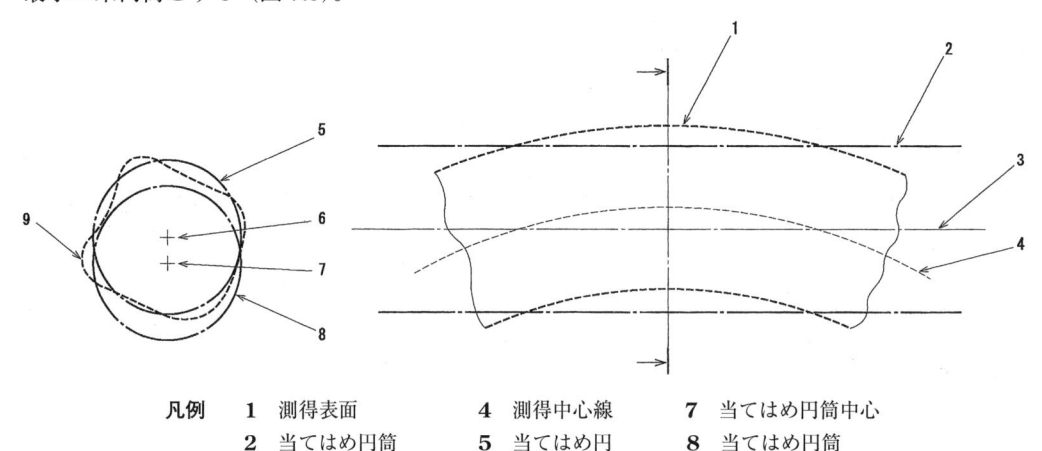

図 7.3 最小二乗円筒

図7.3の測得円筒の局部寸法は，図7.4のとおりである。

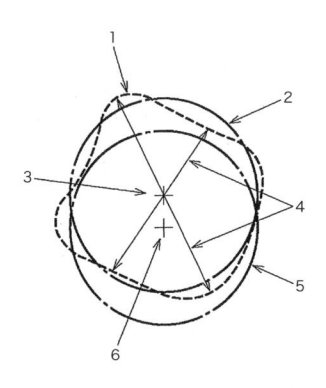

凡例	1 測得線	4 測得円筒の局部寸法
	2 当てはめ円	5 当てはめ円筒
	3 当てはめ円中心	6 当てはめ円筒軸線

図 7.4 測得円筒の局部寸法

7.1.4 円すいの測得誘導形体

円すいの測得誘導形体には，当てはめ円に最小二乗法を適用する。そして，当てはめ円すいは，最小二乗円すいとする（図7.5）。

凡例　1　当てはめ円すい　　　　6　当てはめ円中心
　　　2　測得表面　　　　　　　7　当てはめ円すい中心
　　　3　当てはめ円すい軸線　　8　当てはめ円すい
　　　4　測得中心線　　　　　　9　測得線
　　　5　当てはめ円

図 7.5　円すいの測得誘導形体

7.1.5　板の測得誘導形体

　板の測得誘導形体には，当てはめ平行二平面に最小二乗法を適用する。そして，当てはめ平行二平面は，最小二乗平行二平面とする（図 7.6）。

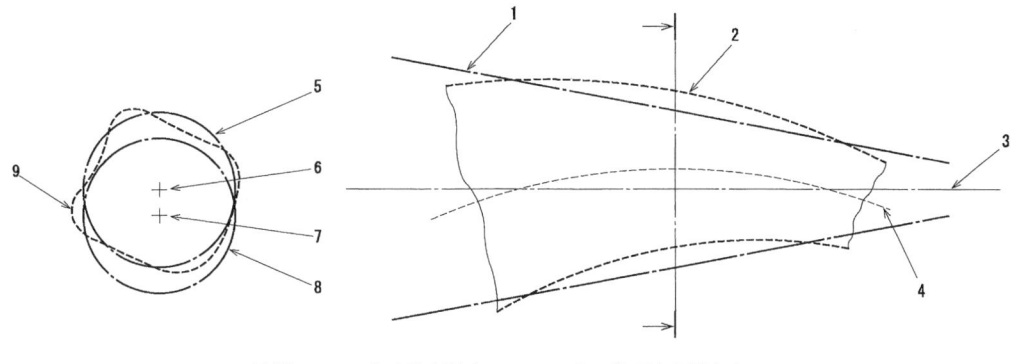

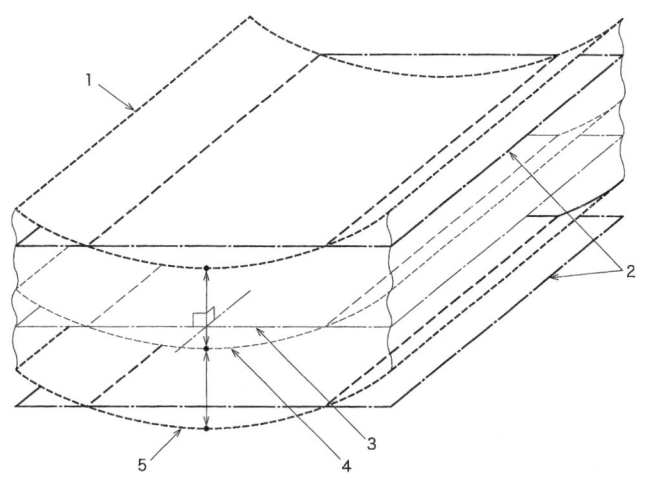

凡例　1　測得表面　　　　4　測得中心面
　　　2　当てはめ平面　　5　測得表面
　　　3　当てはめ中心平面

図 7.6　板の測得誘導形体

7.2 幾何特性仕様及び検証に用いる形体

ISO/TC 213/WG 14 は，製品の幾何特性仕様及び検証に用いる形体について，ISO/TR 17450 として開発中である．

7.2.1 形体の分割

デジタル化においては，機能要件に対して，幾何仕様を確定する．これには，呼び形体（nominal model）を平面，円筒などに分割（partition）して，それらを部品形体から得たデータセット（data set）を用いて当てはめを行って，幾何偏差を求める（第 11 章参照）．

7.2.2 誘導形体

誘導形体（derived feature）とは，規定されたルールに基づいて測定点を得る形体であり，外殻又はフィルタ掛けにおけるオペレーションのセットからの結果である非理想又は理想オフセット及び中心形体である，と定義される（第 11 章参照）．

7.2.3 フィルタ

フィルタ（filtration）は，表面粗さ，表面うねり，形状などを区別するために用いられる（第 11 章参照）．

7.2.4 当てはめ

当てはめ（association）は，特定のルールによって非理想形体を理想形体に当てはめるために用いられる（第 11 章参照）．

7.2.5 集合

集合（collection）は，幾つかの形体を集めて考慮するために用いられる（第 11 章参照）．

7.2.6 構成

構成（construction）は，他の形体から理想形体を構築するために用いられる（第 11 章参照）．

第8章　機能ゲージ手法

はめあいの要求があると，限界ゲージで検査することが暗示されている。同様に，幾つかの幾何公差特性について，最大実体公差方式（MMR）を適用すると，機能ゲージで検査することが暗示されている。

機能ゲージ（functional gauge）は，組付けの最悪状態をチェックする一種の限界ゲージである。

この章では，機能ゲージ手法について述べる。

8.1　機能ゲージ

8.1.1　機能ゲージの考え方

図 8.1 は，円筒軸線の真直度公差に最大実体公差方式Ⓜを適用した例である。

なお，図 8.1 の真直度公差は，不完全ねじ部を除く軸部の軸線を規制する。

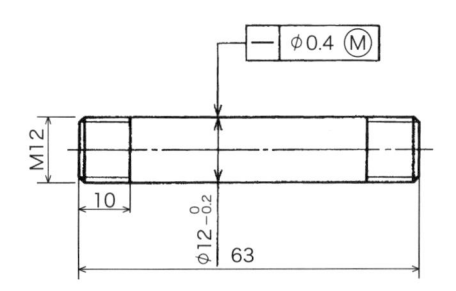

図 8.1　円筒軸線の真直度公差に最大実体公差方式Ⓜを適用した例

図 8.1 に対する要求事項は，次のとおりである。

① 両側のねじ有効長さを除いた円筒軸線（63 − 2 × 10）の直径は，φ 12〜φ 11.8 でなければならない。

② 軸のすべての直径がφ 12 の最大実体サイズ（MMS）であるとき，軸線は 0.4 の円筒公差域の中になければならない。

③ 軸径と指示された真直度公差との相互効果からできる VS φ 12.4（12 + 0 + 0.4）を超えてはならない。

①は限界ゲージでチェックするとして，③の実効サイズ（VS）は機能ゲージでチェックすれば，真直度公差のチェック時間は秒単位である。

要求事項に対して，次のように解釈する。

① 円筒形体の直径は，最大実体状態（MMC）で φ12 であればよい［図8.2（a）］。そして，最小実体状態（LMC）で φ11.8 であればよい［図8.2（b）］。

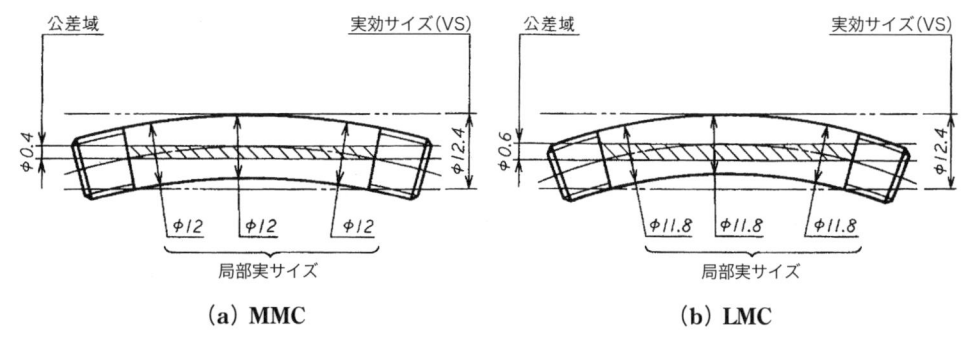

図8.2　図8.1 の解釈
(a) MMC　　(b) LMC

② 軸径と真直度公差との相互効果からできる実効サイズ（VS）φ12.4（図8.2）を侵害しなければ，真直度公差が検証されたことになる。

③ 軸径と真直度との変動の様子は，動的公差線図（dynamic tolerance diagram）による（図8.3）。

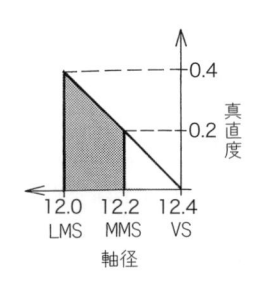

図8.3　図8.1 の動的公差線図

機能ゲージの理論的な設計寸法は，実効サイズ（VS）φ12.4 である。ただし，機能ゲージは，軸部分に用いるため，割型とする（図8.4）。

なお，適用する長さは，43 mm（63 − 10 − 10）である。

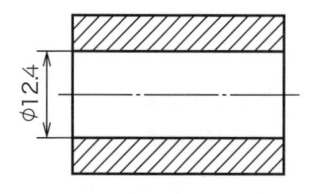

図8.4　図8.1 の機能ゲージ例（割型）

なお，軸や穴にはめあいの要求がある場合には，真直度公差を最大実体状態（MMC）でゼロにすることによって，全長をカバーする単純機能ゲージで実効サイズを検査することができる。

また，機能ゲージを製作するときの加工公差，幾何公差，摩耗しろなどが必要である[1]。

8.2 平行度公差用機能ゲージ

平行度公差特性は，関連形体に指示されるから，データムを必ずとる．そして，このデータムから公差付き形体までに寸法及び寸法公差を適用する．この指示例を図8.5に示す．そして，その解釈を図8.6に示す．

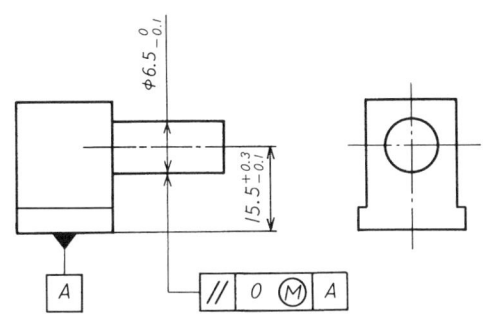

図8.5 平行度公差の指示例

図8.5に対する最大実体状態（MMC）及び最小実体状態（LMC）は，図8.6のとおりである．

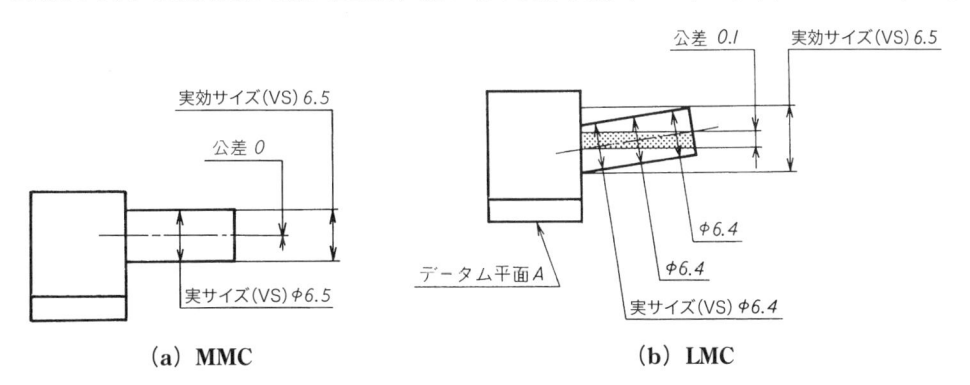

（a）MMC

（b）LMC

図8.6 図8.5の解釈

図8.5に対する機能ゲージは，データムから公差付き形体までの寸法及び寸法公差を適用するから，変動できる構造とし，公差付き形体の実効サイズ（VS）になるような機能ゲージは，図8.7が考えられる．ゲージを可動形にするのは，データムから公差付き形体までの寸法及び寸法公差の要求を満たすためである．

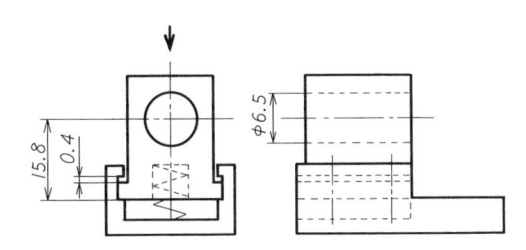

図8.7 図8.5に対する機能ゲージ例

8.3 位置度公差

複数の形体グループ（group of feature）に位置度公差を指示して，それに最大実体公差方式Ⓜを適用する例を図8.8に示す。

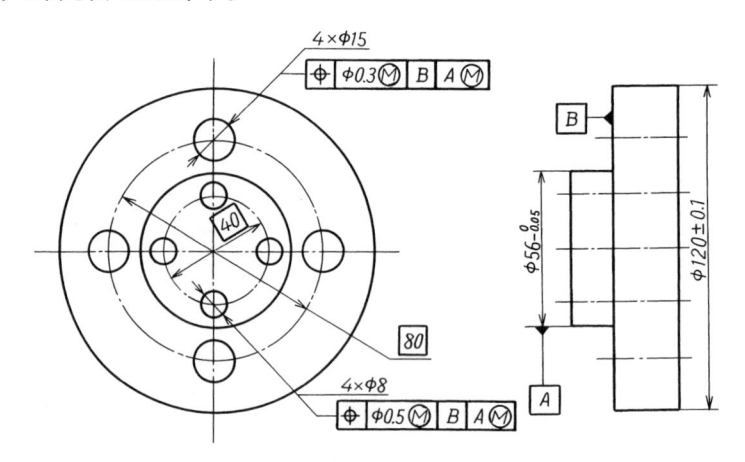

図8.8 位置度公差の指示例

二つの異なったピッチ円上にある形体グループを一度にチェックするための機能ゲージは，図8.9又は図8.10の例が考えられる。

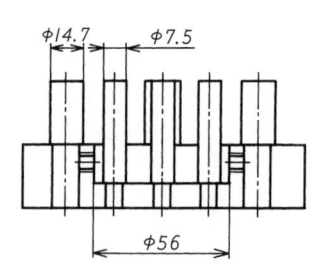

図8.9 固定式機能ゲージ例

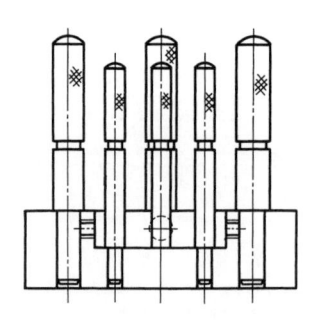

図8.10 差込式機能ゲージ例

二つの形体グループを別々の機能ゲージでチェックしてもよい場合には，図8.11のような指示をすることができる。図8.11の指示例は一例であって，別の図面注記でもよい。

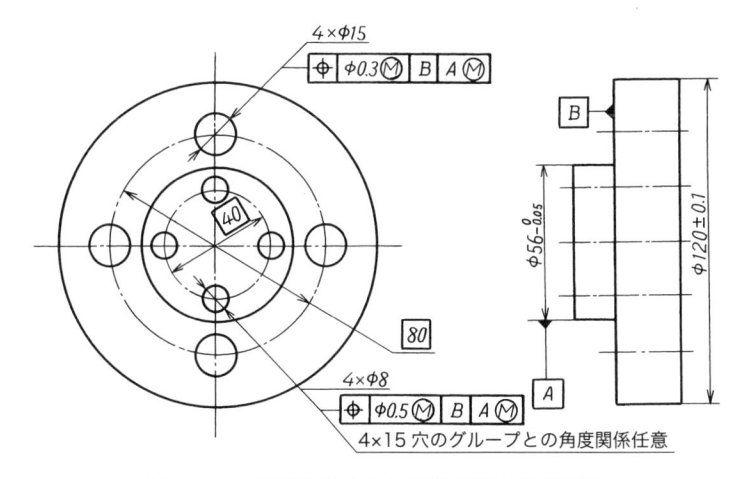

図 8.11 位置度公差の角度関係任意の指示例

8.4 データムにも最大実体公差方式を適用する例

データムにも最大実体公差方式Ⓜを適用した場合には，単独形体にサイズだけが指示されていると最大実体サイズ（MMS）でゲージを設計し，グループ形体に幾何公差が指示されているとサイズと幾何公差との相互効果で生じる実効サイズがデータム側のゲージサイズとなる（図 8.12）。

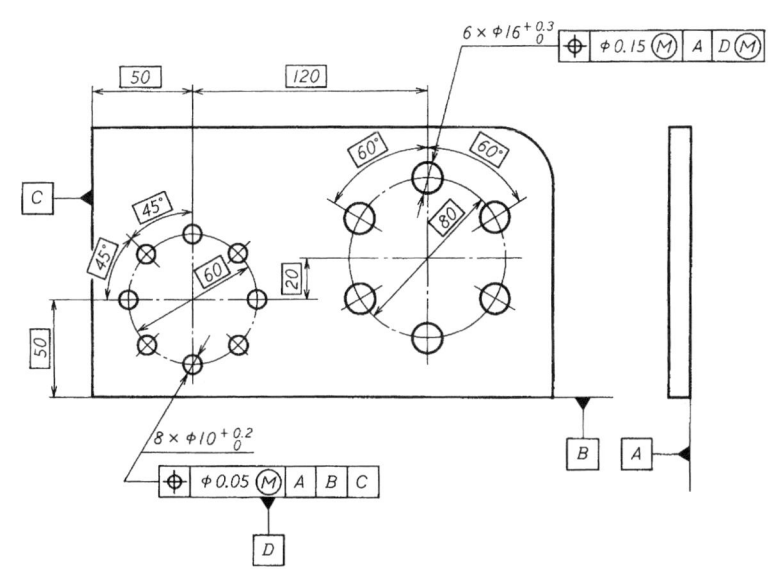

図 8.12 データムにも最大実体公差方式を適用する例

図 8.12 に対する機能ゲージの例を写真 8.1 に示す[2]。写真 8.1（a）はピンゲージをガイドする基板であり，写真 8.1（b）は差込式のピンゲージ（φ8 用の 8 本，φ16 用の 6 本）及びサイズ用の止まり側，通り側用限界ゲージである。

そして，写真 8.1（c）は検証状態を示している。

(a)

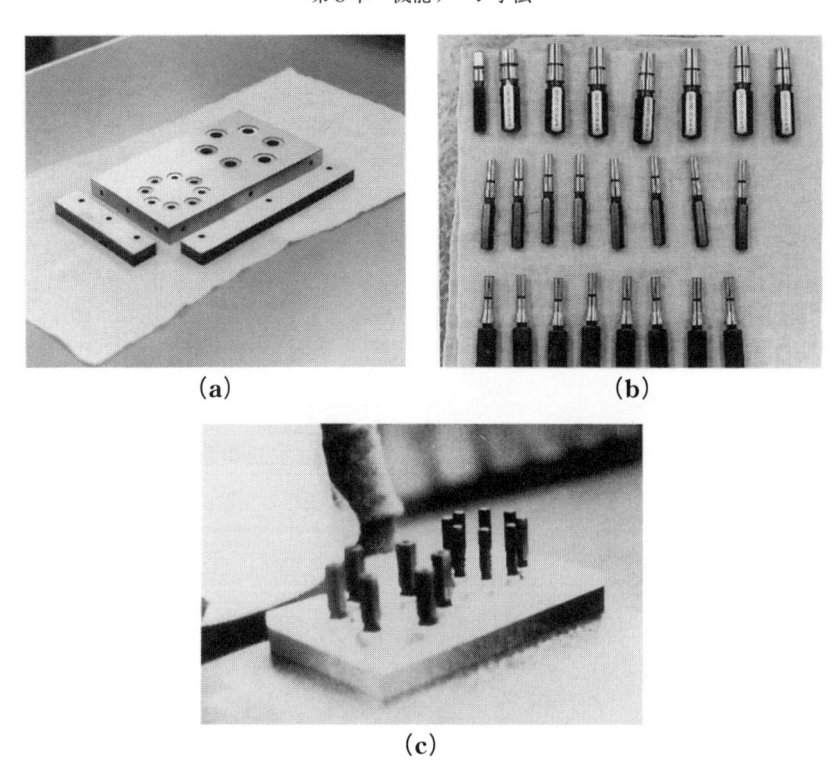

(b)

(c)

写真 8.1　図 8.12 に対する機能ゲージ例

引用文献

1) 桑田浩志 (1993)：新しい幾何公差方式, p.110, 日本規格協会
2) 日本規格協会 幾何学的公差標準化研究調査分科会 提供

第9章 普通公差

普通の工場の通常の精度を標準化したのが普通公差であり，図面に一括して指示することを意図しており，個々に検証（測定又は検査）する必要はないものである。

この普通公差は，プロセスごとに規格が制定されている。ここでは，ISO/TC 213/WG 9 が担当した鋳造品，切削加工品の普通公差について述べる。

9.1 鋳造公差

9.1.1 動　向

旧 ISO/TC 3/WG 6 で鋳放し鋳造品の普通寸法公差を制定した ISO 8062:1984 は，JIS B 0403:1987 に反映させた。その後，ISO 8062 に削り代が追加されることになったため，ISO/DIS 8062 の時点で JIS B 0403 を改正することになり，さらに他の規格で規定されていた抜けこう配を導入するなどして，JIS B 0403:1995（≒ ISO 8062:1994）として改正された。

旧 ISO/TC 3/WG 6 の業務は，1996 年に ISO/TC 213/WG 9 へ引き継がれ，2007 年に成形品の用語及び定義を規定する ISO 8062-1，及び鋳放し鋳造品の鋳造公差，削り代及び幾何公差を規定する ISO 8062-3 として発行された。

なお，ISO 8062-2 の開発も同時に行われたが，これは ISO/TS 8062-2（成形品の公差方式—ルール）としてまもなく発行される。

9.1.2 用　語

成形品の用語及び定義など一般的事項が ISO 8062-1:2007 ［JIS B 0403:1995 は旧 ISO（≒ ISO 8062:1994）に対応］に規定された。鋳造品の公差方式に関する用語は，大きな変更はない。

(1) （鋳放し品の）基準寸法

（鋳放し品の）基準寸法（nominal dimension, basic dimension）は，削り加工前の鋳放し鋳造品（raw casting）の寸法（図 9.1）であり，必要な削り代（required machining allowance）を含む寸法である（JIS B 0403:1995）。

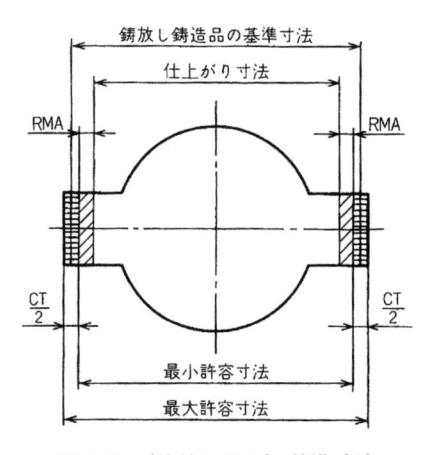

図9.1 (鋳放し品の) 基準寸法

(2) 型ずれ

型ずれ (mismatch) は，鋳型の組合せの構成部分の不正確さに起因する鋳造品表面の幾何学的な変位である。

この型ずれには，直線方向型ずれ (linear mismatch)，回転方向型ずれ (rotational mismatch)，寸法方向型ずれ (dimensional mismatch)，角度方向型ずれ (angular mismatch) 及び表面型ずれ (surface mismatch) が ISO 8062-1 に規定された。

① 直線方向型ずれは，成形部品の (設計意図によって) 実形体 (real feature) 上における (設計意図によるものではない) 一様な高さのステップの中で構成部分の結果の見切り面に平行な鋳型の構成部分に対する近傍の間の直線方向のずれである (図9.2)。

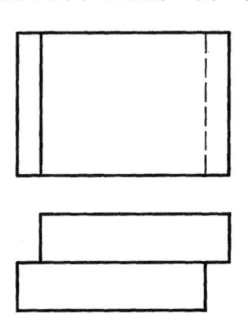

図9.2 直線方向型ずれ

② 回転方向型ずれは，成形部品の (設計意図によって) 実形体上における (設計意図によるものではない) 一様な高さのステップの中で構成部分の結果の見切り面に平行な鋳型の構成部分に対する近傍の間の角度方向型ずれである (図9.3)。

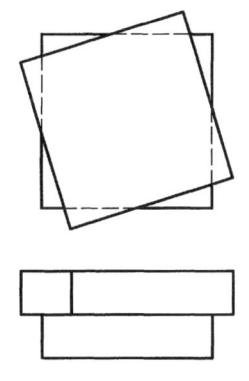

図9.3　回転方向型ずれ

③　寸法方向型ずれは，成形部品の（設計意図によって）実形体上における（設計意図によるものではない）一様な高さのステップの中で構成部分の結果の見切り面に平行な鋳型の構成部分に対する近傍のサイズ形体の寸法の差である（図9.4）。

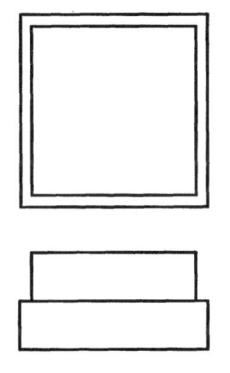

図9.4　寸法方向型ずれ

④　角度方向型ずれは，成形部品の（設計意図によって）実形体上における（設計意図によるものではない）材料の過多，フラッシュ及び／又は角度のずれの結果で見切り面を横切る鋳造部分に対する近傍の回転ずれである（図9.5）。

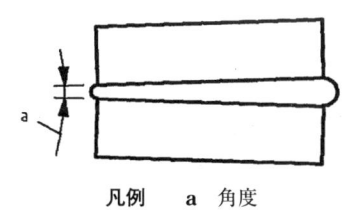

凡例　　**a**　角度

図9.5　角度方向型ずれ

⑤　表面型ずれは，直線方向型ずれ，回転方向型ずれ，寸法方向型ずれもしくは角度方向型ずれ又はこれらの組合せによって起こる鋳造部分の表面上の段差である。

9.1.3　寸 法 公 差

鋳造品に適用する寸法公差は，JIS B 0403ではCT 1～CT 16の公差等級16等級を割り当てている（表9.1）。

なお，表9.1の公差は，ISO 8062-3（表2）の公差と同じである。

表9.1　鋳造品の寸法公差

単位：mm

鋳放し鋳造品の基準寸法 || 全鋳造公差 (¹)																
|| 鋳造公差等級CT (²)(³)																
を超え	以下	1	2	3	4	5	6	7	8	9	10	11	12	13(³)	14(⁴)	15(⁴)	16(⁴)(⁵)
—	10	0.09	0.13	0.18	0.26	0.36	0.52	0.74	1	1.5	2	2.8	4.2	—	—	—	—
10	16	0.1	0.14	0.2	0.28	0.38	0.54	0.78	1.1	1.6	2.2	3	4.4	—	—	—	—
16	25	0.11	0.15	0.22	0.3	0.42	0.58	0.82	1.2	1.7	2.4	3.2	4.6	6	8	10	12
25	40	0.12	0.17	0.24	0.32	0.46	0.64	0.9	1.3	1.8	2.6	3.6	5	7	9	11	14
40	63	0.13	0.18	0.26	0.36	0.5	0.7	1	1.4	2	2.8	4	5.6	8	10	12	16
63	100	0.14	0.2	0.28	0.4	0.56	0.78	1.1	1.6	2.2	3.2	4.4	6	9	11	14	18
100	160	0.15	0.22	0.3	0.44	0.62	0.88	1.2	1.8	2.5	3.6	5	7	10	12	16	20
160	250		0.24	0.34	0.5	0.7	1	1.4	2	2.8	4	5.6	8	11	14	18	22
250	400			0.4	0.56	0.78	1.1	1.6	2.2	3.2	4.4	6.2	9	12	16	20	25
400	630				0.64	0.9	1.2	1.8	2.6	3.6	5	7	10	14	18	22	28
630	1 000					1	1.4	2	2.8	4	6	8	11	16	20	25	32
1 000	1 600						1.6	2.2	3.2	4.6	7	9	13	18	23	29	37
1 600	2 500							2.6	3.8	5.4	8	10	15	21	26	33	42
2 500	4 000								4.4	6.2	9	12	17	24	30	38	49
4 000	6 300									7	10	14	20	28	35	44	56
6 300	10 000										11	16	23	32	40	50	64

注(¹)　公差域の位置は，特に指示がある場合を除いて，公差値の1/2を正（＋）に，残り1/2を負（－）におく。
(²)　公差等級CT 1～CT 15における肉厚に対して，1等級大きい公差等級を適用する。
(³)　これらの公差等級がふさわしくない場合には，個々に公差を指示する。
(⁴)　16 mmまでの寸法に対してCT 13～CT 16までの普通公差は適用しないので，これらの寸法には，個々の公差を指示する。
(⁵)　等級CT 16は，一般にCT 15を指示した鋳造品の肉厚に対してだけ適用する。

これらの公差等級は，次のように適用することが推奨されている。

① 長期間製造する鋳放し鋳造品に対する公差等級については，JIS B 0403に規定されている（表9.2）。

ISO 8062-3では，CTをDCTG（Dimensional Casting Tolerance Grade）としている。

表9.2 長期間製造する鋳放し鋳造品に対する公差等級

鋳造方法	公差等級 CT								
	鋳鋼	ねずみ鋳鉄	可鍛鋳鉄	球状黒鉛鋳鉄	銅合金	亜鉛合金	軽金属	ニッケル基合金	コバルト基合金
砂型鋳造手込め	11~14	11~14	11~14	11~14	10~13	10~13	9~12	11~14	11~14
砂型鋳造機械込め及びシェルモールド	8~12	8~12	8~12	8~12	8~10	8~10	7~9	8~12	8~12
金型鋳造（重力法及び低圧法）	適切な表を確定する調査研究を行っている。当分の間，受渡当事者間で協議するのがよい。								
圧力ダイカスト									
インベストメント鋳造									

備考1. この表に示す公差は，長期間に製造する鋳造品で，鋳造品の寸法精度に影響を与える生産要因を十分に解決している場合に適用する。

2. この規格は，受渡当事者間の同意によって，本表に示されてない鋳造方法及び金属に対しても使用できる。

表9.2の金型鋳造，圧力ダイカスト及びインベストメント鋳造の推奨CTが規定されていない。これはCEN/TC 290の要求によって削除したものであるが，JIS B 0403:1995にはJIS B 0403:1987に制定されていたものを参考として残してある（表9.3）。

表9.3 金型鋳造，圧力ダイカスト及びアルミニウム合金鋳物の長期間製造する鋳放し鋳造品に対する公差等級

鋳造方法	公差等級 CT								
	鋼	ねずみ鋳鉄	球状黒鉛鋳鉄	可鍛鋳鉄	銅合金	亜鉛合金	軽金属	ニッケル基合金	コバルト基合金
金型鋳造（低圧鋳造を含む）		7~9	7~9	7~9	7~9	7~9	6~8		
ダイカスト					6~8	4~6	5~7		
インベストメント鋳造	4~6	4~6	4~6		4~6		4~6	4~6	4~6

備考1. この表に示す公差は，長期間に製造する鋳造品で，鋳造品の寸法精度に影響を与える生産要因を十分に解決している場合に，普通に適用する。

2. この規格は，受渡当事者間の同意によって，本表に示されてない鋳造方法及び金属に対しても使用できる。

ISO 8062-3では，CTを改正して，DCT（Dimensional Casting Tolerance）とし，金型鋳造，圧力ダイカスト及びインベストメント鋳造の推奨等級を追加して表9.4（著者仮訳）のように変更した。

公差等級を表す場合には，DCTGの次に公差等級の数値を付記する。

表9.4 長期間製造する鋳放し鋳造品に対する寸法公差等級

鋳造方法	鋳造材料に対する鋳造品寸法公差等級（DCTG）								
	鋼	ねずみ鋳鉄	可鍛鋳鉄	球状黒鉛鋳鉄	銅合金	亜鉛合金	軽金属	ニッケル基合金	コバルト基合金
砂型鋳造，手込め	11〜14	11〜14	11〜14	11〜14	10〜13	10〜13	9〜12	11〜14	11〜14
砂型鋳造，機械込め及びシェルモールド	8〜12	8〜12	8〜12	8〜12	8〜10	8〜10	7〜9	8〜12	8〜12
金型鋳造（圧力ダイカストを除く）	—	7〜9	7〜9	7〜9	7〜9	7〜9	6〜8	—	—
圧力ダイカスト					6〜8	3〜6	b	—	—
インベストメント鋳造	a	a	a	—	a	—	a	a	a

注記1 指示した公差等級は，鋳造品の寸法精度に影響する製造因子が十分に開発されているならば，通常に長期間製造する鋳造品を造るためにこれらを用いられる。
注記2 複雑な鋳造品に対しては，1等級粗い公差等級を適用するのがよい。

a インベストメント鋳造品に対しては，最大寸法について，次を適用する。
 — ≦100 mm：4〜6等級
 — ＞100 mm ＜ 400 mm：4〜8等級
 — ＞400 mm：4〜9等級

b 最大寸法は，公差等級の選択に強く影響を及ぼす。次の最大寸法に対する公差等級が鋳造品寸法公差等級（DCTG）を推奨する。
 — ≦50 mm：DCTG 6
 — ＞50 mm ≦ 180 mm：DCTG 7
 — ＞180 mm ≦ 500 mm：DCTG 8
 — ＞500 mm：DCTG 9

② 短期間又は1回限り製造する鋳放し鋳造品に対する公差等級については，JIS B 0403に規定されている。ISO 8062-3（表A.2）では，JIS B 0403と公差等級の数値に変更がなく，注記を追加した（表9.5）。

表9.5 短期間又は1回限り製造する鋳放し鋳造品に対する公差等級

鋳造方法	鋳型材料	鋳造材料に対する鋳造品寸法公差等級（DCTG）							
		鋼	ねずみ鋳鉄	可鍛鋳鉄	球状黒鉛鋳鉄	銅合金	軽金属	ニッケル基合金	コバルト基合金
砂型鋳造，手込め	粘土質ボンド	13〜15	13〜15	13〜15	13〜15	13〜15	11〜13	13〜15	13〜15
	化学質ボンド	12〜14	11〜14	11〜14	11〜14	10〜13	10〜13	12〜14	12〜14

注記 この表の公差等級は，一般的に25 mmを超える基準寸法に適用する。25 mm以下の基準寸法に対しては，一般に，経済的又は実際的に次のように適用できる。
 —10 mmまでの基準寸法：3等級小さい公差等級
 —10 mmを越え16 mmまでの基準寸法：2等級小さい公差等級
 —16 mmを越え25 mmまでの基準寸法：1等級小さい公差等級

9.1.4 型 ず れ

型ずれ（mismatch）は，特に指示がある場合を除いて，表9.1に示す公差内になければな

らない。しかし，表 9.1 の公差が使用できない設計要求がある場合には，その公差を図面に一括指示する。

9.1.5 肉厚公差

一般的な肉厚（wall thickness）は，表 9.1 に示す公差等級よりも 1 等級大きい公差を適用する。ただし，JIS B 0403 の公差等級 CT 16 は除く。

9.1.6 抜けこう配

旧 ISO 8062 には，鋳造品の抜けこう配（draft angle）は規定されていなかったので，JIS では，鋳鉄品の抜けこう配は JIS B 0407：1978 に，鋳鋼品の抜けこう配は JIS B 0412：1978 に，アルミニウム合金鋳物の抜けこう配は JIS B 0414：1978 に，そしてダイカストの抜けこう配は JIS B 0409：1980 に規定されていたものを，1995 年の JIS B 0403 の改正時に導入した。しかし，鋳造技術は飛躍的に高度化し，要求精度も厳しくなっているにもかかわらず，抜けこう配の見直しがされてなく，早急に見直しをすべきであるという声が高まったため，国内の鋳造工場の抜けこう配の実績調査を行い，ISO/TC 213/WG 9 へ提案し，今後，ISO で規定されたものを JIS に導入することとした。

そのため，日本から各種鋳造方法に対する外抜けこう配（external draft angle）と内抜けこう配（internal draft angle）とを 2 等級で規定することを ISO/TC 213/WG 9 へ提案した結果，2010 年 6 月のベルリン会議で，抜けこう配を ISO 8062-3 の Amd.（追補）とすることが決議され，近い将来に発行される見込みである。

ISO 8062-3 の Amd. に規定する抜けこう配を表 9.6～表 9.9 に示す。

表 9.6 鋳鉄品及び鋳鋼品の抜けこう配

単位：mm

こう配値に対する形体の高いほうの範囲		等級 A（DA）		等級 B（DB）	
を超え	以下	外こう配値	内こう配値	外こう配値	内こう配値
—	4	0.6（16° 42′）	0.8（21° 48′）	1.0（26° 34′）	1.2（30° 58′）
4	6.3	0.8（8° 50′）	0.9（9° 54′）	1.2（13° 07′）	1.2（13° 07′）
6.3	10	0.9（6° 18′）	1.0（7° 00′）	1.2（8° 22′）	1.5（10° 26′）
10	16	1.0（4° 24′）	1.2（5° 16′）	2.0（8° 44′）	2.0（8° 45′）
16	25	1.5（4° 11′）	1.6（4° 27′）	2.0（5° 34′）	2.5（6° 57′）
25	40	1.5（2° 38′）	2.0（3° 31′）	2.5（4° 24′）	3.0（5° 16′）
40	63	2.0（2° 13′）	2.5（2° 47′）	3.0（3° 20′）	4.0（4° 26′）
63	100	2.0（1° 24′）	3.0（2° 06′）	3.0（2° 06′）	5.0（3° 30′）
100	160	2.5（1° 06′）	4.0（1° 46′）	4.0（1° 46′）	6.5（2° 52′）
160	250	3.5（0° 58′）	5.5（1° 32′）	6.0（1° 40′）	9.0（2° 31′）
25	400	4.5（0° 47′）	7.0（1° 14′）	8.0（1° 24′）	12.0（2° 07′）
400	630	6.0（0° 40′）	10.0（1° 07′）	10.0（1° 07′）	15.0（1° 40′）
630	1 000	8.0（0° 33′）	12.0（0° 50′）	12.0（0° 50′）	18.0（1° 15′）
1 000	1 600	10.0（0° 26′）	15.0（0° 40′）	14.0（0° 37′）	20.0（0° 52′）

注記　括弧内の数値は，抜けこう配を角度で表した参考値である。この抜けこう配の角度は，こう配値に対する形体の高いほうの範囲の中央値に対する抜けこう配によって計算されたものである。

表9.7 金型鋳造品の抜けこう配値

単位：mm

こう配値に対する形体の高いほうの範囲		等級A（DA）		等級B（DB）	
を超え	以下	外こう配値	内こう配値	外こう配値	内こう配値
―	4	0.3（8°32′）	0.4（11°18′）	0.4（11°18′）	0.4（11°18′）
4	6.3	0.3（3°20′）	0.5（5°33′）	0.5（5°33′）	0.5（5°33′）
6.3	10	0.5（3°30′）	0.7（4°54′）	0.7（4°54′）	0.8（5°36′）
10	16	0.7（3°05′）	1.0（4°24′）	0.8（3°31′）	1.2（5°16′）
16	25	1.0（2°47′）	1.4（3°54′）	1.2（3°21′）	1.6（4°28′）
25	40	1.4（2°28′）	2.0（3°31′）	1.8（3°10′）	2.3（4°03′）
40	63	2.0（2°13′）	2.5（2°47′）	2.5（2°47′）	3.2（3°33′）
63	100	2.5（1°45′）	4.0（2°48′）	3.6（2°32′）	4.5（3°09′）
100	160	4.0（1°45′）	5.0（2°12′）	5.0（2°12′）	6.0（2°38′）
160	250	6.0（1°40′）	6.5（1°49′）	7.0（1°57′）	8.0（2°14′）
250	400	8.0（1°24′）	9.0（1°35′）	9.0（1°35′）	10.0（1°46′）
400	630	11.0（1°13′）	12.0（1°20′）	12.0（1°20′）	13.0（1°27′）

注記　括弧内の数値は，抜けこう配を角度で表した参考値である。この抜けこう配の角度は，こう配値に対する形体の高いほうの範囲の中央値に対する抜けこう配によって計算されたものである。

表9.8 圧力ダイカストの抜けこう配値

単位：mm

こう配値に対する形体の高いほうの範囲		等級A（DA）		等級B（DB）	
を超え	以下	外こう配値	内こう配値	外こう配値	内こう配値
―	4	0.2（5°42′）	0.3（8°32′）	0.3（8°32′）	0.4（11°18′）
4	6.3	0.2（2°13′）	0.3（3°20′）	0.3（3°20′）	0.5（5°33′）
6.3	10	0.3（2°05′）	0.4（2°48′）	0.4（2°48′）	0.7（4°54′）
10	16	0.3（1°19′）	0.5（2°12′）	0.5（2°12′）	0.9（3°57′）
16	25	0.4（1°07′）	0.7（1°57′）	0.7（1°57′）	1.2（3°21′）
25	40	0.7（1°14′）	1.2（2°07′）	1.2（2°07′）	2.0（3°31′）
40	63	1.0（1°07′）	1.5（1°40′）	1.5（1°40′）	2.5（2°47′）
63	100	1.2（0°50′）	2.0（1°24′）	2.0（1°24′）	3.5（2°27′）
100	160	2.0（0°53′）	3.0（1°19′）	3.0（1°19′）	5.0（2°12′）
160	250	2.5（0°41′）	4.0（1°07′）	4.0（1°07′）	7.0（1°57′）
250	400	3.0（0°32′）	5.5（0°56′）	5.5（0°56′）	9.0（1°35′）
400	630	4.0（0°27′）	7.0（0°47′）	7.0（0°47′）	11.0（1°13′）

注記　括弧内の数値は，抜けこう配を角度で表した参考値である。この抜けこう配の角度は，こう配値に対する形体の高いほうの範囲の中央値に対する抜けこう配によって計算されたものである。

表 9.9 インベストメントの抜けこう配値

単位:mm

こう配値に対する形体の高いほうの範囲		等級 A (DA)		等級 B (DB)	
を超え	以下	外こう配値	内こう配値	外こう配値	内こう配値
—	4	0.2 (5° 42′)	0.2 (5° 42′)	0.2 (5° 42′)	0.3 (8° 31′)
4	6.3	0.2 (2° 13′)	0.2 (2° 13′)	0.2 (2° 13′)	0.3 (3° 20′)
6.3	10	0.2 (1° 24′)	0.2 (1° 24′)	0.2 (1° 24′)	0.4 (2° 48′)
10	16	0.2 (0° 53′)	0.3 (1° 19′)	0.3 (1° 19′)	0.4 (1° 46′)
16	25	0.3 (0° 50′)	0.4 (1° 07′)	0.4 (1° 07′)	0.5 (1° 24′)
25	40	0.3 (0° 32′)	0.4 (0° 42′)	0.4 (0° 42′)	0.6 (1° 03′)
40	63	0.4 (0° 27′)	0.5 (0° 33′)	0.5 (0° 33′)	0.7 (0° 46′)
63	100	0.4 (0° 17′)	0.6 (0° 25′)	0.6 (0° 25′)	0.8 (0° 33′)
100	160	0.5 (0° 13′)	0.7 (0° 18′)	0.7 (0° 18′)	0.9 (0° 24′)
160	250	0.6 (0° 10′)	0.8 (0° 13′)	0.8 (0° 13′)	1.0 (0° 17′)
250	400	0.7 (0° 07′)	0.9 (0° 09′)	0.9 (0° 09′)	1.2 (0° 13′)
400	630	0.8 (0° 05′)	1.0 (0° 08′)	1.0 (0° 08′)	1.5 (0° 10′)

注記　括弧内の数値は，抜けこう配を角度で表した参考値である。この抜けこう配の角度は，こう配値に対する形体の高いほうの範囲の中央値に対する抜けこう配によって計算されたものである。

9.1.7 要求する削り代

機械加工を施すときに要求する削り代（Required Machining Allowance：RMA）は，日本の機械加工工場の実績調査に基づいて旧 ISO/TC 3/WG 6 が ISO 8062:1994 に導入し，これを JIS B 0403:1995 に採用したものである。

この要求する削り代は，ISO 8062-3:2007 にも採用されている。

JIS B 0403（≒ ISO 8062-3）に規定する要求する削り代を表 9.10 に示す。

表 9.10　要求する削り代

単位：mm

最大寸法[6]		要求する削り代（RMA）								
を超え	以下	削り代の等級								
		A[7]	B[7]	C	D	E	F	G	H	J	K
—	40	0.1	0.1	0.2	0.3	0.4	0.5	0.5	0.7	1	1.4
40	63	0.1	0.2	0.3	0.3	0.4	0.5	0.7	1	1.4	2
63	100	0.2	0.3	0.4	0.5	0.7	1	1.4	2	2.8	4
100	160	0.3	0.4	0.5	0.8	1.1	1.5	2.2	3	4	6
160	250	0.3	0.5	0.7	1	1.4	2	2.8	4	5.5	8
250	400	0.4	0.7	0.9	1.3	1.8	2.5	3.5	5	7	10
400	630	0.5	0.8	1.1	1.5	2.2	3	4	6	9	12
630	1 000	0.6	0.9	1.2	1.8	2.5	3.5	5	7	10	14
1 000	1 600	0.7	1	1.4	2	2.8	4	5.5	8	11	16
1 600	2 500	0.8	1.1	1.6	2.2	3.2	4.5	6	9	13	18
2 500	4 000	0.9	1.3	1.8	2.5	3.5	5	7	10	14	20
4 000	6 300	1	1.4	2	2.8	4	5.5	8	11	16	22
6 300	10 000	1.1	1.5	2.2	3	4.5	6	9	12	17	24

注 [6]　削り加工後の鋳造品の最大寸法。
注 [7]　本表の等級 A 及び B は，特別な場合にだけ適用する。例えば，固定表面及びデータム面又はデータムターゲットに関して，大量生産方式で模型，鋳造方法及び削り加工方法を含め，受渡当事者間の協議による場合。

ISO 8062-3 は，記号 RMA を RMAG（G は Grade）としている。そのため，ISO では RMAG A〜RMAG K として数値が規定されている。

要求する削り代の等級は，JIS B 0403 では表 9.11 が推奨される。

表 9.11　要求する削り代の推奨される等級

鋳造方法	要求する削り代の等級							
	鋳鋼	ねずみ鋳鉄	可鍛鋳鉄	球状黒鉛鋳鉄	銅合金	亜鉛合金	軽金属	ニッケル基合金	コバルト基合金
砂型鋳造手込め	G〜K	F〜H	F〜H	F〜H	F〜H	F〜H	F〜H	G〜K	G〜K
砂型鋳造機械込め及びシェルモールド	F〜H	E〜G	E〜G	E〜G	E〜G	E〜G	E〜G	F〜H	F〜H
金型鋳造（重力法及び低圧法）		D〜F	D〜F	D〜F	D〜F	D〜F	D〜F		
圧力ダイカスト					B〜D	B〜D	B〜D		
インベストメント鋳造	E	E	E		E	E	E	E	E

備考　この附属書は，受渡当事者間の同意によって，この表に示されていない鋳造方法及び金属に対しても使用できる。

ISO 8062-3 は，表 9.11 とほぼ同じ等級を推奨している（表 9.12，筆者仮訳）。

表9.12 要求する削り代（RMA）の推奨される等級2

鋳造方法	鋳造金属に対する要求する削り代等級								
	鋳鋼	ねずみ鋳鉄	可鍛鋳鉄	球状黒鉛鋳鉄	銅合金	亜鉛合金	軽金属	ニッケル基合金	コバルト基合金
砂型鋳造，手込め	G〜K	F〜H[a]	F〜H	F〜H[a]	F〜H	F〜H	F〜H[a]	G〜K	G〜K
砂型鋳造，機械込め及びシェルモールド	F〜H	E〜G	E〜G	E〜G	E〜G	E〜G	E〜G	F〜H	F〜H
金型鋳造（圧力ダイカストを除く）	―	D〜F	D〜F	D〜F	D〜F	D〜F	D〜F	―	―
圧力ダイカスト	―	―	―	―	B〜D	A〜D	B〜D	―	―
インベストメント鋳造	E	E	E	―	E	―	E	E	E

[a] 6 300 mm よりも大きい最大寸法に対しては，F〜K を適用する。

9.1.8 鋳放し鋳造品の普通幾何公差

ISO 8015:2011（JIS B 0024 は旧 ISO 対応）が適用されると，鋳放し鋳造品に対しても二点測定が主流となる。そのため，形状，姿勢，位置の保障の下限を普通幾何公差で規制する必要がある。

そこで，ISO/TC 213/WG 9 国内委員会は，国内の鋳造工場から得た多くの鋳放し鋳造品の幾何偏差を ISO へ提案して，修正審議を行い，ISO 8062-3:2007 に採用された。

ISO 8062-3 に規定されている鋳放し鋳造品の普通幾何公差を，表9.13〜表9.16 に示す。

表9.13 鋳放し鋳造品の普通真直度公差

単位：mm

成形品に関係する基準寸法		鋳放し鋳造品の普通真直度公差等級（GCTG）						
		GCTG 2	GCTG 3	GCTG 4	GCTG 5	GCTG 6	GCTG 7	GCTG 8
―	≦ 10	0.08	0.12	0.18	0.27	0.4	0.6	0.9
> 10	≦ 30	0.12	0.18	0.27	0.4	0.6	0.9	1.4
> 30	≦ 100	0.18	0.27	0.4	0.6	0.9	1.4	2
> 100	≦ 300	0.27	0.4	0.6	0.9	1.4	2	3
> 300	≦ 1 000	0.4	0.6	0.9	1.4	2	2	4.5
> 1 000	≦ 3 000	―	―	―	3	4	6	9
> 3 000	≦ 6 000	―	―	―	6	8	12	18
> 6 000	≦ 10 000	―	―	―	12	16	24	36

表9.14　鋳放し鋳造品の普通平面度公差

単位：mm

成形品に関係する基準寸法		鋳放し鋳造品の普通平面度公差（GCTG）						
		GCTG 2	GCTG 3	GCTG 4	GCTG 5	GCTG 6	GCTG 7	GCTG 8
―	≦ 10	0.12	0.18	0.27	0.4	0.6	0.9	1.4
＞ 10	≦ 30	0.18	0.27	0.4	0.6	0.9	1.4	2
＞ 30	≦ 100	0.27	0.4	0.6	0.9	1.4	2	3
＞ 100	≦ 300	0.4	0.6	0.9	1.4	2	3	4.5
＞ 300	≦ 1 000	0.6	0.9	1.4	2	3	4.5	7
＞ 1 000	≦ 3 000	―	―	―	4	6	9	14
＞ 3 000	≦ 6 000	―	―	―	8	12	18	28
＞ 6 000	≦ 10 000	―	―	―	16	24	36	56

表9.15　鋳放し鋳造品の普通真円度，平行度，直角度及び対称度公差

単位：mm

成形品に関係する基準寸法		鋳放し鋳造品の普通幾何公差等級（GCTG）						
		GCTG 2	GCTG 3	GCTG 4	GCTG 5	GCTG 6	GCTG 7	GCTG 8
―	≦ 10	0.18	0.27	0.4	0.6	0.9	1.4	2
＞ 10	≦ 30	0.27	0.4	0.6	0.9	1.4	2	3
＞ 30	≦ 100	0.4	0.6	0.9	1.4	2	3	4.5
＞ 100	≦ 300	0.6	0.9	1.4	2	3	4.5	7
＞ 300	≦ 1 000	0.9	1.4	2	3	4.5	7	10
＞ 1 000	≦ 3 000	―	―	―	6	9	14	20
＞ 3 000	≦ 6 000	―	―	―	12	18	28	40
＞ 6 000	≦ 10 000	―	―	―	24	36	56	80

表9.16　鋳放し鋳造品の普通同軸度公差

単位：mm

成形品に関係する基準寸法		鋳放し鋳造品の普通同軸度公差等級（GCTG）						
		GCTG 2	GCTG 3	GCTG 4	GCTG 5	GCTG 6	GCTG 7	GCTG 8
―	≦ 10	0.27	0.4	0.6	0.9	1.4	2	3
＞ 10	≦ 30	0.4	0.6	0.9	1.4	2	3	4.5
＞ 30	≦ 100	0.6	0.9	1.4	2	3	4.5	7
＞ 100	≦ 300	0.9	1.4	2	3	4.5	7	10
＞ 300	≦ 1 000	1.4	2	3	4.5	7	10	15
＞ 1 000	≦ 3 000	―	―	―	9	14	20	30
＞ 3 000	≦ 6 000	―	―	―	18	28	40	60
＞ 6 000	≦ 10 000	―	―	―	36	56	80	12

9.1.9 図面指示方法
(1) 鋳造品公差
鋳造品普通公差は,表題欄の中又はその付近に次の方法で指示する。
　a) 公差に関する一般情報として
　　— "普通公差"
　　— "ISO 8062-3"
　　— ISO 8062-3 の表 2 による公差等級 (DCTG)
　　　　注記 JIS B 0403 の表 1 (本章表 9.2) と同等である。
　　例:普通公差 ISO 8062-3—DCTG 12
　b) 表面型ずれを要求する場合
　　— "普通公差"
　　— "ISO 8062-3"
　　— ISO 10135 によって "最大表面型ずれ:SMI" 及びその要求値
　　例:普通公差 ISO 8062-3—DCTG 12—SMI ± 1.5

(2) 要求する削り代
要求する削り代は,表題欄の中又はその付近に次の方法で指示する。
　a) 公差に関する一般情報として
　　— "普通公差"
　　— "ISO 8062-3"
　　— ISO 8062-3 の表 3 による公差等級 (DCTG)
　　　　注記 JIS B 0403 の表 1 (本章表 9.2) と同等である。
　　— 表 9.12 による要求する削り代 (RMA) 及び対応する公差等級を括弧内に指示したものを付記する。
　　例:普通公差 ISO 8062-3—DCTG 12—RMA 6 (RMA H)
　b) 個々の形体に要求する削り代を要求する場合
　　ISO 1302:2002 (= JIS B 0031:2003) に規定する表面性状の指示記号の前に要求する削り代の数値を記入する (図 9.6)。

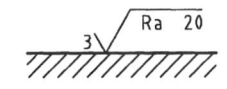

図 9.6 個々の形体に要求する削り代を要求する例

(3) 鋳造品幾何公差
鋳放し鋳造品の普通幾何公差は,表題欄の中又はその付近に次の方法で指示する。
　a) 公差に関する一般情報として
　　— "普通公差"
　　— "ISO 8062-3"
　　— ISO 8062-3 の表 2 による公差等級 (DCTG)
　　— 表 9.13〜表 9.16 による幾何公差等級 (GCTG)
　　例:普通公差 ISO 8062-3—DCTG 12—RMA 6 (RMA H)—GCTG 7
　b) 表 9.13〜表 9.16 による普通幾何公差を要求する場合

- "普通公差"
- "ISO 8062-3"
- 表 9.13～表 9.16 による幾何公差等級（GCTG）

例：普通公差 ISO 8062-3—GCTG 7

なお，個々の形体に幾何公差を要求する場合には，ISO 1101:2004（JIS B 0021:1998 は旧 ISO/DIS 対応）によって指示する。

図 9.7 に示す鋳造品について，普通幾何公差は，次のように適用する。

なお，DS はデータム系（Datum System）を表す。

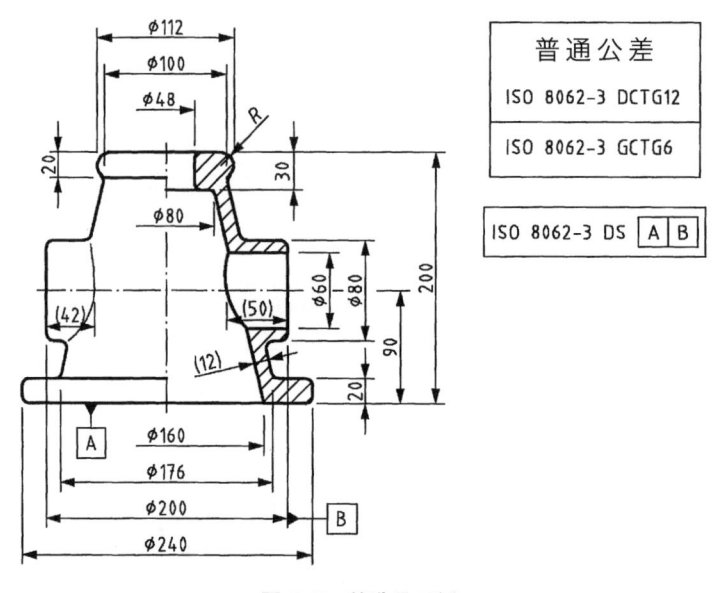

図 9.7 鋳造品の例

（a）真直度公差の適用 図 9.7 の鋳造品に対して，GCTG 6 を適用する場合，表 9.13 から数値を選択すると，図 9.8 の公差記入枠内の $t1 \sim t8$ が可能である。

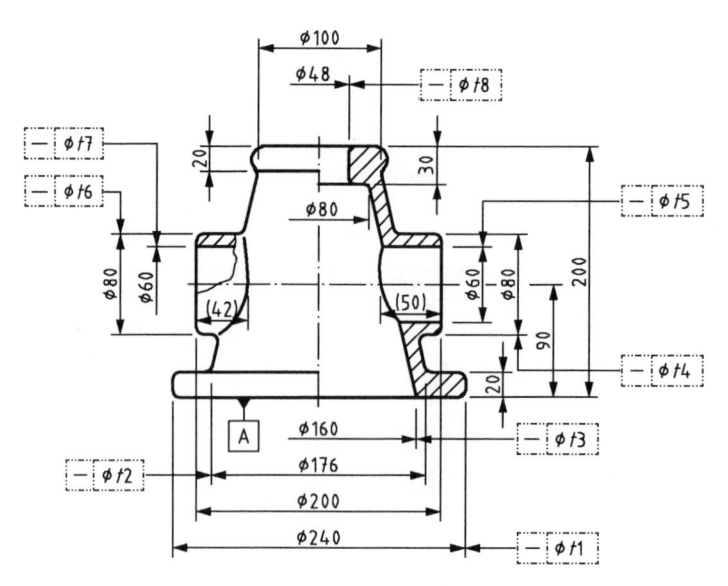

図 9.8 図 9.7 の鋳造品の真直度公差 1

① 下側のフランジ外形の円筒母線（基準寸法：20 mm）の真直度公差：$t1 = 0.6$ mm
② 外側円すいの軸線（基準寸法：160 mm，すなわち，200 - 20 - 20 mm）の真直度公差：$t2 = 1.4$ mm
③ 内側円すいの軸線（基準寸法：170 mm，すなわち，200 - 30 mm）の真直度公差：$t3 = 1.4$ mm
④ 水平の突き出た円筒の軸線（基準寸法：42 mm）の真直度公差：$t4 = t6 = 0.9$ mm
⑤ 水平の突き出た内側円筒の軸線（基準寸法：50 mm）の真直度公差：$t5 = t7 = 0.9$ mm
⑥ 上側の部分の穴の軸線（基準寸法：30 mm）の真直度公差：$t8 = 0.6$ mm

(b) 平面度公差の適用 図9.7の鋳造品に対して，GCTG 6を適用する場合，表9.14から数値を選択すると，図9.9の二点鎖線で表した公差記入枠内の$t1$～$t6$が可能である。

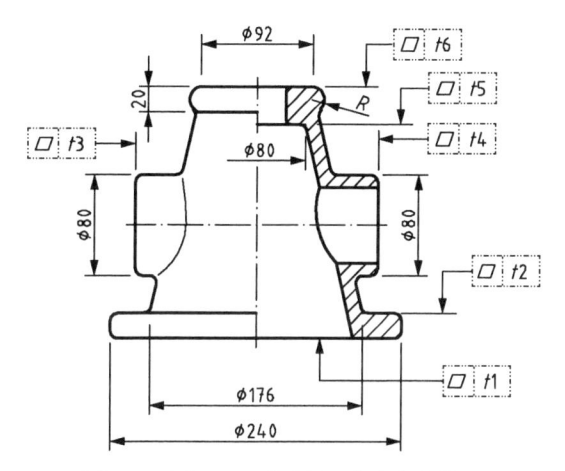

図9.9 図9.7の鋳造品の真直度公差2

① 下側のフランジ底面（基準寸法：ϕ 240 mm）の平面度公差：$t1 = 2$ mm
② 下側のフランジ上面（基準寸法：ϕ 240 mm）の平面度公差：$t2 = 2$ mm
③ 水平の突き出た円筒の両端面（基準寸法：ϕ 80 mm）の平面度公差：$t3 = t4 = 1.4$ mm
④ 内側円すいの小端面（基準寸法：ϕ 80 mm）の平面度公差：$t5 = 1.4$ mm
⑤ 上面の平面形体（基準寸法：ϕ 92 mm）の平面度公差：$t6 = 1.4$ mm

(c) 真円度公差の適用 図9.7の鋳造品に対して，GCTG 6を適用する場合，表9.15から数値を選択すると，図9.10の公差記入枠内の$t1$～$t9$が可能である。

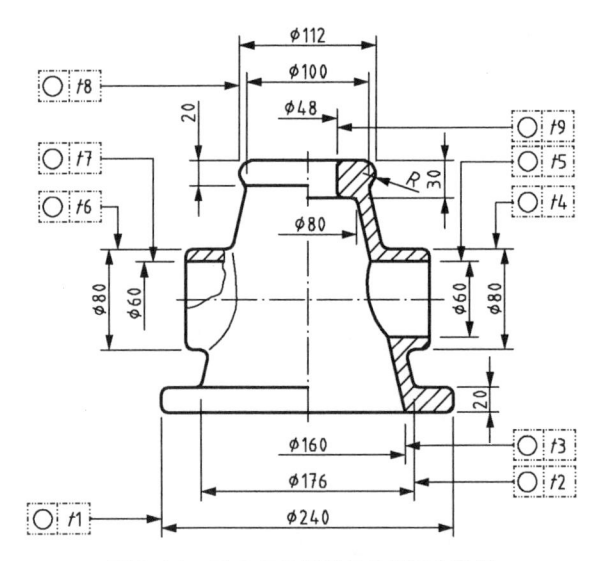

図 9.10　図 9.7 の鋳造品の真円度公差

① 下側のフランジ外形の円筒形体（基準寸法：φ 240 mm）の真円度公差：$t1 = 3$ mm
② 外側円すい形体（基準寸法：φ 176 mm）の真円度公差：$t2 = 3$ mm
③ 内側円すい形体（基準寸法：φ 160 mm）の真円度公差：$t3 = 3$ mm
④ 水平の突き出た外側円筒形体（基準寸法：φ 80 mm）の真円度公差：$t4 = t6 = 2$ mm
⑤ 水平の突き出た内側円筒形体（基準寸法：φ 60 mm）の真円度公差：$t5 = t7 = 2$ mm
⑥ 上側の部分の外側形体（基準寸法：φ 112 mm）の真円度公差：$t8 = 3$ mm
⑦ 上側の部分の内側形体（基準寸法：φ 48 mm）の真円度公差：$t9 = 2$ mm

（d）円筒度公差の適用　円筒度公差は，対象とする形体の母線の真直度公差，真円度公差及び相対向する母線同士の平行直度公差のすべてを公差域内にあればよい。

（e）平行度公差の適用　平行度公差は，関連形体に適用するため，データムを必要とする。どこがデータムであるかを指示する。

図 9.7 の鋳造品に対して，GCTG 6 を適用する場合，表 9.15 から数値を選択すると，図 9.11 の公差記入枠内の $t1 \sim t8$ が可能である。

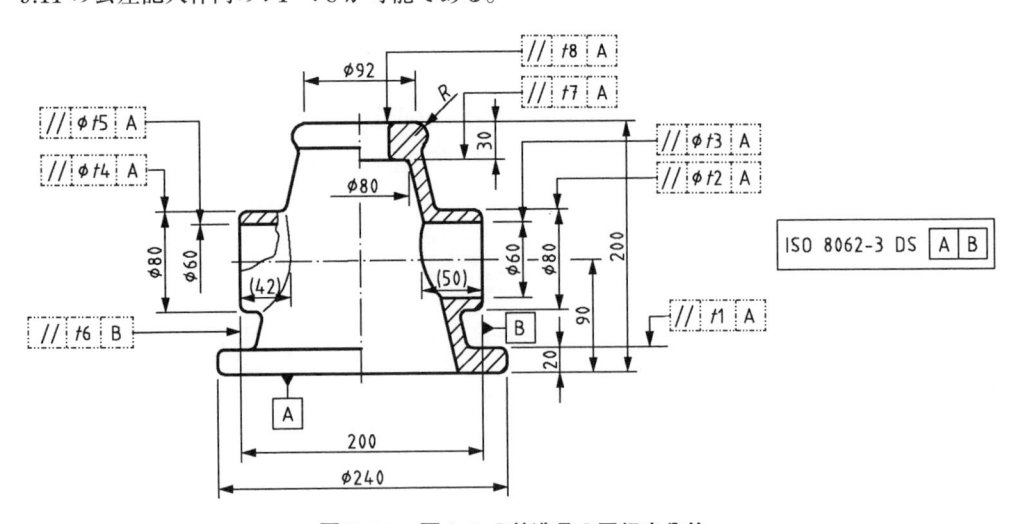

図 9.11　図 9.7 の鋳造品の平行度公差

① 下側のフランジの上面形体（基準寸法：φ240 mm）の平行度公差：$t1 = 3$ mm
② データム平面Aに平行な，水平の突き出た両端の外側円筒軸線（基準寸法：42 mm）の平行度公差：$t2 = t4 = 2$ mm
③ データム平面Aに平行な，水平の突き出た両側の内側円筒軸線（基準寸法：50 mm）の平行度公差：$t3 = t5 = 2$ mm
④ データム平面Bに平行な，水平の突き出た左側の円筒端面（基準寸法：φ80 mm）の平行度公差：$t6 = 2$ mm
⑤ データム平面Aに平行な，内側円すい形体の小端面（基準寸法：φ80 mm）の平行度公差：$t7 = 2$ mm
⑥ データム平面Aに平行な，上側の部分の形体［基準寸法：φ92 mm，すなわち，112 − (10 × 2)］の平行度公差：$t8 = 2$ mm

(f) 直角度公差の適用　直角度公差は，関連形体に適用するため，データムを必要とする。どこがデータムであるかを指示する。

図9.7の鋳造品に対して，GCTG 6を適用する場合，表9.15から数値を選択すると，図9.12の公差記入枠内の$t1$〜$t6$が可能である。

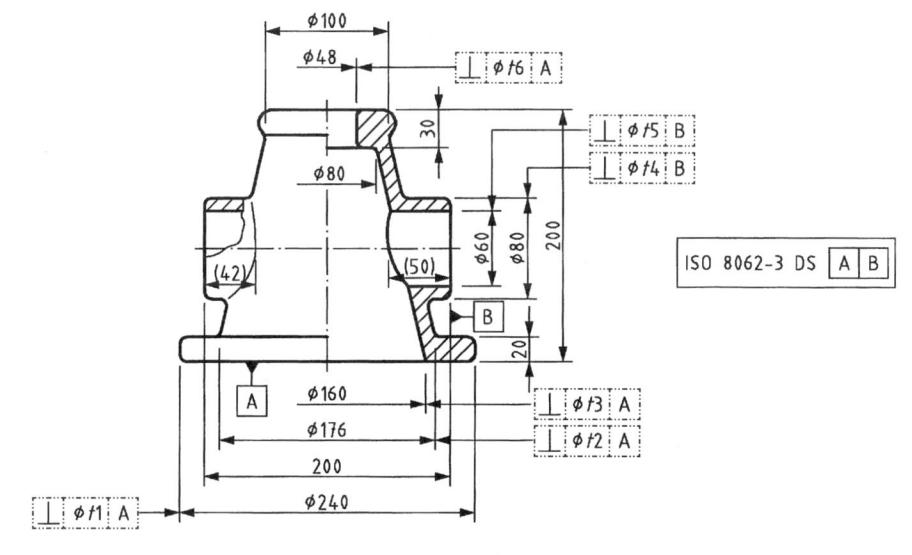

図9.12　図9.7の鋳造品の直角度公差

① データム平面Aに直角な，下側のフランジの軸線（基準寸法：20 mm）の直角度公差：$t1 = 1.4$ mm
② データム平面Aに直角な，外側円すい形体の軸線（基準寸法：160 mm）の直角度公差：$t2 = 3$ mm
③ データム平面Aに直角な，内側円すい形体の軸線（基準寸法：170 mm）の直角度公差：$t3 = 3$ mm
④ データム平面Bに直角な，水平の突き出た右側の外側円筒形体の軸線（基準寸法：42 mm）の直角度公差：$t4 = 2$ mm
⑤ データム平面Bに直角な，水平の突き出た右側の内側円筒形体の軸線（基準寸法：50 mm）の直角度公差：$t5 = 2$ mm

⑥ データム平面Aに直角な，上側の穴部分の軸線（基準寸法：30 mm）の直角度公差：$t6 = 1.4$ mm

(g) 同軸度公差の適用 図9.7の鋳造品に対して，GCTG 6を適用する場合，表9.16から数値を選択すると，図9.13の公差記入枠内の$t1 \sim t9$が可能である。

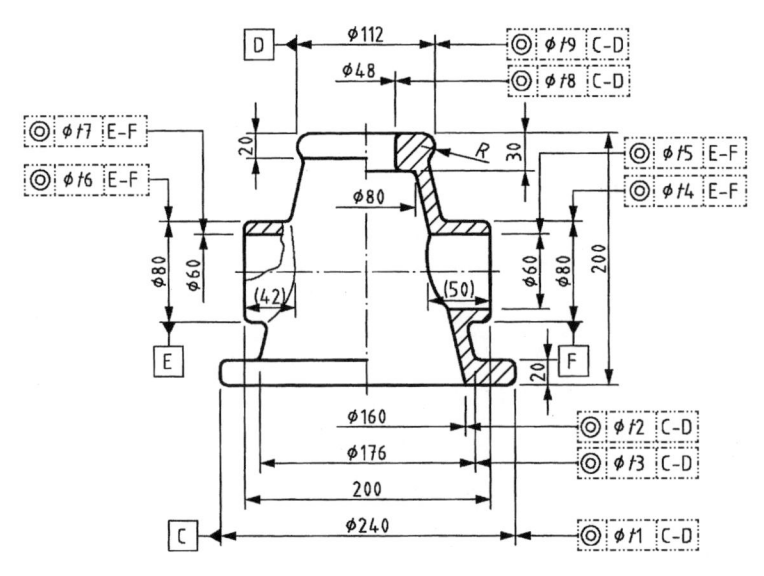

図9.13 図9.7の鋳造品の同軸度公差

① 共通データム軸直線C-Dに同軸な，下側のフランジの外側円筒の軸線（基準寸法：20 mm）の同軸度公差：$t1 = 2$ mm
② 共通データム軸直線C-Dに同軸な，内側円すい形体の軸線（基準寸法：170 mm）の同軸度公差：$t2 = 4.5$ mm
③ 共通データム軸直線C-Dに同軸な，外側円すい形体の軸線（基準寸法：160 mm）の同軸度公差：$t3 = 4.5$ mm
④ 共通データム軸直線E-Fに同軸な，水平の突き出た右側の外側円筒形体の軸線（基準寸法：42 mm）の同軸度公差：$t4 = 3$ mm
⑤ 共通データム軸直線E-Fに同軸な，水平の突き出た右側の内側円筒形体の軸線（基準寸法：50 mm）の同軸度公差：$t5 = 3$ mm
⑥ 共通データム軸直線E-Fに同軸な，水平の突き出た左側の外側円筒形体の軸線（基準寸法：42 mm）の同軸度公差：$t6 = 3$ mm
⑦ 共通データム軸直線E-Fに同軸な，水平の突き出た左側の内側円筒形体の軸線（基準寸法：50 mm）の同軸度公差：$t7 = 3$ mm
⑧ 共通データム軸直線C-Dに同軸な，上側の穴形体の軸線（基準寸法：30 mm）の同軸度公差：$t8 = 2$ mm
⑨ 共通データム軸直線C-Dに同軸な，上側の部分の外側形体（基準寸法：20 mm）の同軸度公差：$t9 = 2$ mm

(h) 対称度公差の適用 図9.7の鋳造品に対して，GCTG 6を適用する場合，表9.15から数値を選択すると，図9.14の公差記入枠内の$t1$が可能である。

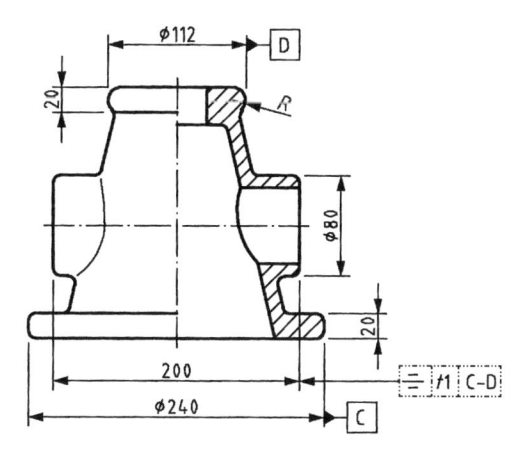

図 9.14　図 9.7 の鋳造品の対称度公差

① 同様に共通データム軸直線 C‑D に対称な，水平の突き出た両側の円筒形体の長さ（基準寸法：200 mm）の対称度公差：$t1 = 3$ mm

9.2　機械加工品の普通公差

9.2.1　動　　向

旧 ISO/TC 3/WG 9 で機械加工品の普通寸法公差を制定した ISO 2768-1:1989 は，JIS B 0405:1991 に反映させたが，同 ISO の審議段階では機械加工品に適用する規格案であったが，最終的には"金属の除去加工又は板金成形によって成形した部品の寸法に適用する"ことができると ISO の適用範囲の備考1に示されて発行されたので，少し問題が残る。

JIS としては，板金成形品に対しては，JIS B 0408:1991 がある。そのため，JIS B 0405:1991 は，主として機械加工品の普通公差として適用するのがよい。

なお，ISO 2768-1:1989 は，2009 年 9 月のサン・アントニオの ISO/TC 213/AG 1（規格戦略諮問委員会）で，改正を行うことが申し合わされた。

9.2.2　普通寸法公差
(1) 面取り部分を除く長さ寸法の普通公差

面取り部分を除く長さ寸法に対する普通公差は，表 9.17 による。

表 9.17　面取り部分を除く長さ寸法の普通公差

単位：mm

公差等級		基準寸法の区分						
記号	説明	0.5 [1] 以上 3 以下	3 を超え 6 以下	6 を超え 30 以下	30 を超え 120 以下	120 を超え 400 以下	400 を超え 1 000 以下	1 000 を超え 2 000 以下	2 000 を超え 4 000 以下
		許容差							
f	精級	±0.05	±0.05	±0.1	±0.15	±0.2	±0.3	±0.5	—
m	中級	±0.1	±0.1	±0.2	±0.3	±0.5	±0.8	±1.2	±2
c	粗級	±0.2	±0.3	±0.5	±0.8	±1.2	±2	±3	±4
v	極粗級	—	±0.5	±1	±1.5	±2.5	±4	±6	±8

注[1]　0.5 mm 未満の基準寸法に対しては，その基準寸法に続けて許容差を個々に指示する。

(2) 面取り部分の長さ寸法の普通公差

面取り部分の長さ寸法に対する普通公差は，表9.18による。

なお，表9.18は，かどの丸み及びかどの面取りに適用する。

表9.18 面取り部分の長さ寸法の普通公差

単位：mm

公差等級		基準寸法の区分		
記号	説明	0.5 (^{1})以上 3以下	3を超え 6以下	6を超えるもの
		許容差		
f	精級	±0.2	±0.5	±1
m	中級			
c	粗級	±0.4	±1	±2
v	極粗級			

注(^{1}) 0.5 mm未満の基準寸法に対しては，その基準寸法に続けて許容差を個々に指示する。

9.2.3 角度寸法

角度寸法に対する普通公差は，表9.19による。

表9.19 角度寸法の普通公差

単位：mm

公差等級		対象とする角度の短い方の辺の長さ（単位 mm）の区分				
記号	説明	10以下	10を超え 50以下	50を超え 120以下	120を超え 400以下	400を超えるもの
		許容差				
f	精級	±1°	±30′	±20′	±10′	±5′
m	中級					
c	粗級	±1°30′	±1°	±30′	±15′	±10′
v	極粗級	±3°	±2°	±1°	±30′	±20′

9.2.4 図面指示方法

JIS B 0405 の普通公差を図面に適用する場合には，表題欄又はその付近に次の事項を指示する。

— JIS B 0405
— この規格による公差等級

例：中級の場合 JIS B 0405—m

9.3 普通幾何公差

9.3.1 適 用

独立の原則を規定した旧 ISO 8015:1985（= JIS B 0024:1988）が図面に指示されると，形状の保障が得られなくなることが懸念されるので，形状の保障の下限を規制するのが普通幾何公

差である。

旧ISO/TC 3/WG 9がISO 2768-2：1989を制定し，これに整合したJIS B 0419：1991が制定されたので，普通幾何公差は，JIS B 0021：1998（＝旧ISO/DIS 1101：1996）で規定されている個々に指示する幾何公差を適用しないものに適用する。

9.3.2 真直度公差及び平面度の普通公差

真直度公差及び平面度の普通公差は，表9.20による。

表9.20　真直度公差及び平面度の普通公差

単位：mm

公差等級	呼び長さの区分					
	10以下	10を超え30以下	30を超え100以下	100を超え300以下	300を超え1 000以下	1 000を超え3 000以下
	真直度公差及び平面度公差					
H	0.02	0.05	0.1	0.2	0.3	0.4
K	0.05	0.1	0.2	0.4	0.6	0.8
L	0.1	0.2	0.4	0.8	1.2	1.6

9.3.3 真円度の普通公差

真円度の普通公差は，直径の公差と等しくとる。ただし，表9.23に規定する振れの公差を超えてはならない。そして，真円度の定義は半径法で評価されることに注意する。

9.3.4 円筒度の普通公差

円筒度の普通公差は，真直度，真円度及び円筒の相対向する円筒母線同士の平行度の公差の合成された公差である。

9.3.5 平行度の普通公差

平行度公差は関連形体に指示される特性であるから，データムを必要とする。

平行度の普通公差は，対象として指示された寸法公差と真直度公差・平面度との普通公差のうちの大きいほうの値をとる。データムは，対象とする二つの形体のうちの長いほうの形体から設定する。二つの形体の長さが等しい場合には，どちらの形体データムとしてもよい。

9.3.6 直角度の普通公差

直角度公差は，関連形体に指示される特性であるから，データムを必要とする。データムは，対象とする二つの形体のうちの長いほうの形体から設定する。二つの形体の長さが等しい場合には，どちらの形体データムとしてもよい。

直角度の普通公差は，表9.21のとおりである。

表 9.21 直角度の普通公差

単位：mm

公差等級	短い方の辺の呼び長さの区分			
	100以下	100を超え300以下	300を超え1 000以下	1 000を超え3 000以下
	直角度公差			
H	0.2	0.3	0.4	0.5
K	0.4	0.6	0.8	1
L	0.6	1	1.5	2

9.3.7 対称度の普通公差

対称度公差は，関連形体に指示される特性であるから，データムを必要とする。データムは，対象とする二つの形体のうちの長いほうの形体から設定する。二つの形体の長さが等しい場合には，どちらの形体データムとしてもよい。

対称度の普通公差は，表9.22のとおりである。

表 9.22 対称度の普通公差

単位：mm

公差等級	短い方の辺の呼び長さの区分			
	100以下	100を超え300以下	300を超え1 000以下	1 000を超え3 000以下
	直角度公差			
H	0.2	0.3	0.4	0.5
K	0.4	0.6	0.8	1
L	0.6	1	1.5	2

9.3.8 振れの普通公差

振れ公差は関連形体に指示される特性であるから，データムを必要とする。

振れ公差は，測定方法の一つであったが，幾何特性の中に組み入れられた。多くの幾何特性の代用として図面に指示される。

データムは，対象とする二つの形体のうちの長いほうの形体から設定する。二つの形体の長さが等しい場合には，どちらの形体データムとしてもよい。

振れの普通公差は，表9.23のとおりである。

表 9.23 振れの普通公差

単位：mm

公差等級	円周振れ公差
H	0.1
K	0.2
L	0.5

9.3.9 図面指示方法

JIS B 0405 の普通公差を図面に適用する場合には，表題欄又はその付近に次の事項を指示する。

— JIS B 0419
— JIS B 0405 による普通寸法公差の公差等級
— この規格による公差等級

例：中級の場合 JIS B 0405—mK

なお，ISO 2768-2 では，ISO 2768—mK としている。これは，規格番号のパート制を採用しているためである。

普通公差の表題欄への指示例を図 9.15 に示す。

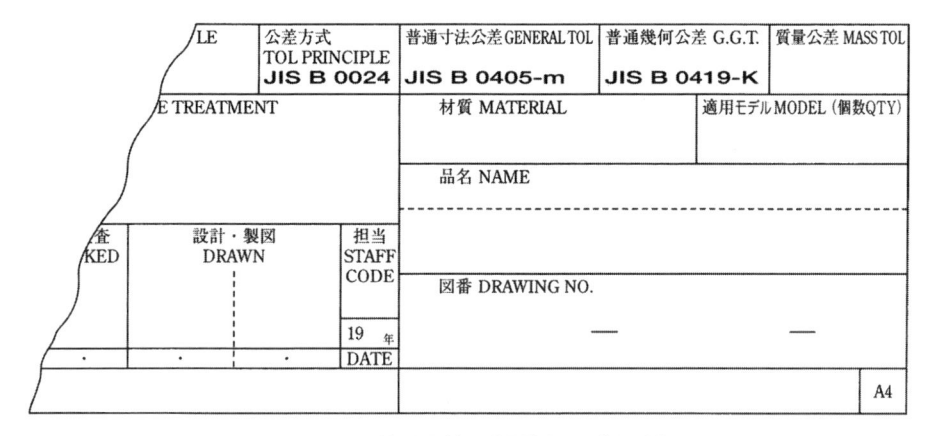

図 9.15　普通公差の表題欄への指示例

第10章　幾何偏差の簡易測定

　ISO/TC 213では，簡易測定器（GPS測定器）の規格を開発するために，その元となる用語・考え方（概念），及び要求事項を規定したISO 14978を2006年に発行した（図10.1参照）。

　本章では，まず，簡易測定に関連するISO及びJISを示し，それらの関係を紹介する。次に，ISO 14978で定義されているGPS測定器に関連する重要な用語について解説する。これらの用語は，これまでに発行されたISOだけでなく，今後発行されるISO及びJISにおいて使用される用語である。

　本章の最後に，GPS測定器を例として取り上げ，その校正，測定・検査［検証（verification）という。］について述べ，幾何偏差の測定方法について言及する。

10.1　用　　語

10.1.1　関連するISO及びJIS

　GPS測定器は，ISO 14978に定義され，指示測定器（indicating measuring instrument）及び実量器（material measure）に分類されている。これらの関係を図10.1に示す。数値読みのあるダイヤルゲージ，マイクロメータ，ハイトゲージなどが指示測定器であり，ブロックゲージ，直定規，すきまゲージなどが実量器である。

　ISO/TC 213では，指示測定器に関する規格（ダイヤルゲージ，てこ式ダイヤルゲージなど）を中心に開発している。ISOとJISとでは必要性や開発のタイミングが異なるため，両者が完全に一致している状況にはない。

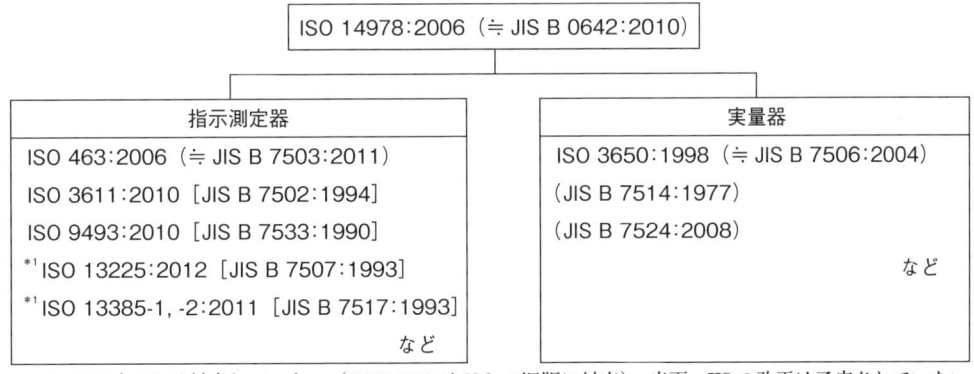

```
                    ISO 14978:2006（≒ JIS B 0642:2010）
                                │
              ┌─────────────────┴─────────────────┐
         指示測定器                              実量器
    ISO 463:2006（≒ JIS B 7503:2011）    ISO 3650:1998（≒ JIS B 7506:2004）
    ISO 3611:2010［JIS B 7502:1994］    （JIS B 7514:1977）
    ISO 9493:2010［JIS B 7533:1990］    （JIS B 7524:2008）
    *1 ISO 13225:2012［JIS B 7507:1993］                           など
    *1 ISO 13385-1, -2:2011［JIS B 7517:1993］
                                  など
```

　　　*1　ISOとJISは対応していない（JIS B 7502はISOの旧版に対応）。当面，JISの改正は予定されていない。

図10.1　GPS測定器に関連するISO及びJIS

図10.1に示したJIS B 7506（ブロックゲージ）は，ISO 3650の対応規格であり，整合［修正（MOD）］している。一方，JIS B 7503（ダイヤルゲージ）は，ISO 463の対応規格であり，一致（IDT）している。

また，JIS B 7533（てこ式ダイヤルゲージ）は，ISOとは対応していない日本独自の規格であったが，2010年にISO 9493が新しく制定された。ISO 9493制定後の対応が期待される。さらに，JIS B 7514（直定規）もISOとは対応していない日本の独自規格であり，対応するISOの開発の検討もされていない。したがって，ISOとJISとが今後数年で一致するとは考えられないため，JISを参照しながら，必要に応じてISOの制定・改正に注意する必要がある。

10.1.2　GPS測定器に関する用語

GPS測定器に関する用語は，ISO/IEC Guide 98-3（GUM），ISO Guide 99（VIM），ISO 14253-1（＝JIS B 0641-1）などに定義されているほか，GPS測定器独自の用語を定義している（GUM，VIMについては，第13章に詳述）。なかでもISO 14978は，ISO Guide 99で定義されている用語を再定義して使っている。そのため，GPS測定器の規格では，まずISO 14978（JIS B 0642）で用語を確認する必要がある。次に，GPS測定器において重要な用語について説明する。

（1）DC/MC

ISO 14978では，計測器の特性を，測定結果に直接影響を与える測定器の計測特性（Metrological Characteristic：MC）と測定結果に直接影響を与えない測定器の設計仕様（Design Characteristic：DC）に分けている。

ISO 463（ダイヤルゲージ）では，指示誤差（error of indication）のヒステリシス，指示誤差の繰返し精度（repeatability），測定力などをMCとしている。また，ステムの長さ，クランプねじの径，ベゼル（bezel）の直径などをDCの例として挙げている。ベゼルの直径が小さいと，取扱いは簡単になるが，指示値の読取りは困難になる。ベゼルの直径が大きいと，指示値の読取りが容易になる。このような関係があるので，ベゼルの直径は邪魔にならず，指示値の読取りが可能であれば，比較的自由に定められるため，DCに分類される。互換性や他の機器への組込みの際に重要な数値がDCである。

（2）MPE

MCは，測定器が使用可能な状態にあるとき，指定された最大許容誤差（Maximum Permissible Error：MPE），あるいは許容限界（Permissible Limit：MPL）の範囲内になければならない。MCがその性質から誤差である場合にはMPEを使い，誤差ではなく単なる限界値である場合にはMPLを使う。

MPEは，図10.2に示すような簡単な関数表現をする。この図10.2は，指示長さに対する計測特性（指示長さ）のMPE関数を示している。

図10.2（a）は，指示長さに関係なく計測特性のMPEが一定値になり，
$$MPE = c \tag{10.1}$$
と表現される関数を示している。

図10.2（b）は，計測特性のMPEが指示長さに比例し，
$$MPE = a + b \times L \tag{10.2}$$
と表現される関数を示している。

図10.2（c）は，計測特性のMPEが指示長さに比例し，一定値で制限され，
$$MPE = a + b \times L \, (if L \leq L_0) \tag{10.3}$$
$$MPE = a + b \times L_0 = c \, (if L > L_0) \tag{10.4}$$
と表現される関数を示している。

対象となる測定器の指示誤差は，図10.2で与えられるMPE関数の範囲内にあることが要求される。

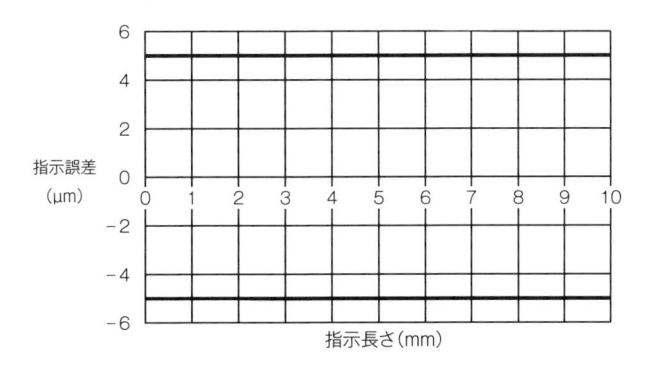

(a) 一定値をもつMPE関数

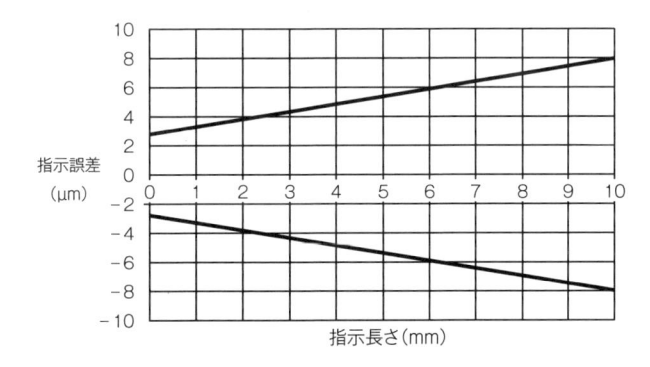

(b) 指示長さに比例するMPE関数

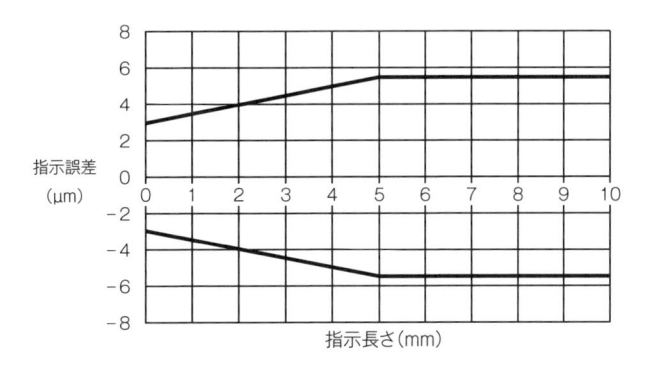

(c) 指示長さに比例し，最大値をもつMPE関数

図10.2　MPE関数の例

(3) MPL

MPL は，図 10.3 に示す特性値に比例する二つの関数で与えられる．二つの関数は，MPL（USL）と MPL（LSL）と呼ばれる．ここで，USL は上限，LSL は下限を表す．これらの関数は，次のとおりである．

$$MPL\,(\text{USL}) = a_1 + b \times L$$
$$MPL\,(\text{LSL}) = a_2 + b \times L \tag{10.5}$$

図 10.3 は，測定長さに対する測定力の両側限界を示している．

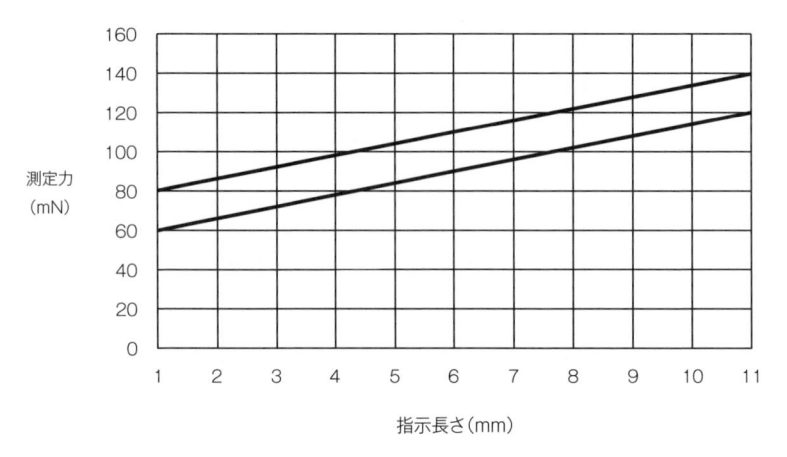

図 10.3　MPL 関数の例

(4) 固定ゼロ／浮動ゼロ

固定ゼロ（fixed zero）は，"任意の一点での指示誤差をゼロとして，他の点での指示誤差を表す" 表現方法である．

また，浮動ゼロ（floating zero）は，"測定範囲内の任意の部分を使って，ある測定長さ（指示の区間）を測定したときの，その測定長さにおける指示誤差を表す" 表現方法である．

表 10.1　測定器による指示誤差の例
（指示長さ 0 mm の点を基準点とした固定ゼロ表現）

基準点の位置 (mm)	指示長さ （mm）										
	0	1	2	3	4	5	6	7	8	9	10
	指示誤差 （µm）										
0	0	6	10	7	14	14	20	15	8	1	−5

表 10.1 は，測定器の指示長さが 0 の点を基準点，すなわち，指示誤差が 0 の点としたときの指示長さ 0～10 mm のそれぞれの点での指示誤差を示した表である．

この表から，任意の点を基準点とした固定ゼロ表現を得ることができる．例えば，指示長さが 4 mm の点を基準点とすると，4 mm の点での指示誤差を 0 とするために，測定範囲内のすべての点の指示誤差に（−14）を加える必要がある．その結果，指示長さ 4 mm の点を基準点とした固定ゼロ表現は，表 10.2 を得る．

表10.2 測定器による指示誤差の例
(指示長さ 4 mm の点を基準点とした固定ゼロ表現)

基準点の位置 (mm)	指示長さ (mm)										
	0	1	2	3	4	5	6	7	8	9	10
	指示誤差 (µm)										
4	−14	−8	−4	−7	0	0	6	1	−6	−13	−19

表10.1 及び表10.2 の指示長さを横軸にとり,縦軸に指示誤差をプロットすると,図10.4 が得られる。

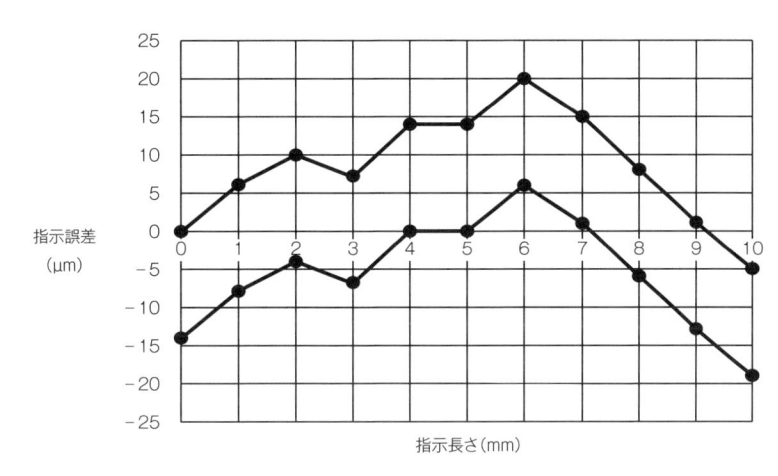

図10.4 指示誤差の固定ゼロ表現

浮動ゼロ表現は,指示誤差の固定ゼロ表現から,次のようにして得られる。

基準点を0から10まで変化させたときに,測定長さを横軸にとり,そのときの測定長さにおける指示誤差を記入する。例えば,表10.3 の測定長さ5 mm は,表10.1 の指示長さ0と5の間,1と6の間,…,5と10の間の6か所の測定から得られる。したがって,測定長さ5 mm については六とおりの誤差が得られる。

この手順をすべての測定長さに適用すると,表10.3 が得られる。

表10.3 表10.1 から得られた浮動ゼロ表現

基準点 (mm)	測定長さ (mm)									
	1	2	3	4	5	6	7	8	9	10
	指示誤差 (µm)									
0	6	10	7	14	14	20	15	8	1	−5
1	4	1	8	8	14	9	2	−5	−11	
2	−3	4	4	10	5	−2	−9	−15		
3	7	7	13	8	1	−6	−12			
4	0	6	1	−6	−13	−19				
5	6	1	−6	−13	−19					
6	−5	−12	−19	−25						
7	−7	−14	−20							
8	−7	−13								
9	−6									
10										

表10.3の測定長さを横軸にとり，縦軸に指示誤差をプロットすると，図10.5が得られる。

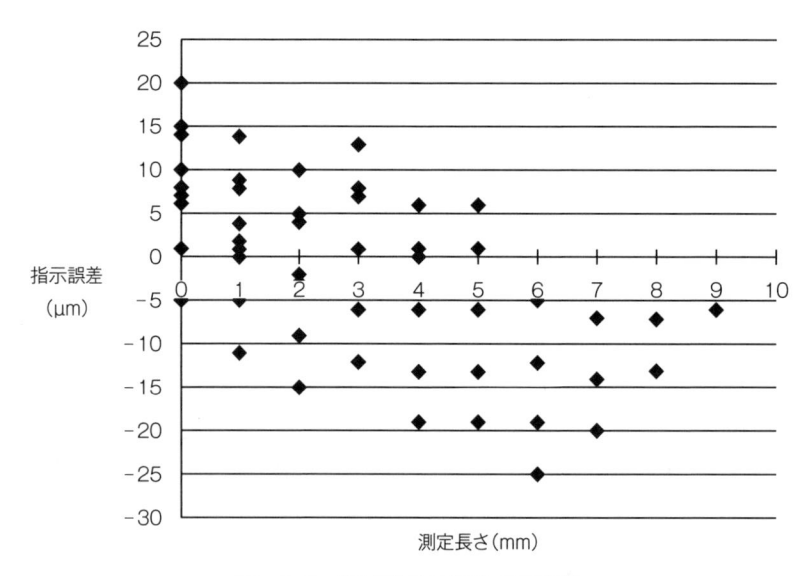

図10.5　指示誤差の浮動ゼロ表現

MPEは，測定器の使い方に応じて，固定ゼロ又は浮動ゼロで表現するが，MPLは固定ゼロで表現する。

10.2　GPS測定器

10.2.1　GPS測定器の例

10.1.2項で述べたように，GPS測定器に関する規格の中で，ISO 463（ダイヤルゲージ）が2006年に発行され，ISO 3611（外側マイクロメータ），ISO 9493（てこ式ダイヤルゲージ）が2010年に発行された。ISO 463に対応するJIS B 7503が2011年に改正されたので，ここでは，ISO 463を例として取り上げる。

ダイヤルゲージのDC, MC及び校正方法がISO 463に定められている。ダイヤルゲージのMCには，次の事項が挙げられている。

① 指示誤差のヒステリシス
② 指示誤差の繰返し
③ 任意の1/10回転での指示誤差
④ 任意の1/2回転での指示誤差
⑤ 1回転での指示誤差
⑥ 測定範囲内での指示誤差
⑦ 測定力
⑧ コンタクトエレメント

この中で，①～⑥にはMPEによって限界が与えられ，⑦にはMPLによって限界が与えられている。⑧は，測定に影響を与える要素としてMCとされているが，数値限界は与えられていない。

10.2.2 GPS 測定器の校正・検査

ISO 463 の場合には，測定範囲に応じた適切な測定間隔で，双方向で繰返し測定を行い，指示誤差を記録する．記録した指示誤差は，固定ゼロ又は浮動ゼロで表現し，指定された MPE の範囲内にあることを検証する．このとき，全測定範囲を検査する代わりに，使用する範囲だけについての検査でもよい．

10.2.3 GPS 測定器の使い方

GPS 測定器は，指定された条件で使うときにだけ，その誤差が MPE の範囲内にあることが保証される．一般に，機械式の測定器の場合，温度条件，測定と支持の方向，測定力と重力の方向，接触子の幾何形状の影響なども，測定結果に影響を与える計測特性であるので，測定時には，これらの条件に対する配慮が必要である．

例えば，ダイヤルゲージの使用条件に，"重力に平行な方向に測定する"という条件がない場合には，どのような方向に設置して測定しても測定結果は保証されるが，"重力に平行な方向に測定する"という条件がある場合には，それ以外の方向での測定結果は保証されない．

10.3 簡易測定器による寸法測定

10.3.1 一般的事項

従来，JIS B 0024:1988（= ISO 8015:1985）によると，寸法は特に指示がない場合には，二点測定によるものとされていたが，GPS 規格では本書第 2 章の表 2.1 に示したように，モディファイヤを付記することによって，さまざまな寸法を図面指示することが可能となった．そのため，その図面指示の要求に沿った測定をしなければならない．

しかし，それらの定義から二点寸法以外の寸法は，簡易測定器では測定できない．例えば，円周直径はその周長を測定するだけで，寸法測定が可能となるが，周長が測定可能な簡易測定器はないので，厳密には簡易測定器による円周直径の測定はできないことになる．

厳密な意味では測定できないことを理解したうえで，本項では，表 2.1 に示されたうち，二点寸法，円周直径，面積直径を簡易測定器で簡便に測定する方法の例を示す．

10.3.2 アッベ（Abbe）の原理

寸法測定は，測定対象の長さと測定目盛とを比較することによって達成される．このとき，測定対象と測定目盛の配置は，図 10.6（a）のように平行に配置される場合と，図 10.6（b）のように同一直線上に配置される場合の二とおりが考えられる．誤差がまったくない理想的な状態では，図 10.6 のどちらの配置でも同じ結果が得られる．しかし，測定の際には，図 10.7 のような誤差が考えられる．

図 10.7（a）の状態では，測定対象の長さが測定目盛に対して傾いているため，実際の寸法よりも短く測定される．この測定誤差をアライメント誤差（alignment error）と呼ぶ．

図 10.7（b）の状態では，ポインタが測定目盛に対して傾いているため，ポインタの長さに比例する測定誤差が生じる．この誤差をアッベ誤差（Abbe error）[1]と呼ぶこともある．

図 10.6（a）の配置では，図 10.7（a）と（b）の両方の誤差を考える必要があるが，図 10.6（b）

の配置では，図 10.7 (a) のアライメント誤差だけを考えればよい。

図 10.6 (a) と (b) を比べて，図 10.6 (b) をアッベの原理[1]を満足している状態，図 10.6 (a) をアッベの原理を満足していない状態と呼ぶ。

アッベの原理を満足しないと，アッベ誤差が生じるため，一般には，アッベの原理を満足することが望ましい。

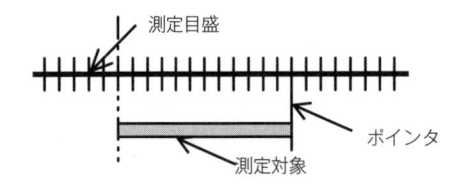

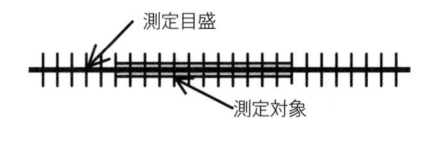

(a) 測定対象と測定目盛を平行に配置した場合　　(b) 測定対象と測定目盛を同一直線上に配置した場合

図 10.6　測定対象と測定目盛の配置

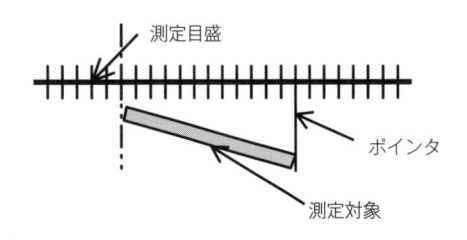

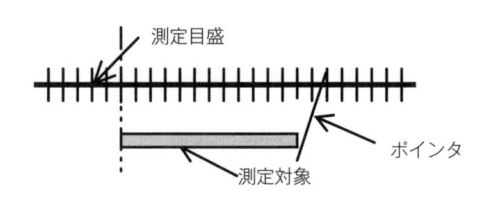

(a) 測定対象が測定目盛に対して傾いている場合（アライメント誤差）　　(b) ポインタが測定目盛に対して傾いている場合（アッベ誤差）

図 10.7　測定対象と測定目盛が同一直線上にない場合の誤差

10.3.3　二点寸法 Ⓛ Ⓟ

二点寸法は，ISO 14405-1:2010 で規定するモディファイヤ Ⓛ Ⓟ で指示し，対応する二点間の寸法の測定を指示するものである。

これまでどおり，キャリパ，マイクロメータなどで測定できる。

10.3.4　円周直径 Ⓒ Ⓒ

円周直径は，ISO 14405-1 で規定するモディファイヤ Ⓒ Ⓒ で指示し，図 10.8 のように円周 L の場合，測定対象を円周 L の理想円とみなしたときの直径 a を次のように計算する方法である。

$$a = \frac{L}{\pi} \tag{10.6}$$

(a) 円周 L の円　　　　(b) 直径 a の円

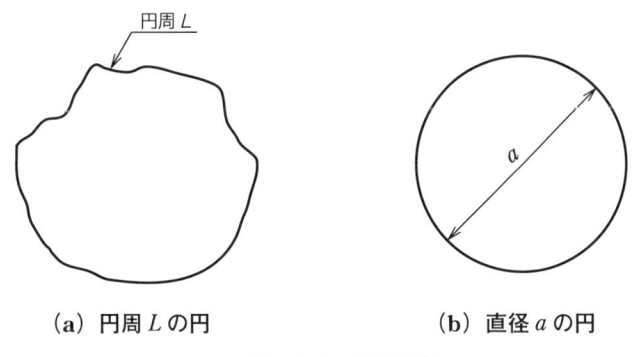

図 10.8　円周直径

　軸の円周直径を測定する場合，軸の断面の円周を計算し，それに相当する直径 a を計算する必要がある。しかし，簡易測定器では，断面の円周のような複雑な測定量を測定できないので，便宜的に次のように計算する。

$$L = \frac{1}{2}\int D(\theta)d\theta \tag{10.7}$$

ここで，$D(\theta)$ は軸の直径を二点測定で測定した結果である。

円周を n 分割すると　$\Delta\theta = \frac{2\pi}{n}$　であるから，

$$L = \frac{1}{2}\sum_{i=1}^{n}(D_i)\frac{2\pi}{n} = \pi a \tag{10.8}$$

$$a = \frac{\sum_{i=1}^{n} D_i}{n} \tag{10.9}$$

となり，二点測定を n 回繰り返し，その結果 D_i の平均値として，円周直径を算出することができる。

10.3.5　面積直径 ⒸⒶ

　面積直径は，ISO 14405-1 で規定するモディファイア ⒸⒶ で指示し，図 10.9 のように面積 S の場合，測定対象を面積 S の理想円とみなしたときの直径 a を次のように計算する方法である。

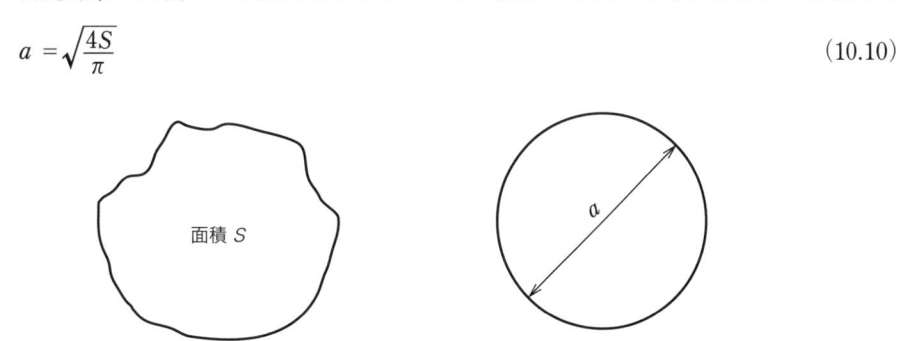

$$a = \sqrt{\frac{4S}{\pi}} \tag{10.10}$$

(a) 面積 S の円　　　　(b) 直径 a の円

図 10.9　面積直径

軸の面積直径を測定する場合，軸の断面積を計算し，それに相当する直径 a を計算する必要がある。しかし，簡易測定器では，面積のような複雑な測定量を測定できないので，便宜的に次のように計算する。

$$S = \frac{1}{8} \int D^2(\theta) d\theta \tag{10.11}$$

ここで，$D(\theta)$ は軸の直径を二点測定で測定した結果である。

円周を n 分割すると，$\Delta\theta = \frac{2\pi}{n}$ であるから，

$$S = \frac{1}{8} \sum_{i=1}^{n} (D_i)^2 \frac{2\pi}{n} = \frac{\pi}{4} a^2 \tag{10.12}$$

$$a = \sqrt{\frac{\sum_{i=1}^{n}(D_i)^2}{n}} \tag{10.13}$$

となり，二点測定を n 回繰り返し，その結果 D_i を使って，面積直径を算出することができる。

10.4 幾何偏差の測定

幾何偏差の測定については，2004 年に廃止された TR B 0003（= ISO/TR 5460:1985）に検証ガイドとして参考例が示されていた。幾何偏差の中には，簡易測定器での測定が困難な場合も多く，TR B 0003 においても，XYZ の三次元座標測定を推奨している例があった（第 11 章参照）。

本節では，TR B 0003（及びその前身の旧 JIS B 0021:1984 の解説）に示されていた例を中心として，簡易測定器による幾何偏差の測定例について述べる。

10.4.1 真直度の測定

（1）直定規による方法

図 10.10 は円筒軸の母線の真直度公差を指示した例であり，図 10.11 は角柱の面のエレメントとしての線の真直度公差を指示した例である。

図 10.10　母線の真直度公差の指示例　　図 10.11　面のエレメントの真直度公差の指示例

これらの真直度は，0.1 mm だけ離れた平行二直線の間にあることが要求されている。

これらの真直度は，最も簡単な例として，次のように測定できる。

直定規を被測定物の上に置き，被測定物と直定規の最大すきまが最小になるように調整する。真直度は，被測定物の母線と直定規との間の最大すきまである。

所要の数の母線について測定する（図 10.12）。

得られた真直度が真直度公差内にあればよい。

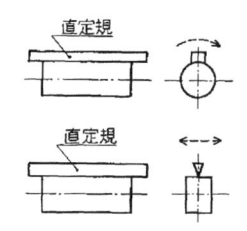

図 10.12 直定規による方法

(2) 定盤と変位計による測定

図 10.13 は，円すいの母線の真直度公差を指示した例である．この要求事項は，無数にある円すいの母線が個々に 0.1 mm だけ離れた平行二直線の間にあることが要求されている．

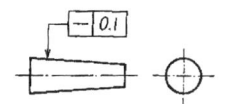

図 10.13 円すいの母線の真直度公差を指示した例

ダイヤルゲージのような変位計によって円すいの母線の真直度を測定する例を，図 10.14 に示す．

上側の母線が定盤と平行になるように被測定物を設置する．母線全長に沿った測定値を記録する．このとき，測定した母線についての変位計の読みの最大差が真直度である．

この測定を所要の数の母線について測定する．

得られた真直度が真直度公差内にあればよい．

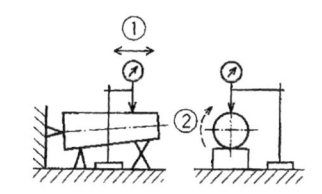

図 10.14 定盤と変位計による測定

10.4.2 平面度の測定

(1) 定盤と変位計による測定

平面度公差の指示例を図 10.15 に示す．

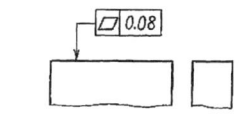

図 10.15 平面度公差の指示例

測定対象平面を定盤の上方に置かれた仮想平面に設定し，所要の数の位置で両面間の間隔を測定する．このとき，測定した変位計の読みの最大差が平面度である．

得られた平面度が平面度公差内にあればよい．

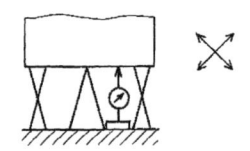

図 10.16　定盤と変位計による平面度の測定例

(2) 直定規及び変位計による測定

図 10.15 の平面度公差の指示例に対して，平面度は変位計を用いて次のように測定することができる。

直定規の両端を支持具によって支え，測定対象平面から等距離になるように対角線方向（A－B）に設置する（図 10.17 及び図 10.18）。

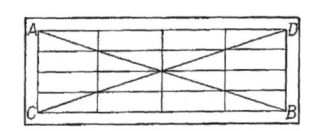

図 10.17　測定点

対角線（A－B）に沿って指定された位置で，直定規と測定対象平面との距離を測定し，中央点の測定値を基準に補正する。

同様に直定規の両端を支持具によって支え，測定対象平面から等距離になるように対角線方向（C－D）に設置する。

対角線（C－D）に沿って指定された位置で，直定規と測定対象平面との距離を測定し，中央点の測定値を基準に補正する。

この二つの対角線によって決まる平面を基準として，他のすべての点の測定値を補正する（図 10.18）。

平面度は，補正後の測定値の最大値と最小値との差で求められる。

得られた平面度が平面度公差内にあればよい。

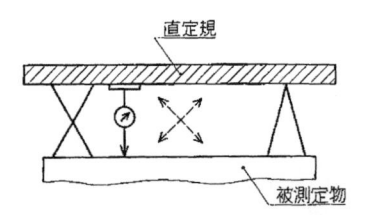

図 10.18　直定規と変位計による平面度の測定例

10.4.3　真円度の測定

(1) 回転テーブルと変位計による測定

図 10.19 は，円すい形体に真円度公差を指示した例である。

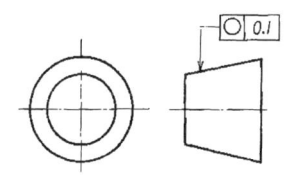

図 10.19　円すい形体に真円度公差を指示した例

図 10.19 に対する測定は，変位計を用いて，次のように測定することができる。

被測定物をその軸線が測定機の回転テーブルの回転軸と同軸となるように設定する。1 回転中の半径の変化を記録する。

この測定を所要の数の断面で繰り返す。

真円度は，断面の半径差のうち，最大の値をとる（図 10.20）。

得られた真円度が真円度公差内にあればよい。

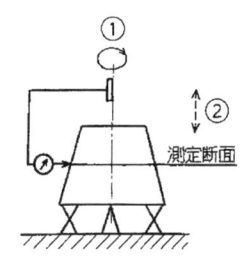

図 10.20　回転テーブル及び変位計による例

（2）馬乗り法による測定

図 10.21 は，円筒軸に真円度公差を指示した例である。

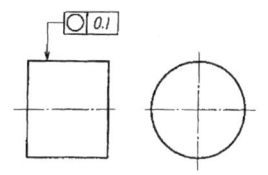

図 10.21　円筒軸に真円度公差を指示した例

図 10.21 に対する測定は，変位計を用いて，次のように測定することができる。

被測定物に馬乗りになるように，測定機器を設定する。被測定物の軸線が測定方向に垂直になるように固定する。

1 回転中の変位計の測定値を記録する。真円度は，挟み角 a 及び測定断面の形状の山数を考慮して求める。この測定を所要の数の断面で繰り返す（図 10.22）。

真円度は，半径差のうち，最大の値をとる。

得られた真円度が真円度公差内にあればよい。

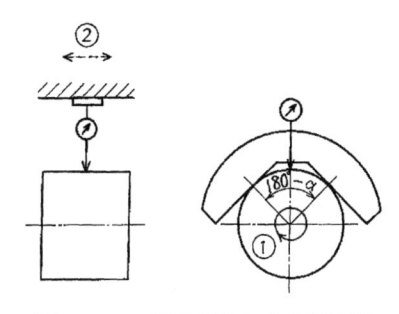

図 10.22　馬乗り法による測定例

10.4.4　円筒度の測定

(1) 回転テーブルと変位計による測定

円筒度は，真円度の円筒の軸方向に拡大したものであり，真円度，母線の直真度及び相対向する母線の平行度を合成したものである．円筒度公差の指示例を図 10.23 に示す．

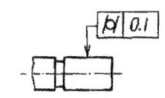

図 10.23　円筒度公差の指示例

円筒度について，変位計を用いて測定する例を次に示す．

被測定物をその軸線が測定機の回転テーブルの回転軸と同軸になるように設定する．

1 回転中の半径の変化を変位計によって測定し，変位計をリセットしないで，所要の数の断面で測定を行う．

円筒度は，最小領域円筒の半径差として評価する（図 10.24）．

得られた円筒度が円筒度公差内にあればよい．なお，最小二乗法が準用できる．

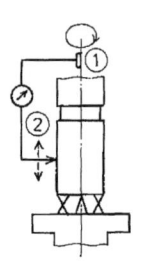

図 10.24　回転テーブルと変位計による測定例

(2) 変位計による測定

特に，バナナ形状の円筒，ねじれのある円筒などの円筒度は，定盤上で簡単に測定できる．

被測定物を定盤上に置き，直角定盤に当てて固定する．

被測定物の軸に直角な断面で 1 回転中の半径の変化を測定する．変位計をリセットしないで，所要の数の断面の測定を繰り返す（図 10.25）．

円筒度は，変位計の測定値の最大差の 1/2 となる．

得られた円筒度が円筒度公差内にあればよい．

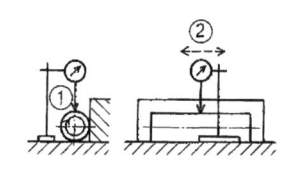

図 10.25　変位計による測定例

10.4.5　線の輪郭度
(1) 輪郭テンプレート及びならい装置を使った測定

図 10.26 は，エレメントとしての輪郭度を指示した例である。

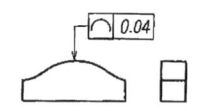

図 10.26　線の輪郭度公差の指示例

この線の輪郭度は，輪郭テンプレートを使って，次のように求めることができる。

被測定物を，ならい装置及び輪郭テンプレートに対して正確に合わせる。変位計の測定値を，被測定物と輪郭テンプレートとの差として記録する。

輪郭度は，変位計の読みの最大値であるが，変位計の測定方向が表面の法線方向でないときは理論的に正確な形状の法線方向に換算しなければならない（図 10.27）。このとき，変位計の測定子及びならい測定子の大きさと形状は同じでなければならない。

得られた輪郭度が輪郭度公差内にあればよい。

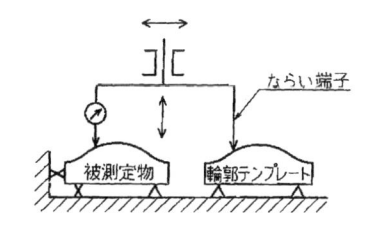

図 10.27　輪郭テンプレート及びならい装置を使った測定例

(2) 輪郭テンプレートによる測定

偏差が小さい場合には，特定の光を反対側から当てて被測定物及び輪郭テンプレートのすきまからの光を観測することによって検査することができる。

偏差が大きい場合は，輪郭テンプレートを両端で一定距離だけ測定物から離して設置し，被測定物及び輪郭テンプレートのすきまを数段階のピンゲージによって測定する（図 10.28）。

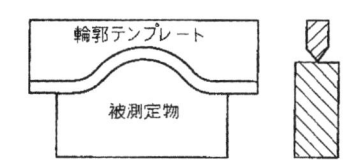

図 10.28　輪郭テンプレートによる測定例

10.4.6 面の輪郭度
(1) 輪郭テンプレート及びならい装置を使った測定
10.4.5 (1) 項で示した線の輪郭度の測定を対象とする面に拡げて,同様の方法で測定する。
(2) 輪郭テンプレートの回転による測定
被測定物を回転テーブルの回転軸に合わせる。輪郭テンプレートを一定距離だけ測定物から離して設置し,被測定物及び輪郭テンプレートのすきまをピンゲージによって測定する。測定物を所要の数だけ回転し,同様に測定する。

輪郭度は,最大のすきまと最小のすきまとの差である(図10.29)。

得られた輪郭度が輪郭度公差内にあればよい。

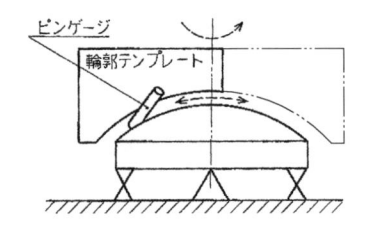

図10.29 輪郭テンプレートの回転による測定例

10.4.7 平行度の測定
(1) 変位計による一方向の平行度の測定

平行度公差の指示例を図10.30に示す。

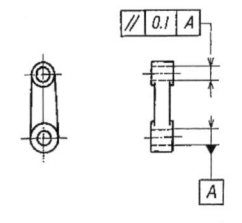

図10.30 平行度公差の指示例

図10.30に対する平行度の測定例は,次のとおりである。

データム軸直線及び被測定物の穴の軸線を変位計で直接測定できないので,穴の外に張り出した内接円筒マンドレルの軸直線によって代用する。調整用支持具によって正しい方向に測定できるように調整する。

変位計の指示値を得る位置の間の距離を L_2,平行度の対象となっている形体の長さを L_1 とし,軸方向2か所の測定位置での変位計の指示値 M_1, M_2 から,次の式によって平行度を計算する(図10.31)。

$$|M_1 - M_2| \times \frac{L_1}{L_2} \tag{10.14}$$

得られた平行度が平行度公差内にあればよい。

10.4 幾何偏差の測定

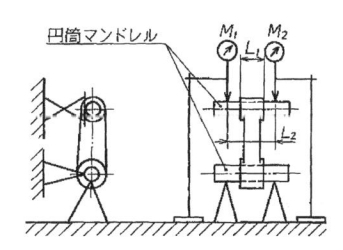

図 10.31 変位計による一方向の平行度の測定例

(2) 変位計による二方向の平行度の測定

データム軸直線に対して公差域が二方向，すなわち，直方体の公差域を要求する指示例を図 10.32 に示す。

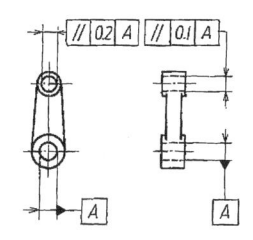

図 10.32 二方向の公差域を要求する平行度公差の指示例

図 10.32 に対する平行度の測定例は，次のとおりである。

(1) 項と同様のデータム軸直線及び被測定物の穴の軸線の平行度を測定する場合（ただし，二方向の平行度指示がある場合）についても，図 10.33 のように内接円筒マンドレルの軸直線によって代用する。

調整用支持具によって正しい方向に測定できるように調整する。

L_2 だけ離れた軸方向 2 か所の測定位置での変位計の指示値を M_1，M_2 とし，平行度の対象となっている形体の長さを L_1 とする。このとき，次の式によって平行度を計算する（図 10.33）。

$$|M_1 - M_2| \times \frac{L_1}{L_2} \tag{10.15}$$

公差域が直方体であるから，図 10.33 の①，②のそれぞれの位置で測定する必要があり，式 (10.15) は，①，②のそれぞれの位置について計算される。

得られた平行度がそれぞれ平行度公差内にあればよい。

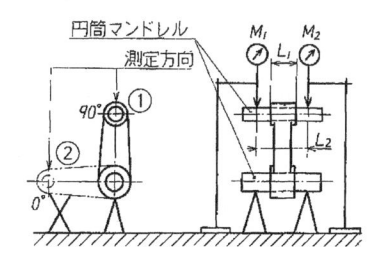

図 10.33 変位計による二方向の平行度の測定例

10.4.8 直角度の測定
(1) 円筒穴の直角度の測定

直角度公差の指示例を図 10.34 に示す。

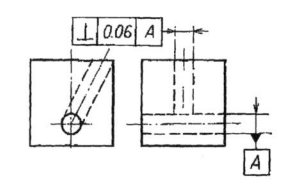

図 10.34 直角度公差の指示例

図 10.34 の直角度公差の測定例は，次による。

データム軸直線は，定盤に平行な内接円筒マンドレルの軸直線によって代用し，公差付き形体の軸線は穴の外まで張り出すもう一つの内接円筒によって代用する。

測定物を直角定規に対して正しい位置に設置する。

L_2 だけ離れた 2 か所の高さでの直角定規から内接円筒までの距離を M_1, M_2 とし，直角度の対象となっている形体の長さを L_1 とする。このとき，次の式によって直角度を計算する（図 10.35）。

$$| M_2 - M_1 | \times \frac{L_1}{L_2} \tag{10.16}$$

得られた直角度が直角度公差内にあればよい。

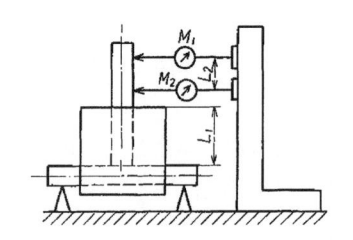

図 10.35 円筒穴の直角度の測定例

(2) 平面と円筒の直角度の測定

円筒軸線の直角度公差の指示例を図 10.36 に示す。

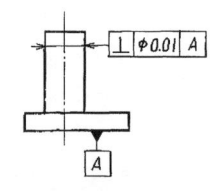

図 10.36 円筒軸線の直角度公差の指示例

図 10.36 に示す円筒軸線の直角度の測定例は，次による。

被測定物を定盤上に設置する。

公差付き形体である円筒を直角定規に対して，正しく設置する。

円筒上で L_2 だけ離れた 2 か所の高さでの直角定規から円筒までの距離 M_1, M_2 とし，直角度の対象となっている形体の長さを L_1 とする。このとき，次の式によって直角度を計算する（図 10.37）。

$$G = \frac{(M_2 - M_1) + (d_2 - d_1)}{2} \times \frac{L_1}{L_2} \tag{10.17}$$

円筒を90°回転し，H方向の直角度を同様に求め，$\sqrt{G^2 + H^2}$として，直角度を求める。得られた直角度が直角度公差内にあればよい。

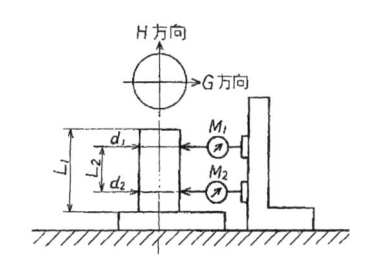

図10.37 平面と円筒の直角度の測定例

(1) 項と同様の測定方法であるが，(1) 項では，円筒マンドレルを測定対象としているため，測定位置にかかわらず，直径が同一なので，直径の測定が省略できるのに対して，本項では測定対象の円筒の直径が測定位置によって異なることがあり得る。円筒の直径は，円筒の軸線の位置に影響を与えるため，式(10.17)で示したように，直径を考慮する必要がある。

10.4.9 傾斜度の測定

傾斜穴の軸線の傾斜度公差の指示例を図10.38に示す。

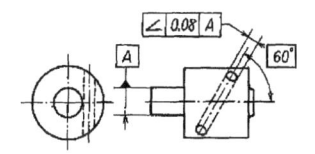

図10.38 傾斜穴の軸線に傾斜度公差を指示した例

図10.38に示した指示例に対する穴の傾斜度の測定例は，次による。

被測定物データム形体を60°に傾斜したガイド穴にしっくりはまり合うように設定する。穴にしっくりはまり合うマンドレルを挿入して，定盤に平行になるようにゼロ調整した変位計をマンドレルに当てる。

マンドレル上でL_2だけ離れた位置での変位計の指示値をM_1，M_2とし，傾斜度の対象となっている形体の長さをL_1とする。このとき，次の式によって傾斜度を計算する（図10.39）。

$$|M_2 - M_1| \times \frac{L_1}{L_2} \tag{10.18}$$

得られた傾斜度が傾斜度公差内にあればよい。

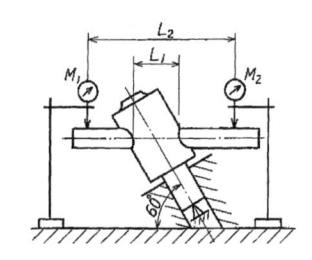

図 10.39 傾斜穴の軸線の傾斜度の測定例

10.4.10 位置の測定
(1) 穴の位置度

図 10.40 は，穴の中心位置がデータム A 及びデータム B からの距離で指示された位置からのずれ量を位置度公差によって規制した例である。

簡易測定器では穴の中心位置の測定ができないので，穴にしっくりはまり合うピンゲージを立て，図 10.41 に示すようにピンゲージの中心の測定によって代用する。

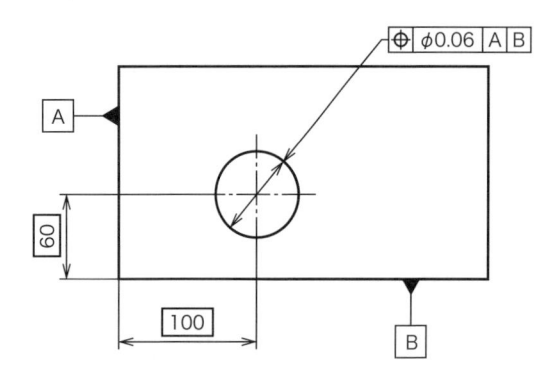

図 10.40 位置度公差の指示例

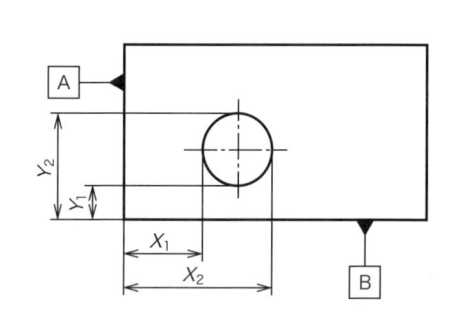

図 10.41 位置度の測定例

ピンゲージの外形とデータム A との距離をデータム A に対して垂直な方向に 2 か所を測定する。その測定結果を X_1, X_2 とする。同様にピンゲージの外形とデータム B との距離をデータム B に対して垂直な方向に 2 か所を測定し，それを Y_1, Y_2 とする。

このとき，ピンゲージの中心位置を X_d, Y_d とすると，

$$X_d = \frac{(X_1 + X_2)}{2}, \quad Y_d = \frac{(Y_1 + Y_2)}{2} \tag{10.19}$$

となる（図 10.41）。

このとき，次の式によって位置度を計算する。

$$2 \times \sqrt{(X_d - 100)^2 + (Y_d - 60)^2} \tag{10.20}$$

得られた位置度が位置度公差内にあればよい。

(2) 突出公差域Ⓟの付いた位置度の測定

図 10.42 は，相手部品の厚さ分を考慮して，ボルトで組み付く場合を想定して，穴から 60 mm だけ突出した位置において，中心穴の軸との位置度公差を指示した例である。

10.4 幾何偏差の測定

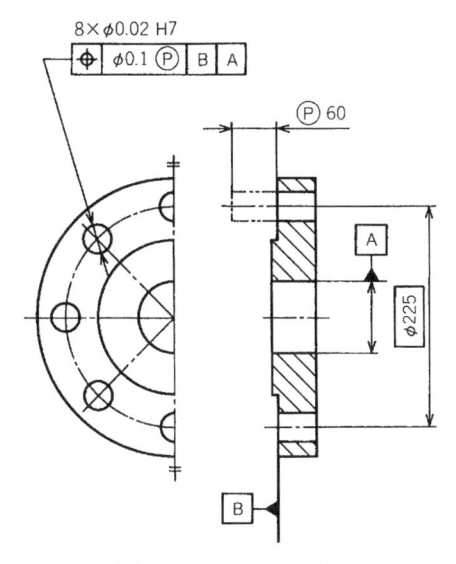

図10.42 ⓟの指示例

このように，穴の中心軸や突出した位置などに実体が存在しない測定の場合には，プラグゲージなどによって，実体を介して測定する必要がある。

この例の場合には，中心穴（データムA）と公差付き形体である穴にそれぞれプラグゲージを挿入し，データム形体Bから60 mmだけ離れた位置でのこれらのゲージの中心間距離を間接的に測定する。

ゲージの中心間隔をd，プラグゲージの直径をそれぞれ，D_1，D_2とすると，図10.43のような関係にあるので$d = (X_1 + X_2)/2$と測定できる。ここで，X_1，X_2はプラグゲージの外側と内側を測定した結果である（図10.43）。

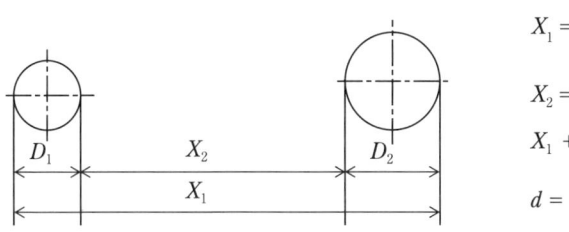

$$X_1 = d + \frac{D_1 + D_2}{2}$$
$$X_2 = d - \frac{D_1 + D_2}{2}$$
$$X_1 + X_2 = 2d$$
$$d = \frac{X_1 + X_2}{2}$$

図10.43 穴の軸間の位置度の測定例

このとき，次の式によって位置度を計算する。ここで，d_tは穴の軸間の理想的な値とする。

$$2 \times |d - d_t| \tag{10.21}$$

図10.42から，8個の穴のあることが読みとれる。8個の穴すべてについて，得られた位置度が位置度公差内にあればよい。

10.4.11 同心度の測定

図 10.44 に同心度公差を指示した例を示す。

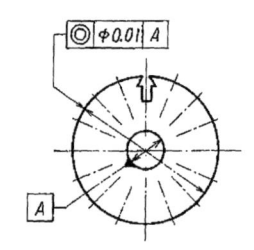

図 10.44 同心度公差の指示例

図 10.44 に示した指示例に対する同心度の測定例は，次による。

データムを設定するための変位計及び公差付き形体用の変位計をセットし，固定軸線に対する両者の半径方向の変化量を記録する。この記録から，両者の中心を求める。これらの中心間の距離が求められる（図 10.45）。

同心度は，中心間の距離の2倍である。得られた同心度が同心度公差内にあればよい。

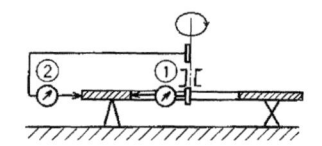

図 10.45 データム軸直線に対する外形の軸線の同心度の測定例

10.4.12 対称度の測定

図 10.46 に共通データム中心平面に対する穴の中心軸の対称度公差の指示例を示す。

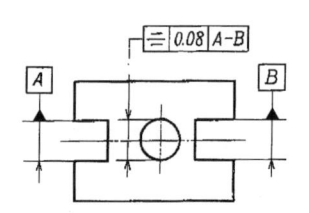

図 10.46 対称度公差の指示例

図 10.46 に対する中心穴の軸線の対称度の測定例は，次による。

データム形体の位置①及び②を測定し，共通データム平面を計算して求める。次に③及び④を測定し，これと共通データム平面との差を求める（図 10.47）。この差の2倍が対称度である。得られた対称度が対称度公差内にあればよい。

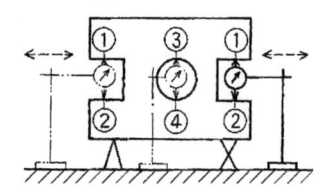

図 10.47 共通データムに対する穴の軸線の対称度の測定例

10.4.13 円周振れの測定

図 10.48 に共通中心軸線 A–B に対する円周振れ公差の指示例を示す．

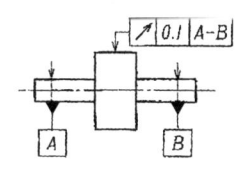

図 10.48 円周振れ公差の指示例

円周振れの測定は，変位計による偏差の測定そのものである（図 10.49）．

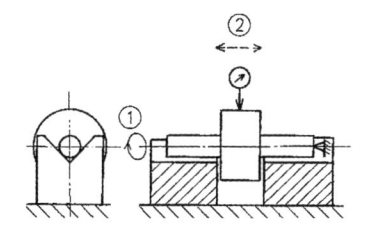

図 10.49 V ブロックで共通データム軸直線を設定し，円筒表面の振れの測定例

10.4.14 全振れの測定

図 10.50 に共通データム軸線 A–B に対する全振れ公差の指示例を示す．

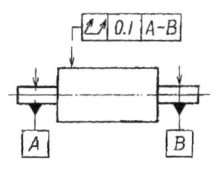

図 10.50 全振れ公差の指示例

全振れの測定も円周振れの測定と同様に，変位計による偏差の測定であるが，公差付き形体の全域にわたって振れを測定するため，表面の形状までが測定できる（図 10.51）．

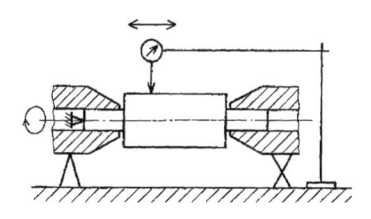

図 10.51 全振れの測定例

参考文献

1) 青木保雄（1991）：標準機械工学講座 20 改訂 精密測定(1) 第 28 版, p.27, コロナ社

第 11 章　幾何偏差の座標測定

　寸法公差や幾何公差が指示された部品を適正に生産するために欠くことのできない手段として，測定によるこれらの公差の検証がある。特に，複雑な図面指示を伴う現代のものづくりにおいては，複雑な検証作業を合理的に実行するための方策として GPS 規格への期待は大きい。
　この章では，GPS がデジタル化を推進するうえで必要欠くべからざる座標測定について，ISO/TC 213 の考え方と測定の不確かさの例を概説し，併せて図示例に対する測定についても述べる。

11.1　座 標 測 定 機

　座標測定機［三次元測定機（Coordinate Measuring Machine： CMM）］は，ものづくりの現場において広く使われている。座標測定機は，幾何学的な寸法や形状などを評価する測定機としては，アッベの原理（Abbe principle，本書 10.3.2 項に既述）[1] に則らないことに起因するアッベ誤差（Abbe error）が大きく，高精度化や高速化には限界があると考えられてきた。それにもかかわらず多用される理由として，次を挙げることができる。
　① 　離散的な測定点を組み合わせ，自由な測定戦略を計画することができる。
　② 　測定ワーク（他章では被測定物という）や，その位置決めジグに固有な，ほぼ自由なデータムを設定できる。
　③ 　コンピュータ数値制御型の座標測定機は，測定の自動化に適している。
　④ 　かつて懸案とされた高精度化が進んでいる。例えば，1 m 当たり 1.5 μm を満足するような高精度化が達成されている。
　⑤ 　接触式，非接触式など，多様なプローブを選択・接続し，用途の多様化に対応している。
　特に①及び②の特徴は，複雑な幾何公差やデータムが図面指示された部品の幾何偏差を検証する場合に威力を発揮する。ものづくりが高度化するに従って，例えば，ものづくりのデジタル化に果たす座標測定機の役割はいっそう重要になるものと予想されている。
　すでに規格化されている座標測定機の機構的な分類については，例えば，ISO 10360-1:2000（＝ JIS B 7440-1:2003）が詳しい。ここでは，今日最も広く使われている門移動型の座標測定機の一例を図 11.1 に示す。

第 11 章　幾何偏差の座標測定

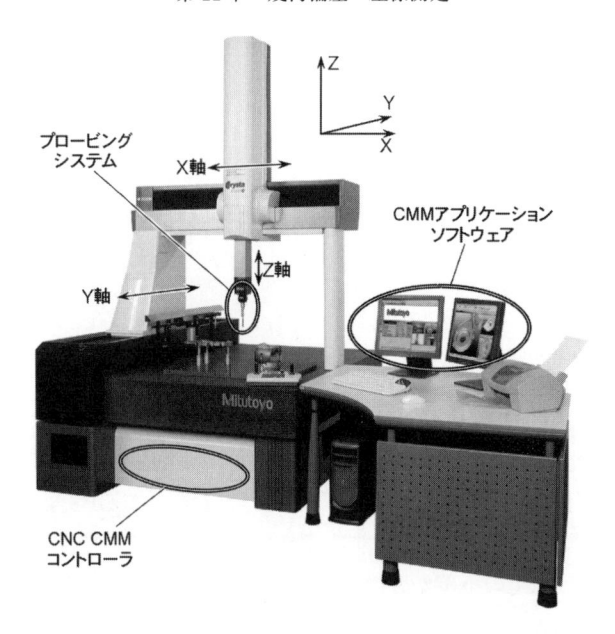

図 11.1　門移動型三次元測定機のシステム構成の例

　座標測定機の機構本体は，リニアエンコーダ（linear encoder）などの位置検出器をもつ 3 本の直線案内を互いに直交して組み合わせた構造を採用している．測定ワークはテーブル上に設置され，測定スピンドル（ラム軸）先端に取り付けられたプロービングシステム（probing system)がワークとの接触状態などを検知する．3 軸のリニアエンコーダの信号をプロービングシステムの信号と同期して取得すれば，ワーク表面の一点における三次元座標値を取得することができる．これを複数集めて，寸法や形体などの測定を行うことができる．

　今日主流となっているコンピュータ数値制御型では，専用コントローラによって各軸の駆動用モータを閉ループ制御し，移動・測定などをコンピュータからの指令によって実行する．コンピュータ上では，座標測定機の測定用アプリケーションソフトウェアが実行され，コントローラやプロービングシステムの制御，及び取得した座標測定値の演算処理，結果の表示・可視化などが行われる．

　何を座標測定機というカテゴリに含めるべきであるかということについて異論もあるが，今日では，直交型の測定機以外にも，必ずしも明確な直線案内機構をもたない多様な測定機が販売されている．

　また，プロービングシステムについても，接触を検知するもの以外に，光学式に代表される非接触センサを用いたプロービングシステムも広く実用に供されている．座標測定機に関する ISO が方法規格であるため，規格の適用範囲をこれらの新しいセンサや測定機に拡張することの検討が進められている．

11.2　GPS 規格における測定による検証の位置づけ

　幾何学的な仕様に注目するものづくりの典型的な工程は，上流に位置する設計・製図から始まり，それぞれの部品の加工及び検証を経て行われる（図 11.2）．

　測定による検証のプロセスは，部品の加工や仕上がりの状態について，設計仕様・図面指示

の要求に合致しているかどうかを確認するために実施される。最終的な製品の機能や性能が設計仕様を満足するためには，測定による検証のプロセスが合理的に実施される必要がある。

　GPS規格の整備の延長線上にあるものづくりは，第1章 図1.6に概略を示した二元構造原理（duality principle）に基づいて行われる。このとき，対象とする部品について，あいまいさを排除した図面指示に沿って加工を行い，同様にあいまいさを排除し，かつ，設計仕様や図面指示の要求に沿った検証の手順を定めて，部品の測定を行う必要がある。

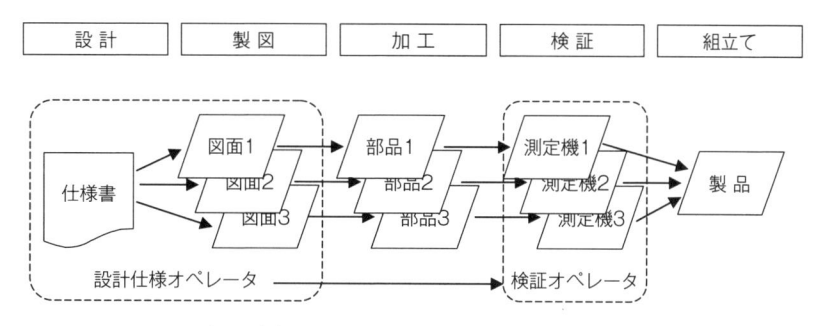

図11.2　ものづくりの工程における測定による検証の位置づけ

　GPS規格では，オペレータ（operator）の概念を導入し，あいまいさを排除した図面指示及び検証の手順の確立を目指している。ISO 17450-1:2011, ISO/TS 17450-2:2011によると，オペレータとは，「形体を表現するパラメータや幾何学的な特性値を取得するための一連の指示項目である（仮訳）」と定義されている。また，二元構造原理によれば，オペレータには対象とする部品の設計や製図の段階において考慮する設計仕様オペレータ（specification operator）に相対し，部品の幾何学的性状を検証する際に考慮する検証オペレータ（verification operator）がある。

　対象とする部品の幾何学的な特性について，実際の測定をとおして仕様への適合を検証する場合，その図面指示に沿った検証オペレータを設定し，検証のための測定値を得ることが重要である。ただし，GPS規格の整備の作業が設計・製図について重点的に進められ，検証（測定・検査）については途上であることなどを反映し，現在のところ検証オペレータに関するISOの準備状況は十分なものとはいえない。

11.3　図面指示に基づく形体の分割と測定

　11.3節では，二元構造原理が想定する主要な検証オペレータとして，分割（partition），測得（extraction），フィルタ（filtration），当てはめ（association），集積（collection）及び構成（construction）について概説する。

　製品を構成する部品の図面指示は，その部品に要求される機能や性能，そして製品全体としての部品へのコスト配分などを反映している。測定によって部品の幾何公差を検証する場合，図面指示に従った評価を実施することが望ましい。幾何学的な性状を伴う部品に関する初期の設計は，図11.3に単純な例を示すとおり，部品の図示モデル（nominal model）を構成する理想形体（ideal feature）に分割（partition）して行われる。そして，その部品の設計の結果が図面化される段階において公差を反映した図面を作成する際，図11.4のとおり，その部品に

現実に起こり得る幾何偏差を想定した非理想モデル（non-ideal model）を構成する非理想形体（non-ideal feature）に分割して行われる。そして，実際に加工された部品の幾何偏差の測定は，同様に図11.4のとおり，実表面（real surface）を構成する非理想的形体に分割して行われることが多い。

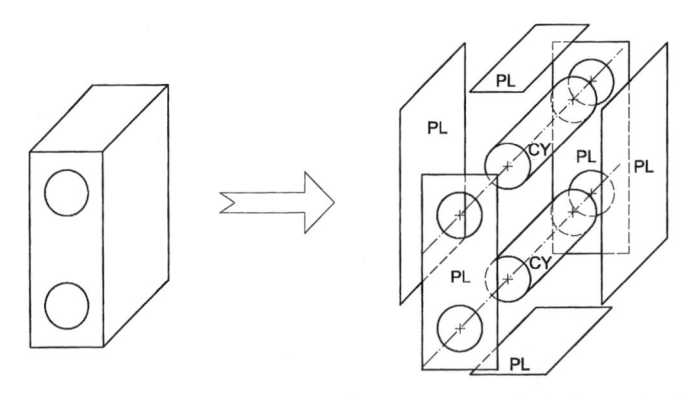

（a）図示モデル　　（b）図示モデルを構成する理想形体の面（PL）及び円筒（CY）

図11.3　設計段階における形体への分割

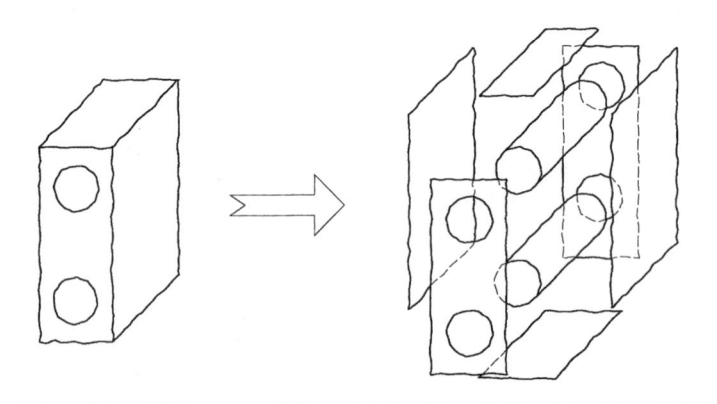

（a）スキンモデル　　（b）スキンモデルの分割により得られる非理想形体

図11.4　公差を含む図面化や部品の評価段階における形体への分割

測定に際して行われる図面指示の解釈は，データム，最大実体公差方式（maximum material requirement）などを含めて複雑な場合がある。特に，最大実体公差方式，最小実体公差方式（least material requirement）など，寸法公差と幾何公差との間の相互依存関係に起因し，両方を考慮した検証を行う必要がある。これらを定義どおりに検証するためには，三次元測定機や機能ゲージ（functional gauge）を使うことがあり，測定にかけるコストや測定時間などを全体として考える必要がある。

11.4　有限な数の代表点による形体の測定

現実の部品の表面は，加工・仕上げ方法やその条件，あるいは材料などの特性を反映し，理

想形体と異なるうえ，厳密には未知の凹凸を有する。このような部品表面の凹凸を評価するためには，理想的には無限大の点数による離散的な測定を行う必要がある。現実には，測定にかけられるコスト，時間，使用できる機材のスループットなどの制限条件により，比較的少ない有限の測定点数を設定し，測得（extraction）した評価を実施することになる。（図11.5）

（a）スキンモデル　　　（b）スキンモデルの測得によって得られる点

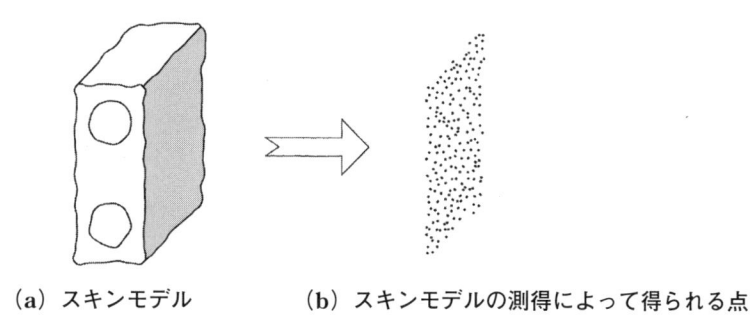

図11.5　有限の離散的な測定点による形体の評価

有限な測定点による評価を行う代償として，本来は部品の表面に存在する凹凸のうち，特定の波長スケールの凹凸や特定の方向性を有する凹凸の検出が困難となることがある。

11.4.1　サンプリング

離散的に配置された測定点が元の凹凸の情報をどの程度忠実に保存し得るか，という課題について，等間隔配置の場合の解はナイキストの定理（Nyquist theorem）によって与えられる。それによれば，注目する凹凸成分の周期成分の半分よりも密なサンプリング（sampling）を設定する必要がある。

なお，後述するフィルタ技術の進展と相まって，サンプリングは単にデジタル化された測定機を運用する際の測定条件の一つではなくなりつつあることに注意すべきである。

ISO 14406:2010 は誘導の一環としてサンプリング方法の例を示している。次に代表的なサンプリング方法の例を，対応する測定機の基本的な構成とともに示す。

（1）平面的な測定対象に適したサンプリング

最も基本的な平面的な測定対象に適したサンプリング方法として，格子を構成するように直交する2方向に，等間隔にプロファイル（profile）をサンプリングする例を図11.6に示す。ただし，このサンプリング方法によって得られた情報だけでは，面のねじれを拘束することができない場合がある。このサンプリング方法を長い波長の凹凸の評価に適用する場合には，複数のプロファイル間の相対姿勢の情報は，測定機の基準案内（reference guide）などによって確保される必要がある。

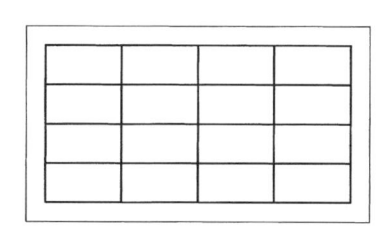

図11.6　直交格子状サンプリングによる平面の検証例

この課題を解決する一つの方法として，図11.7に示す三角格子状サンプリングを採用することがある。三角格子状サンプリングを行うと，測定機の基準案内などにより確保された面のねじれの情報に加え，複数のプロファイル間の拘束による面のねじれの情報を利用することができる。

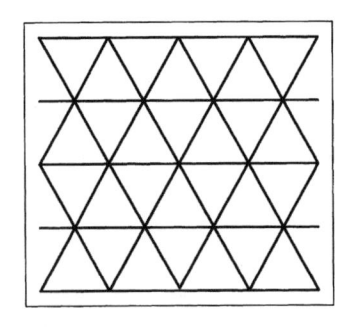

図11.7　三角格子状サンプリングによる平面の検証例

ISO 3274:1996（= JIS B 0651:2001）は，典型的な触針式による表面性状の測定機として触針式粗さ測定機の構成を例示している。これを図11.8に示す。この装置構成では，基準案内に沿って水平方向（図の左右方向）に測定子を走査するときの，測定子の上下動を検出信号として得る。平面的な測定対象について格子状にプロファイルを配置するためには，上述した第一の基準案内及び測定子の上下動方向に直交する方向に精度保証された第二の基準案内を設置することが考えられる。この場合には，直交格子状サンプリングを行っても，長い波長の凹凸の評価に適用することが測定機の精度保証の範囲内において可能となる。

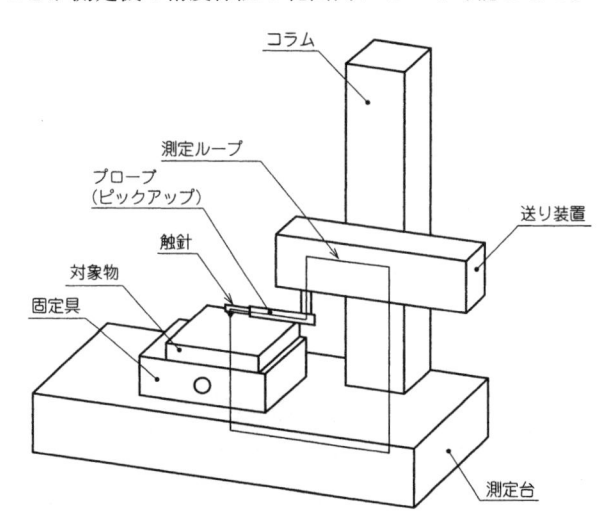

図11.8　直線型の基準案内を有する触針式による表面性状の測定機の構成例

(2) 円筒形体に適したサンプリング

測定対象の中には，円筒座標系などの回転型の基準案内を参照した検証を実施するものがある。JIS B 7451:1997（≒ ISO 4291:1985，ISO 6318:1985）は，円形形体の円周方向の半径の変化を測定することを目的とした真円度測定機について規定している。典型的な構造を図11.9及び図11.10に示す。真円度測定機（roundness measure machine）の回転型の基準案内は，円形形体の半径方向だけでなく回転軸の軸方向についても精度保証していることが多い。その

ため,検出器や測定子の方向を円形体の軸方向に変更し,円形状の平面的な測定対象の検証に適用可能なものがある。

また,真円度測定機の中には,検出器の軸方向の位置決めなどのために,回転軸と平行な直線状の基準案内をもつことが多い。同様に,検出器の半径方向の位置決めなどのために,回転軸と直交する直線状の基準案内をもつことも多い。これらの中には,測定用に精度保証されたものがあり,円筒座標を有する円形形体の測定機として利用可能なものがある。

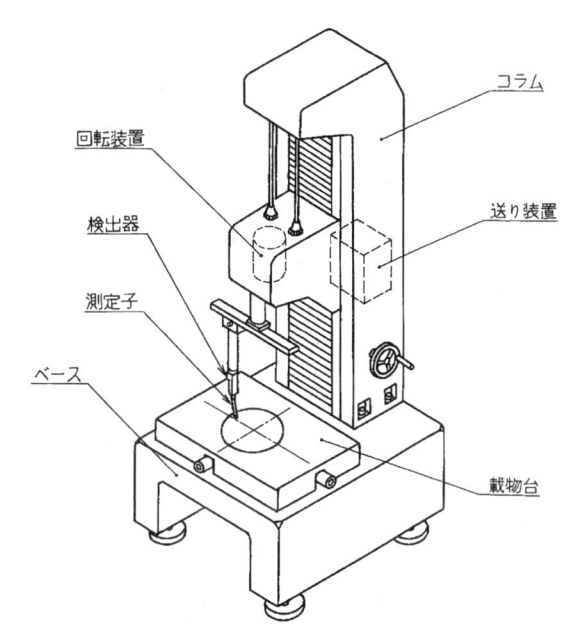

図 11.9　回転型の基準案内を有する真円度測定機(検出器回転型)の構成例

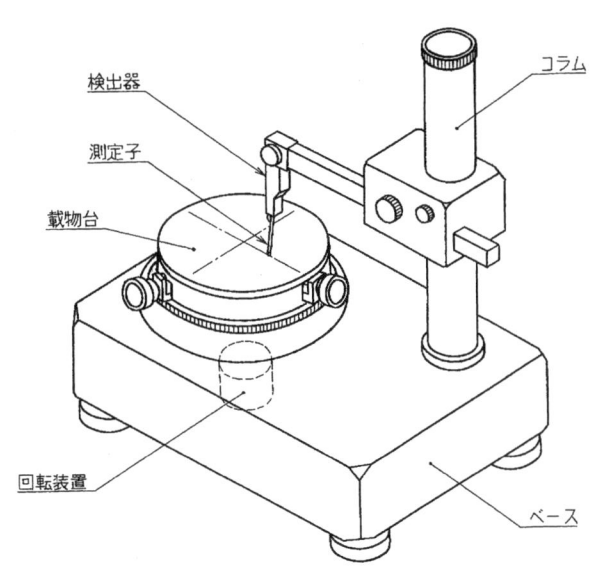

図 11.10　回転型の基準案内を有する真円度測定機(載物台回転型)の構成例

図 11.11 に示す成層型サンプリング (stratified sampling) による円筒形状の検証例では,円

形形体の円周方向の半径の変化のプロファイルを回転軸の軸方向に成層して円筒形状の評価を行う。このサンプリング方法では，一つのプロファイルと他のプロファイルとの間に幾何学的な拘束が働かないため，回転軸と平行な直線状の基準ガイドの精度に依存した検証を行う必要がある。

これに対して，図 11.12 の鳥かご型サンプリング（bird cage sampling），あるいは図 11.13 のら旋型サンプリング（helix sampling）では，複数のプロファイル間の拘束やこれと同等の効果を利用した検証を行うことができる。

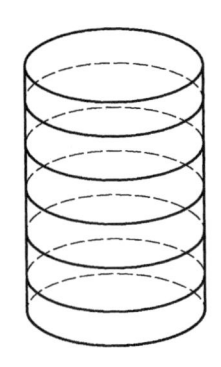

図 11.11 成層型サンプリングによる円筒形状の検証例

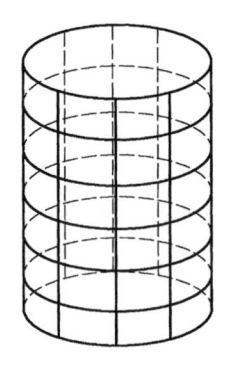

図 11.12 鳥かご型サンプリングによる円筒形状の検証例

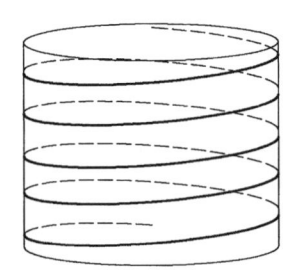

図 11.13 ら旋型サンプリングによる円筒形状の検証例

図 11.8 の触針式表面性状測定機並びに図 11.9，11.10 の真円度測定機は，いずれも測定機に意図して組み込まれた高精度な基準案内の精度を参照して測定を行う。ここで，前者は直線型の基準案内を参照し，後者は回転型の基準案内を参照する。近年では，測定機の設計・製造段階における加工・評価技術の進歩，並びに再現性ある幾何学的誤差要因を計算機の演算機能を用いて補正する数値補正技術の進展には著しいものがある。これを反映して，触針式表面性状測定機や真円度測定機の保証精度は，高精度なものでは 10 nm のオーダにまで到達している。

(3) 離散点サンプリング

これらの測定機の対極にある測定機として，11.1 節でも触れた座標測定機（三次元測定機，CMM）がある。この測定機の代表的な構成は ISO 10360-1:2000（= JIS B 7440-1:2003）に詳しいが，その一例を図 11.14 に示す。座標測定機には互いに直交する 3 本の直線型案内が組み込まれ，なかには，これに加えて第 4 の軸として回転型案内を備えたものもある（図 11.15）。しかし，座標測定機を用いた測定対象の幾何特性の検証においては，ハードウェアとしての直線型案内などを意識してサンプリングを行うことはまれであり，典型的には単に三次元空間中

の離散点の羅列をサンプリングするイメージで検証を行う。こうした考え方に近いサンプリング法として図11.16に示す離散点サンプリング（points methods sampling）が位置づけられる。座標測定機はプロービングシステムが到達できさえすれば，測定対象の位置・姿勢に依存せず，原則として，どのような測定要求にも応えられる。一方，このフレキシブルさの代償として一般にアッベ誤差の大きくなるような装置構造を採用せざるを得ず，高精度化や高速化には限界が指摘されている。

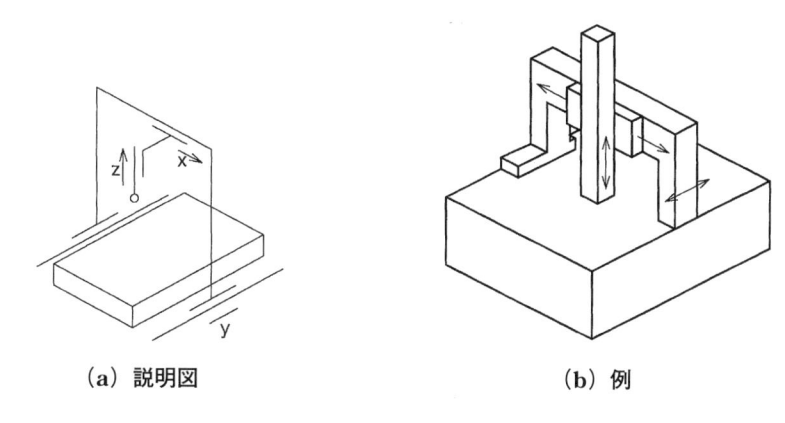

（a）説明図　　　　　　　　　　　（b）例

図 11.14　座標測定機（3軸）の構成例

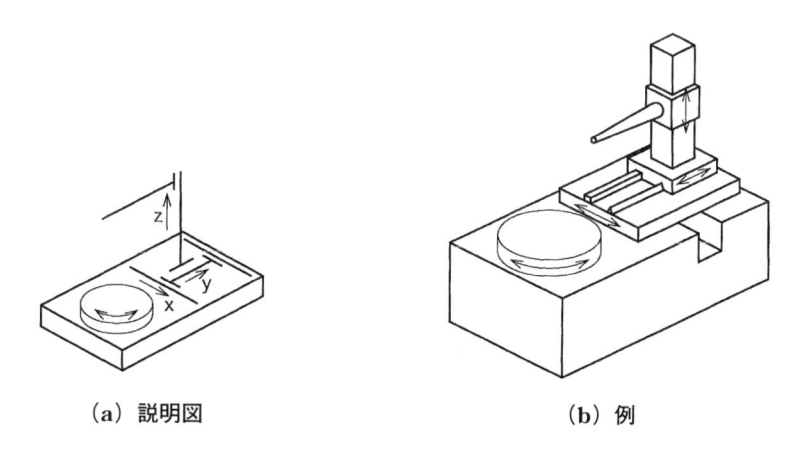

（a）説明図　　　　　　　　　　　（b）例

図 11.15　座標測定機（4軸）の構成例

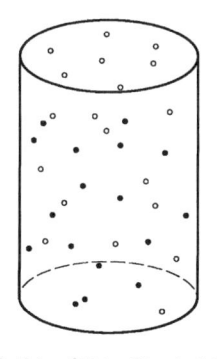

図 11.16　離散点サンプリングによる円筒形状の検証例

11.4.2 フィルタ

検証オペレータを設定するとき，特定の凹凸成分についての抽出や除去を目的として人為的な信号処理を行うことがある。これをフィルタ（filtration）という。

また，これと無関係に，検証に用いる測定機器に固有なフィルタ処理が付随することがある。

例えば，対象とする部品の幾何学的な特性を測定する測定機器は，測定対象との相互作用を機械的あるいは電磁気学的に検出するための何らかのプロービングシステムを有している。そのためプロービングシステムには，その動作原理や実装の状態に依存し，固有のフィルタ特性が付随する。

例えば，広く使われる接触式プロービングシステムの場合，接触子の先端形状は，直径と形状偏差の管理された球面あるいは部分球面であることが多い。有限な直径を有する接触子を用いて連続的あるいは断続的に得られる測定対象の表面の凹凸に関する情報は，転がり円の中心の軌跡となり，測定対象の表面の真の凹凸とは一致しない。この効果は，表面性状の中でも微細な領域に位置づけられる表面粗さなどの評価において，検証の信頼性を左右する重大な影響を及ぼす。例えば，触針式表面粗さ測定機の特性を定めた ISO 3274［11.4.10（1）項参照］は，触針形状そのもののフィルタ特性に起因する波長の短い凹凸に対する評価限界に言及している。

特定の凹凸成分についての抽出や除去を目的として人為的な信号処理を行うことがあることをこの項の冒頭で述べた。例えば，図 11.17 に例を示すフィルタ処理の場合，表面の構造・形状（structure and form），うねり（waviness），又は粗さ（roughness）について，互いに分離して評価を実施することがある。評価対象となるワーク表面について，測定点の配置や密度をどのようにするか，図面指示だけでなく，フィルタ処理や期待する測定の不確かさを勘案して検討する必要がある。

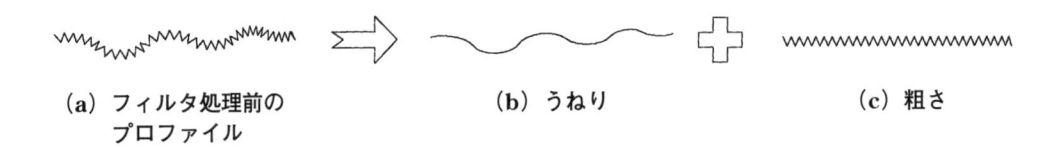

(a) フィルタ処理前のプロファイル　　(b) うねり　　(c) 粗さ

図 11.17 フィルタ処理による形状，うねり，及び粗さの分離のイメージ

フィルタの規格化はまだ開発途上にあり，ISO/TS 16610 シリーズとして検討が進められている。フィルタに関する過去からの経緯に継続性をもたせ，また，デジタル信号処理による多様なフィルタ方式の開発に歩調を合わせるため，フィルタに関する ISO 化は表 11.1 のようにマトリックスモジュラー化して整備が進められている。

表 11.1 ISO/TS 16610 シリーズの構成

一般	フィルタ					
	第 1 部					
原理	プロファイルフィルタ			エリアルフィルタ		
	第 1 部 a)			第 1 部 b)		
	線形	ロバスト	形態	線形	ロバスト	形態
基本概念	第 20 部	第 30 部	第 40 部	第 60 部	第 70 部	第 80 部
個別のフィルタ	第 21 部	第 31 部	第 41 部	第 61 部	第 71 部	第 81 部
	第 22 部	第 32 部	第 42 部	第 62 部	第 72 部	第 82 部
	第 23 部	第 33 部	第 43 部	第 63 部	第 73 部	第 83 部
	第 24 部	第 34 部	第 44 部	第 64 部	第 74 部	第 84 部
	第 25 部	第 35 部	第 45 部	第 65 部	第 75 部	第 85 部
フィルタの方法	第 26 部	第 36 部	第 46 部	第 66 部	第 76 部	第 86 部
	第 27 部	第 37 部	第 47 部	第 67 部	第 77 部	第 87 部
	第 28 部	第 38 部	第 48 部	第 68 部	第 78 部	第 88 部
多重解像度	第 29 部	第 39 部	第 49 部	第 69 部	第 79 部	第 89 部

a) 将来,第 11 部となる予定。
b) 将来,第 12 部となる予定。

表 11.1 に示すとおり,ISO/TS 16610 シリーズは第 1 部～第 89 部に割り振られ,第 20 部～第 49 部の番号にプロファイルフィルタを,また,第 60 部～第 89 部に面領域フィルタ(areal filter)を規格化することになっている。

(1) 線形フィルタ

線形フィルタは,幾何計測の分野において広く使われている。このフィルタは,その名称のとおり,入力となる離散点データの各点について所定の線形写像を行い,出力となる離散点を計算する。直感的には,一つひとつの測定点について,近隣の測定点による重み付き移動平均値を逐次計算する処理方法であるといえる。このとき,重み関数(weighted function)の形や幅を変化させることによって,遮断特性に代表されるフィルタの特性を設定する。

線形フィルタの重み関数としてガウス分布(gaussian distribution)を用いたものはガウシアンフィルタ(gaussian filter)と呼ばれ,触針式表面粗さ測定機のフィルタ機能がデジタル化された 1980 年代から広く使われてきた。ガウス分布による重み関数の例を図 11.18 に示す。

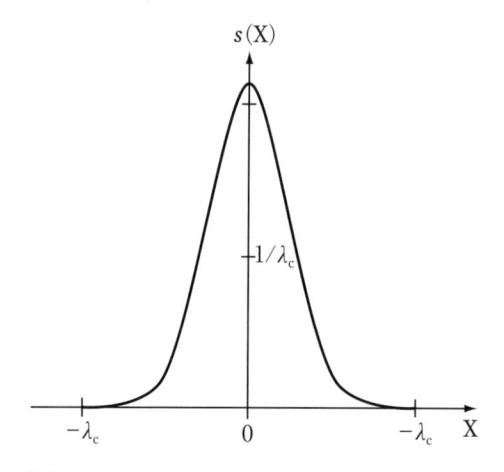

図 11.18 線形フィルタに用いられるガウス分布による重み関数の例

重み関数としてスプライン関数（spline function）を採用した線形フィルタは，スプラインフィルタ（spline filter）と呼ばれる．スプライン関数は低次の多項式の一種であり，CAD などにおいて複雑な曲線や曲面の数値化に使われている．スプライン関数を用いた重み関数の例として，キュービックスプライン関数（cubic spline function）による例を図 11.19 に示す．

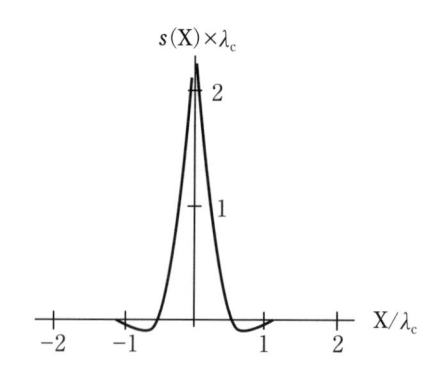

図 11.19 線形フィルタに用いられるキュービックスプライン関数による重み関数の例

重み関数としてスプライン小波（spline wavelet）を採用した線形フィルタは，スプライン小波フィルタ（spline wavelet filter）と呼ばれる．小波（wavelet）は，一つ又は複数の変数によって記述され，ウェーブレット解析（wavelet analysis）に用いられる基本波を形作る．ウェーブレット解析は，非定常又は間欠的な状態を記述することができる．これは，正弦波を基本波とするために，原理的に定常状態を対象とするフーリエ解析にはない，有用な特徴である．この特徴を活かし，非定常又は間欠的な状態を含む波形について，多重解像度解析（multi resolution analysis）を行うことができる．例えば，表面粗さ測定機によって得られた輪郭曲線に埋もれている局所的な表面欠陥や局所的なスクラッチなどの検出に期待が高い．

なお，スプライン小波は，B-スプライン関数を用いて重み関数を記述した小波である．

（2）ロバストフィルタ

輪郭曲線などの解析において，単純に線形フィルタを適用した場合，左右の終端部近傍の数値条件が悪化することなどに起因し，輪郭曲線の終端部についてフィルタ処理結果が期待どおりとならないことがある。また，測定に伴う予期しない異常点の影響を受けにくいフィルタ処理を行いたい工業的な要請がある。これらに応えるため，外乱などに対して頑健（robust）なフィルタの検討が複数提案され，検討が進められている。これをロバストフィルタ（robust filter）という。

（3）モルフォロジカルフィルタ

モルフォロジカルフィルタ（morphological filter）は，例えば，有限の直径の触針によって測定対象面を測得して求めた輪郭曲線から元の輪郭曲線を求める場合などに用いられる。図 11.20 は，半径 50 μm の触針によって得た輪郭曲線（上側の曲線）からモルフォロジカルフィルタによって元の機械的な輪郭曲線を計算によって求めた例である。

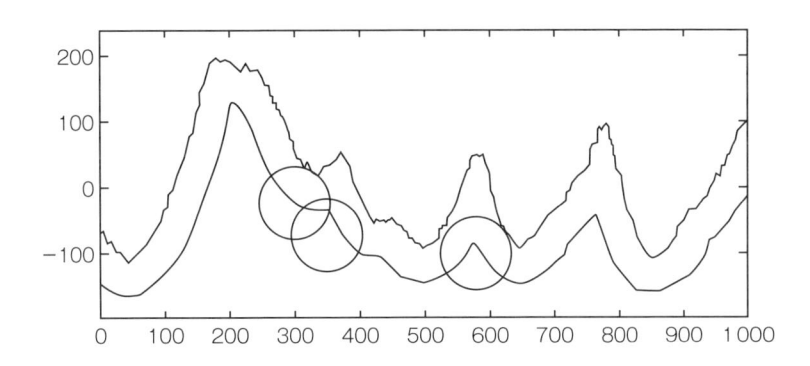

図 11.20 モルフォロジカルフィルタによる測定対象の機械的な輪郭曲線の計算結果の例

11.5　形体の当てはめ

測定機器によって得られた有限の測定点について，図面指示された形体を当てはめる（association）。例えば，図 11.21 の円筒の例の場合，直径や軸の方向ベクトルを決定する。当てはめのアルゴリズムには，最小二乗法（least squares method）や最小領域法（minimum zone method）を代表として，複数の選択肢がある。

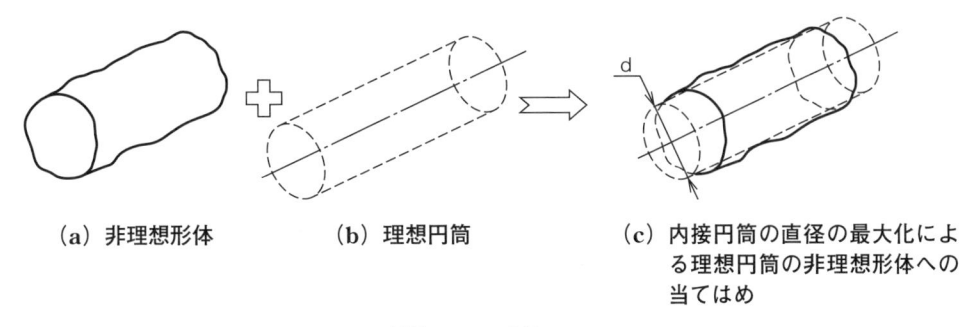

（a）非理想形体　　（b）理想円筒　　（c）内接円筒の直径の最大化による理想円筒の非理想形体への当てはめ

凡例　　d　直径

図 11.21　当てはめ方法による形体パラメータの決定（円筒の例）

最小二乗法は，当てはめる形体に対する測定点列の偏差の自乗和が最小となるように，形体パラメータを決定する方法である．線形代数による解法との親和性が高く，多数の点列を能率よく扱える利点がある．この測定の不確かさとの親和性の高さによって，形体パラメータの決定ができれば，ほぼ連動して不確かさの推定ができる特徴がある．部品の表面の凹凸の性状や，予期しない特異点の有無によっては，過大評価のリスクがあることを指摘する意見がある．

最小領域法は，偏差の最大幅が最小となるような代表点の選択／棄却を繰り返すことにより逐次探索する方法である．偏差が最小となる代表点を幾何学的に選択するため，幾何偏差の検証を厳密に行うことができるとされてきた．その演算過程が非線形性の強い逐次探索によって構成されるため，測定の不確かさの推定を行うことに困難を伴うことがある．

また，対象が円筒形体などの場合には，最小外接円法（minimum circumscribed circle method）や最大内接円法（maximum inscribed circle method），そしてこれらをはめあいが適用される円筒などに拡張した当てはめも行われることがある．

11.6　形体の集積と構成

複数の形体を集積（collection）して評価することによって，複数の形体間の位置や姿勢に関する評価を行うことができる．二つの円筒を集積し，円筒の軸間距離 L を評価する例を，図 11.22 に示す．

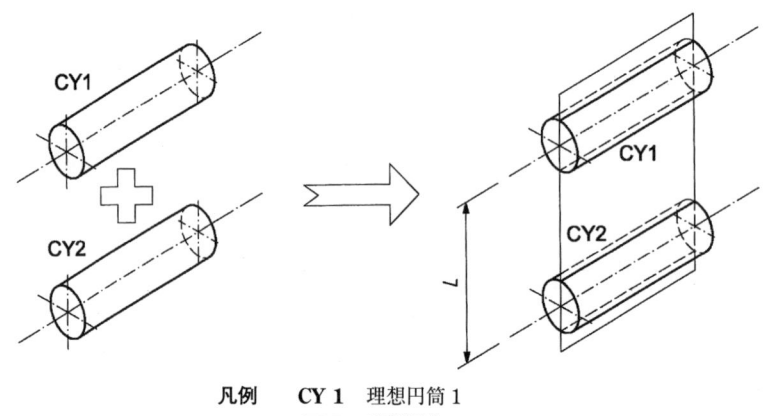

凡例　**CY 1**　理想円筒 1
　　　　　CY 2　理想円筒 2

図 11.22　二つの円筒形体の集積による軸間距離の評価の例

同様に，複数の形体をもとに，それらに関連する第三の形体を構成（construction）し，評価を行うことができる．図 11.23 は，互いに平行でない二つの平面をもとに，交線となる一つの直線形体を構成する例を図示している．

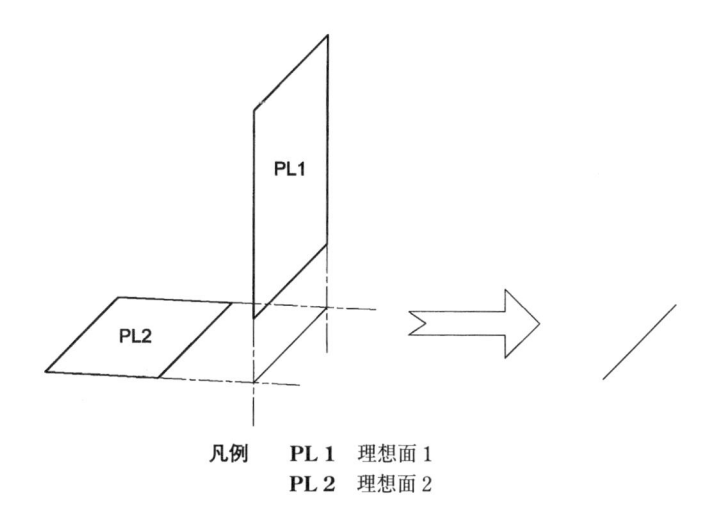

凡例　　PL 1　理想面1
　　　　PL 2　理想面2

図 11.23　二つの平面形体の構成による直線形体の評価の例

11.7　座標測定機の検査

11.7.1　座標測定機の検査

　座標測定機は，データムや測定戦略の設定について自由度の高い特徴がある。その代償として比較的複雑な構造を有しており，測定誤差の要因の数も多い。そのため，座標測定機そのものが長さ標準に対して正しく検証されていることが重要である。座標測定機のGPS規格の整備は，このような観点から，検査規格を重要視して取り組んできた。

　座標測定機の検査は，製造者の表示する最大許容誤差（Maximum Permissible Error：MPE）を満足する性能を有するかどうかについて，長さ標準にトレーサブルに校正された検査用標準器の寸法を測定し，検証（verification）を行う。

　座標測定機の検査規格であるISO 10360シリーズは，表11.2に示すとおり7部構成をとっている。このシリーズ規格は，新しいプロービングシステムや，新しい原理に基づく測定機の普及に対応するため，拡張が進められている。これに対応するJIS化もJIS B 7440シリーズとして進められている。ただし，2011年現在，第2部及び第5部について，ISOのほうが新しく，ISOとJISとは一致していない。

表 11.2　ISO 10360 シリーズの構成

部（最新発行年）	規 格 名 称
第 1 部（2000）	用語（Vocabulary）
第 2 部（2009）	寸法測定（CMMs used for measuring linear dimensions）
第 3 部（2000）	ロータリテーブル付き座標測定機（CMMs with the axis of a rotary table as the fourth axis）
第 4 部（2000）	スキャニング測定（CMMs used in scanning measuring mode）
第 5 部（2010）	シングル及びマルチスタイラス測定（CMMs using single and multiple stylus contracting probing systems）
第 6 部（2001）	ソフトウェア検査（Estimation of errors in computing Gaussian associated features）
第 7 部（2011）	画像探傷システムを装着した CMM（CMMs equipped with imaging probing system）

11.7.2　長さ測定による検査

次に主要な検査の内容について概説する。

長さ測定誤差（length measurement error：E_1）の検査は，ISO 10360 シリーズの中核をなす検査項目であると位置づけられ，ISO 10360-2 として規格化されている。

長さ測定誤差の検査は，図11.24に例を示すとおり，座標測定機の測定空間内に設定した7か所で実施される。この中で，空間対角方向の4か所は必ず検証しなければならない。他の3か所は，例えば，各軸方向に3か所を設定することができるが，使用者は自由に設定することが許される。それぞれの検査位置において，図11.25に示すとおり5水準の寸法を設定する。同図には，（a）ステップゲージ（step gauge）を用いた検査手順の例，及び（b）ブロックゲージ（gauge block）を用いた例を示す。検査を行うときの最大寸法は，その検査位置における座標測定機の測定範囲の66％以上の長さでなければならない。

検査はそれぞれの寸法において3回ずつ繰り返し行われるので，合計で105組の長さ測定誤差を得る。この検査において，座標測定機に付属し，かつ，ユーザが利用可能な誤差補正装置，及びソフトウェアについては，これを用いて測定値を補正してもよい。105点すべての測定点について，長さ測定誤差 E_0 を求め，仕様への適合を判定する。

また，3回ずつ繰り返した長さ測定誤差の最大幅を求め，繰返し幅（repeatability range：R_0）を得る。5水準の長さ及び7か所すべてについて繰返し幅 R_0 を求め，仕様への適合を判定する。

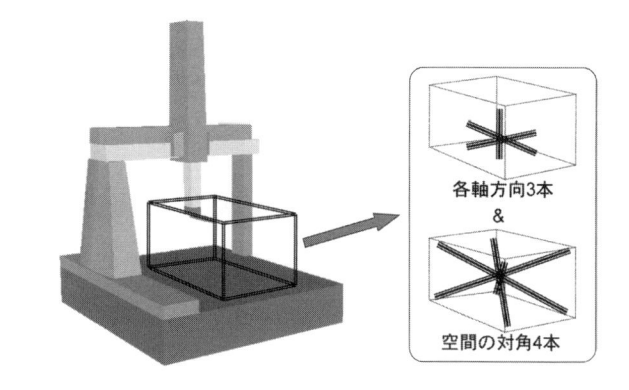

図11.24 ISO 10360-2に従う長さの測定誤差の測定位置の例

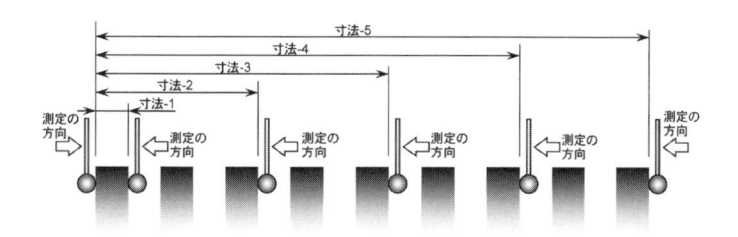

(a) ステップゲージにおける検査手順の例

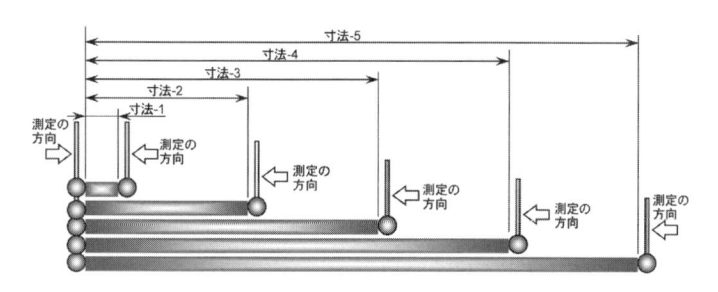

(b) ゲージブロックにおける検査手順の例

図11.25 ISO 10360-2に従う長さの測定誤差の検査手順の例

なお，ISO 10360-2は，2009年11月に改正されて第3版となった。注目すべき変更点の概略を次に述べる。

(1) 長さの検査用標準器に関する規制緩和

これまで，座標測定機の長さ測定誤差の検査は，ゲージブロックやステップゲージなどの端度器によって実施することが，1994年の初版から定められていた。端度器（end gauge）とは，対向する平行な2面により構成された寸法標準器である。ところが，2 mを超えるような大型の測定器が普及するに従い，十分な長さの端度器の入手が困難である課題が指摘されていた。

第3版では，端度器以外にも，レーザ干渉測長機，球間距離による標準器など，多様な器物が長さ標準に対するトレーサビリティが確保されていることを条件に使用できることとなった。ただし，検査は端度器における寸法検査と同等でなければならない。同規格の附属書に示す例を図11.26に示す。

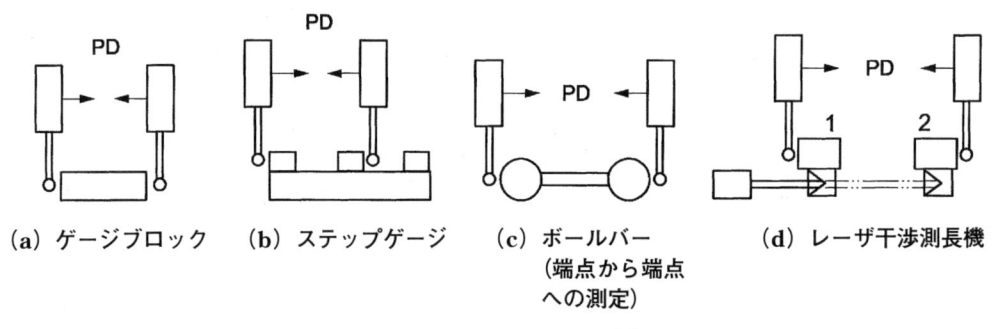

(a) ゲージブロック **(b)** ステップゲージ **(c)** ボールバー
(端点から端点
への測定)
(d) レーザ干渉測長機

凡例　　PD　プロービング方向
　　　　1　位置1
　　　　2　位置2

図11.26　規制緩和された長さの検査用標準器の例

　また，検査結果とその不確かさが端度器を用いた検査と等価である場合には，1方向（uni-direction）の測定結果とデフォルトの寸法として25 mmの短い端度器を測定した結果とを算術加算し，検査結果として合成することが認められるようになった（図11.27）。これによって，大型の座標測定機の検査においても，国際規格に従った検査が実施できるようになった。

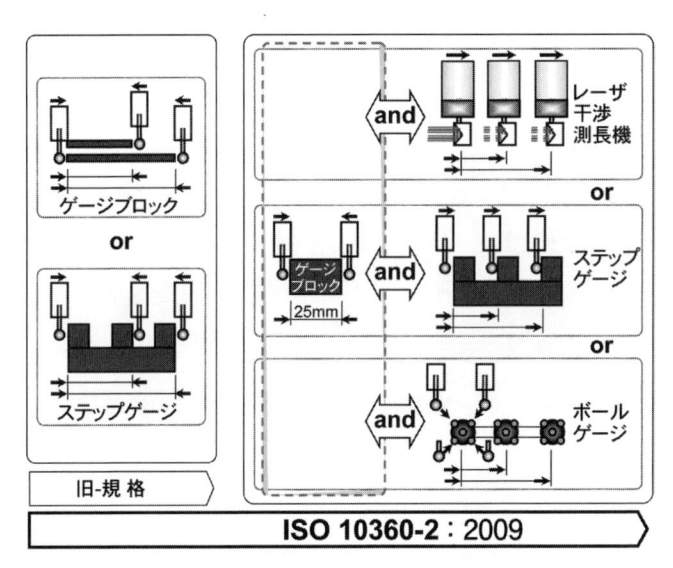

図11.27　規制緩和された長さの検査用標準器

(2) 検査用標準器の熱膨張係数及びその不確かさの明確化

　検査用標準器の熱膨張係数及びその不確かさは，検査結果に大きく影響する。例えば，温度補正機能を備える座標測定機の場合，測定者は測定対象物の熱膨張係数（coefficient of thermal expansion）を座標測定機のソフトウェアに入力する必要がある。座標測定機の検査を行う場合，検査用標準器の熱膨張係数を入力することになるが，検査用標準器の熱膨張係数の不確かさは検査結果に大きく影響する。そのため同規格では，座標測定機の製造者は，検査の合格のために必要な検査用標準器の熱膨張係数の不確かさの上限値について開示しなければならない，と定めている。あるいは，温度補正機能を備えていない座標測定機の場合，検査用標準器の熱膨張係数そのものが検査結果に大きく影響する。そのため同規格では，座標測定機

の製造者は，検査の合格のために必要な検査用標準器の熱膨張係数の上限値について開示しなければならない，と定めている。

また，高精度化の要請に応え，低膨張材質によって製造された寸法標準器を用いて検査を実施する座標測定機も増えている。同規格では，$2 \times 10^{-6} K^{-1}$ に満たない熱膨張係数の寸法標準器を必要とする座標測定機を検査する場合，1か所1水準について追加の検査をしなければならないことを定めている。この追加の検査は，500 mm か，又は最も長いストロークを有する軸の 50 % の短いほうの寸法であり，かつ，熱膨張係数が標準熱膨張係数（normal CTE）8～$13 \times 10^{-6} K^{-1}$ である端度器を参照する必要がある。この検査によって，同規格の上では座標測定機の一部であると考えられている測定対象物用の温度計について，基本的な動作の検証を行うことができる。

この検査用標準器の熱膨張係数の取扱いについては，検査の不確かさに関するガイドラインとして発行された ISO/TS 23165:2006 に詳述されており，11.8 節にその概略を述べる。

(3) スタイラスオフセット状態での長さ測定誤差の検査

典型的な座標測定機の機構は，直線案内機構を互いに直角に3軸を積み重ねた構造となっている。そのため，座標測定機のアッベ誤差は幾何学的な測定機としては異例に大きいことを本章の冒頭に述べた。ただし，プロービングシステムに最も近いラム軸（ram axis）については，あえてプロービングシステムの設定などを行わない限り，アッベ誤差はゼロかその近傍の数値に相当することが多く，結果として最終軸のアッベ誤差が評価されにくい課題があった。

第3版への改正を機会に，スタイラスオフセット（stylus offset）としてデフォルト値 150 mm を設定した検査を2か所で実施することとなった。検査の位置は，図 11.28 に模式的に示すとおり，YZ 面に平行か，又は ZX 面に平行な面内の対角線方向である。同規格は，1か所について，互いに正反対のスタイラスオフセットを2種類設定して検査することによって，ラム軸のローリングを検出できる利点を述べている。

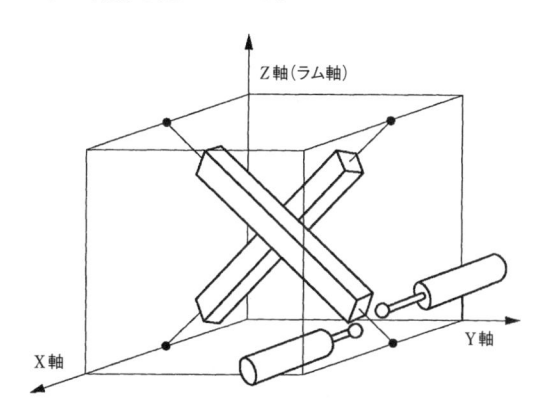

図 11.28 スタイラスオフセット状態での長さ測定誤差の検査の位置

スタイラスオフセットの方向については，図 11.29 に示す。スタイラスオフセット状態での長さ測定誤差 E_L（スタイラスオフセット長さ $L = 150$ mm の場合，E_{150} と表記する）についても，5水準3回の繰返し測定を実施し，合計30点すべての測定点について長さ測定誤差 E_L を求め，仕様への適合を判定する。

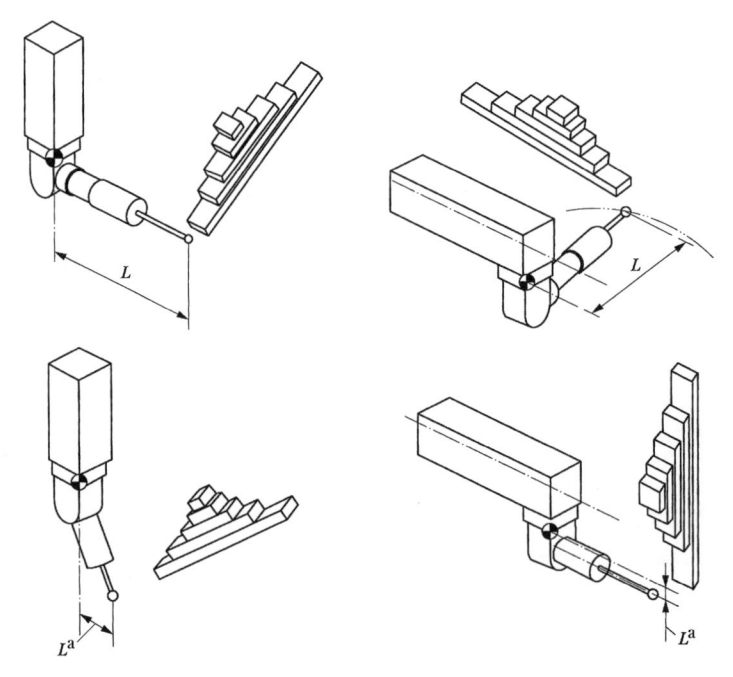

図 11.29　スタイラスオフセットの方向に関する参考図

11.7.3　プロービング誤差の検査

　プロービング誤差（probing error）の検査は，球面形状の測定誤差を評価することにより，座標測定機の局所的な性能を検証するために実施される。ISO 10360-2 に従った座標測定機の検査を実施する場合，シングルスタイラス形状誤差（single stylus form error：P_{FTU}）を評価し，仕様への適合を判定する。

　プロービング誤差の検査は，直径が 10 mm 以上 50 mm 以下の検査用標準球を参照して行われる。検査用標準球の形状偏差は，検査結果に影響を及ぼすと同時に，検査の不確かさを見積もる際に必要な情報である。検査用標準球の形状偏差は事前に校正する必要がある。

　また，同様の理由によって，座標測定機のプロービングシステムのパラメータ設定のために測定機に付属する校正球を検査用標準球として代用することはできない。

　検査においては，少なくとも検査用標準球の半球面上にほぼ均一に分布した 25 点を測定し，記録する。

　なお，推奨する測定点の配置の例を同規格は図示しているが，強制力のある配置については指示していない。最終的に 25 点の測定点に対して最小二乗球の中心からの距離の範囲を求め，シングルスタイラス形状誤差 P_{FTU} を得る。

　プロービング誤差の検査は簡便であり，また，プロービングシステムの予期しない不具合の検証も可能であると考えられている。そのため座標測定機の検査の冒頭に，プロービング誤差の検査を実施することが推奨されている。

　ISO 10360-2が定める受入検査の実施に必要なシングルスタイラスのプロービング検査は，ISO 10360-5に規格化されている。

11.7.4 非接触座標測定機の検査

今日の製造業では，複雑な形状を高速に測定することについての関心が高いことから，我が国では，非接触センサ付き座標測定機の検査規格がJIS B 7441：2009として制定された。非接触座標測定機（CMM with non-contacting probing systems）は，その登場から日が浅いこと，装置に多種多様な原理が用いられていること，測定対象が多様であることなどから，最近まで統一した検査規格が存在しなかった。図11.30には，同規格が適用される座標測定機の一例を挙げた。従来の座標測定機の接触式プローブに代えて非接触プローブを取り付けたもの，三脚に設置する可搬型のものなど，多様な製品が販売されている。可搬型の測定機の中には，その測定範囲を超える大きさのワークピースに対応するために，重複領域を設定するなどして1ショットの測定データを順次接続する，つなぎ合わせによる測定を行うものも多い。同規格には，つなぎ合わせを行わない場合に加え，つなぎ合わせを実施する場合の検査に対しても適用できる特徴がある。

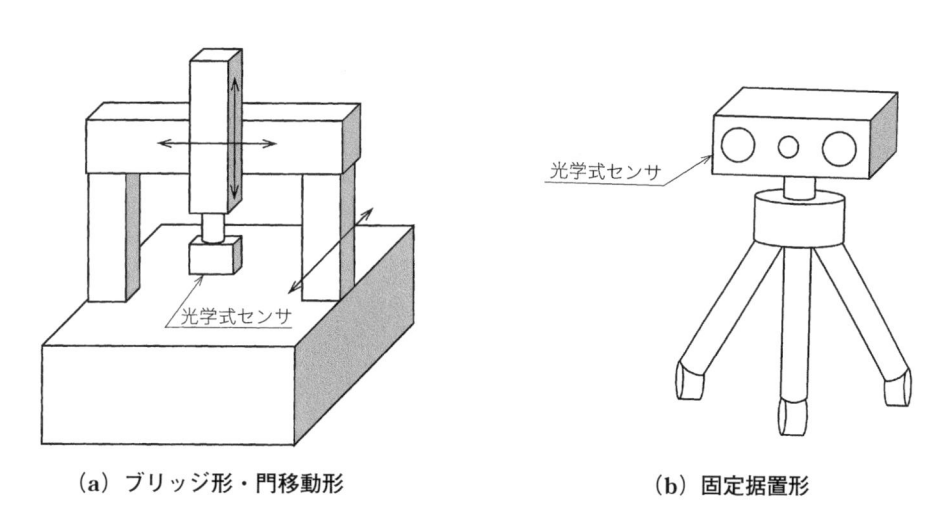

(a) ブリッジ形・門移動形　　**(b) 固定据置形**

図 11.30　非接触センサ付き座標測定機の代表的な構造の例

同規格の検査項目は，接触式プロービングシステムを備えた既存の検査規格との整合性を重視して作成されている。図11.31に示すとおり，長さ測定誤差に代わって，球間距離測定誤差E_Sあるいは寸法測定誤差Eについての検査を行う。プロービング誤差P_{FTU}に代わり球面形状測定誤差P_{FS}の検査を行う。これらの検査は，ISO 10360-2に準じて7か所の位置・方向において行われる。

また，これまで規格化されることのなかった検査項目として，平面形状測定誤差P_{FF}の検査が盛り込まれている。

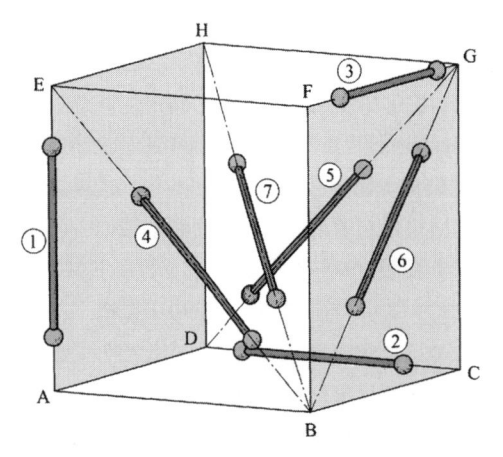

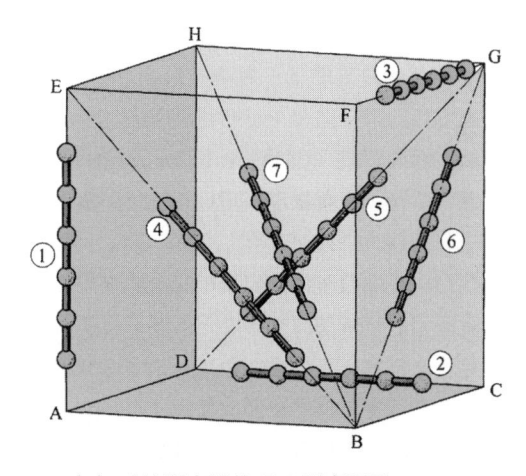

(a) 球間距離測定誤差 E_S の測定配置　　　(b) 寸法測定誤差 E の測定配置

図 11.31　球間距離測定誤差及び寸法測定誤差の測定配置

　非接触座標測定機は比較的新しい測定機であり，また，幅広い分野で使われている。JIS B 7441 の規格化に当たり，懸案となった事項も少なくない。次に代表的なものを記す。

（1）検査の不確かさ

　非接触座標測定機の測定の不確かさについて，必要な知見の蓄積は十分なものとはいえない。同規格においては，合否判定ルールを定めた = ISO 14253-1: 1998（JIS B 0641-1:2001）に従う検査の不確かさとして考慮すべき要因を，参考として記している。

（2）フィルタ処理

　ここでいうフィルタ処理とは，照明や測定対象の表面性状に起因して非接触座標測定機の信号に現れるノイズ的な信号成分を除去・平滑化する自動処理のことを指す。市販されている非接触座標測定機には，簡易なものから複雑な演算処理を経るものまで含めると，何らかのフィルタ処理機能が実装されている。市販の測定機について，フィルタ処理によってなされる処理の詳細な情報を製造者が開示することは難しい反面，使用者はフィルタ処理について一定の情報を得たい。同規格は，フィルタ処理について，製造者が使用者に報告することを指示している。

（3）検査用標準器の表面の光学特性

　非接触座標測定機の大部分を占める光学式の場合，測定光を測定対象に投射し，その表面からの拡散光あるいは反射光を検出する。製品の仕様どおりに安定した測定を行うためには，拡散及び反射などの光学的な表面性状に一定の制限がある。一方，この一定の制限を満足する表面性状をもつ検査用標準器は，広く入手可能とはいえない。そのため，同規格は，光学的に均一な拡散面を得るために，測定面の幾何学的な性質に影響を与えないことを条件として，除去可能な粉体を塗布することを認めている。

　なお，同規格に従う製品仕様を表示する測定機の製造者は，検査用標準器の表面性状について指示する必要がある。

（全長：1 100 mm，球間距離：100 mm，球直径：φ 20 mm）

図 11.32　球間距離測定用標準器の例

11.7.5　仕様への適合の判定

座標測定機の検査において，仕様への適合を合否判定する場合に描くダイヤグラムの例を図 11.33 に示す．座標測定機の多くは，寸法に依存しない非系統的な誤差，及び依存する誤差の二つを組み合わせて，長さ測定の最大許容誤差を $\mathrm{MPE}_{E0} = a + b \times L$（ただし，$L$ は検査用標準器の寸法），又は誤差の最大値を式に含めて $\mathrm{MPE}_{E0} = a + b \times L < B$ などと表現する場合が多い．仕様への適合を検証するためには，最大許容誤差の内側に検査の不確かさを見込んで，すべての検査データがさらにその内側に分布することが必要である．

図 11.33（a）は，GUM（第 13 章を参照）の定義にそのまま従い，検査において得られたデータに検査の拡張不確かさ U が付随する描き方である．合否判定の結果はこれと同一になるが，（b）では最大許容誤差を示す線上に検査の拡張不確かさを付随させている．

（a）の描き方は直感的だが，これを現実に行う場合，いったん検査結果を数値として集積する必要がある．そして，描画の間際にそれぞれのデータに付随する不確かさを併せて数値化し，これらを一緒にプロットする必要がある．

一方（b）の場合，MPE が明らかになった時点で，検査結果を得る前に検査の拡張不確かさを数値化し，プロットすることができる．これによって，実際の検査に先立ち，検査結果が満足しなければならない許容誤差をあらかじめ知ることができる．

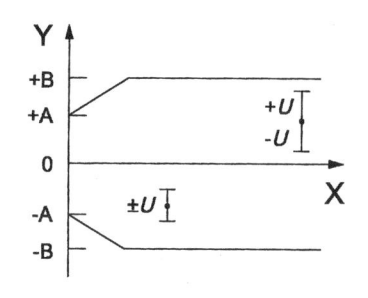

（a）GUM の定義どおりに測定値に不確かさを付随させる合否判定

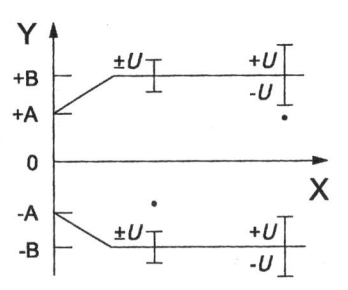

（b）MPE の境界線に不確かさを付随させる合否判定

図 11.33　仕様への適合の合否判定

11.8　検査の不確かさの見積り

座標測定機の仕様への適合を判定するためには，前述の ISO/TS 23165 に従い，検査の不確かさ（test uncertainty）を考慮に入れて合否判定を行う必要がある．同規格の定める検査の不

確かさは，GUM に準拠しつつ，測定機の検査及び合否判定に不可欠な検査者の責任（tester responsibility）の概念を導入して構成されている．以下，同規格に沿って説明する．

11.8.1 長さ測定誤差の検査の不確かさ

　座標測定機は数々の不確かさ要因をもっているが，例えば，座標測定機の検査における長さ測定誤差は，検査の不確かさ要因ではなく，検査によって数値化されるべき座標測定機のパフォーマンスそのもの，すなわち，検査結果である．このように，座標測定機が有する不確かさ要因のあるものを検査結果としてカウントし，一方では他の項目は検査の不確かさ要因として計上する，という分別を行う必要がある．

　今日の主流をなすと考えられる測定ワークの温度補正機能付き CNC 座標測定機を例に挙げると，次の項目が検査の不確かさ要因となる．

(1) 検査用標準器の校正の不確かさによる寄与

　長さ測定誤差の検査に使用される検査用標準器は，長さ標準に対してトレーサブルに校正されている必要がある．また，校正をどの程度精密に実施するかを含めて，校正の不確かさは検査者の責任に帰すると考えられている．

　検査用標準器の校正証明書には，校正ラボなどによる，検査用標準器の長さ校正値に関する拡張不確かさ（通常は，包含係数 $k = 2$）が記載されている．この拡張不確かさを包含係数で除して，検査用標準器の校正に関する標準不確かさ $u(\varepsilon_{\mathrm{cal}})$ を式（11.1）のとおりに得る．

$$u(\varepsilon_{\mathrm{cal}}) = \frac{U_{\mathrm{cal}}}{k} \tag{11.1}$$

(2) 検査用標準器の熱膨張係数の不確かさによる寄与

　温度補正機能を有する座標測定機は，測定ワークの熱膨張係数 α を測定者が手動によって入力する必要がある．この熱膨張係数の不確かさは，検査用標準器にどのようなゲージを選択するか，を含めて検査者の責任に帰すると考えられている．

　なお，測定ワークの熱膨張係数 α の入力を測定に要求しない，通常は，温度補正機能をもたない座標測定機の場合，この要因を検査の不確かさとして考慮しない．

　同規格は，式（11.2）による検査用標準器の熱膨張係数の不確かさ $u(\varepsilon_\alpha)$ の見積りを推奨している．

$$u(\varepsilon_\alpha) = L \times (|t - 20\,°\mathrm{C}|) \times u(\alpha) \tag{11.2}$$

　　　ここで，
　　　　　L　：長さの検査用標準器の長さ
　　　　　t　：検査用標準器の温度
　　　　　$20\,°\mathrm{C}$　：ISO 1 に従う標準温度
　　　　　$u(\alpha)$　：検査用標準器の熱膨張係数の標準不確かさ

この中で検査用標準器の熱膨張係数の信頼性について，その上限から下限までの幅 T_a だけが既知の場合がある．このとき，上限から下限までの区間において，一様な確率密度分布を仮定し，検査用標準器の熱膨張係数の標準不確かさを $u(\alpha) = T_a / \sqrt{12}$ として推定することができる．例えば，鋼製ブロックゲージの場合，ブロックゲージの規格 ISO 3650:1998（≒ JIS B 7506:2004）は，熱膨張係数を $\alpha = (11.5 \pm 1) \times 10^{-6}\,\mathrm{K}^{-1}$ と記している．このとき，検査用標準器の熱膨張係数の標準不確かさは，$u(\alpha) = 0.58 \times 10^{-6}\,\mathrm{K}^{-1}$ と見積もることができる．

(3) 検査用標準器の温度入力に起因する不確かさによる寄与

温度補正機能を有する座標測定機は，測定ワークの温度 t を何らかの手段によって知る必要がある。この温度入力の不確かさは，検査される座標測定機の機能に依存して，検査の不確かさとして計上される場合とされない場合とがある。

検査用標準器の温度を座標測定機に付属の温度センサによって測定し，温度補正を実施する場合，検査用標準器の温度入力は，座標測定機を構成する装置自身により行われる。ここに，検査者は介在することができず，したがって検査の不確かさの要因として計上しないことになる。温度補正機能をもたない座標測定機の場合も同様に，この要因は検査の不確かさの要因として計上しない。

一方，検査者が持参する温度計などによって検査用標準器の温度を測定し温度補正を実施する場合，検査者の責任によって検査用標準器の温度入力が行われるため，検査の不確かさの要因として扱う。

同規格は，式（11.3）による検査用標準器の温度入力の不確かさ $u(\varepsilon_t)$ の見積りを推奨している。

$$u(\varepsilon_t) = L \times \alpha \times u(\varDelta_t) \tag{11.3}$$

ここで，
- L ：長さの検査用標準器の長さ
- α ：検査用標準器の熱膨張係数
- $u(\varDelta_t)$：検査用標準器の温度の標準不確かさ

(4) 検査用標準器のアライメントの不確かさによる寄与

端度器を参照して座標測定機の検査を行う場合，図 11.34 に示すとおり，名目的に平行な対向する 2 面間の寸法を，測定点 2 点だけによって測定する必要がある。

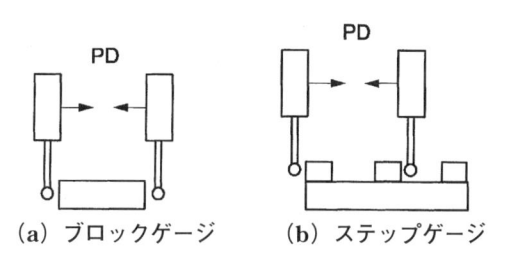

(a) ブロックゲージ　　**(b) ステップゲージ**

凡例　　**PD**　プロービング方向

図 11.34　名目的に平行な対向する 2 面間の寸法の 2 点による測定

このとき，測定に先立って補助的なアライメントのための測定を実施する必要がある。このアライメント測定の不完全さは，名目的に平行な対向する 2 面間の寸法を測定する際のばらつきの要因となる。

座標測定機の検査に際し，使用する検査用標準器の長さが校正されたときと同一のアライメント手順を採用することが，この不確かさ要因を低減するために望ましい。

同規格は，式（11.4）による検査用標準器のアライメントの不確かさ $u(\varepsilon_{\text{align}})$ の見積りを推奨している。

$$u(\varepsilon_{\text{align}}) = \sqrt{u^2(e_{\cos}) + u^2(e_{\text{parall}})} \tag{11.4}$$

ただし，$u(\varepsilon_{\cos})$ は，式 (11.5) のとおり近似される．

$$u(\varepsilon_{\cos}) = 2\sqrt{2}\,\frac{u^2(p) + u^2(p_{\text{geo}})}{L_{\text{align}}^2}\,L \tag{11.5}$$

ここで，

$u(p)$　　　：方向プロービング誤差による標準不確かさ

$u(p_{\text{geo}})$　：アライメントのための測定点における形状偏差と測定位置のばらつきに起因する標準不確かさ

$u(p_{\text{parall}})$：検査用標準器の平行度による標準不確かさ

検査用標準器として，ISO 3650 に従うブロックゲージか，又はそれに相当する平行度を有する標準器を用いる場合には，検査用標準器のアライメントの不確かさは，無視できる程度に小さくなることが多い．ただし，例えば，100 mm 以下の比較的短い端度器の側面を利用してアライメントを行うと，コサイン誤差（cosine error）が極めて大きくなる場合がある．

(5) 検査用標準器のクランプに起因する不確かさによる寄与

座標測定機によっては，測定機の可動部の加減速の影響や，プロービングシステムに固有な測定力の影響に起因し，検査用標準器を頑丈に固定しなければならない場合がある．検査用標準器の固定のためのクランプの方法や手順は，この不確かさ要因を可能な限り小さく抑えるように考慮する必要がある．

クランプに起因する不確かさを見積もることは容易ではないが，通常のクランプ力を設定する場合と，あえて通常の 2 倍のクランプ力を設定する場合との差などによって，この要因 $u(\varepsilon_{\text{fixt}})$ の寄与を粗く推定する方法が同規格に記されている．

(6) 長さ測定誤差の検査の不確かさ

上記した式 (11.1) から式 (11.5) によって，長さ測定誤差の検査の不確かさ $u(E)$ は，式 (11.6) のとおり見積もることができる．

$$u(E) = \sqrt{u^2(\varepsilon_{\text{cal}}) + u^2(\varepsilon_{\alpha}) + u^2(\varepsilon_t) + u^2(\varepsilon_{\text{align}}) + u^2(\varepsilon_{\text{fixt}})} \tag{11.6}$$

ここで，

$u(\varepsilon_{\text{cal}})$　　：検査用標準器の校正の不確かさによる寄与

$u(\varepsilon_{\alpha})$　　：検査用標準器の熱膨張係数の不確かさによる寄与

$u(\varepsilon_t)$　　：検査用標準器の温度入力に起因する不確かさによる寄与

$u(\varepsilon_{\text{align}})$：検査用標準器のアライメントの不確かさによる寄与

$u(\varepsilon_{\text{fixt}})$　：検査用標準器のクランプに起因する不確かさによる寄与

11.8.2　プロービング誤差の検査の不確かさ

プロービング誤差の検査の不確かさ $u(P)$ は，検査用標準球の形状偏差及びその校正の不確かさからなり，ISO/TS 23165 は式 (11.7) の式を推奨している．

$$u(P) = \sqrt{\left[\frac{F}{2}\right]^2 + u^2(F)} \tag{11.7}$$

ここで，

F　　：検査用標準球の形状偏差

$u(F)$：検査用標準球の形状偏差の校正の標準不確かさ

球や平面などの校正においては，形状偏差の最大偏差だけを記した校正証明書を入手することが多い．形状偏差の最大値を知り得た場合であっても，ある個体の形状偏差は系統的に存在するにもかかわらず補正が困難であり，また，その数値は常に正の値をとる．そのため不確かさの見積りの標準的な手順は存在せず，GUMにも記述がない．式（11.6）による見積りは，プロービング誤差の検査の不確かさの推定を行うための推奨として規格化された経緯がある．

11.8.3　ワークピースの測定の不確かさの見積り

測定の不確かさを推定する場合，GUMに従って見積もる必要がある．その代表的な不確かさ推定の手順は，対象とする系の出力と，それに寄与する入力パラメータを挙げ，それらの間の関係についての関数モデルを定式化するところから始まる．次に，その関数モデルを一次線形近似し，それぞれの入力パラメータの分散とその感度係数を求め，それらの合成によって系の出力の不確かさを定量化する．この手順は，入力パラメータから系の出力までの階層の比較的浅い，小規模な測定システムには適用しやすい．ところが，例えば，座標測定機による測定は，図11.35に示すとおり，系の出力に寄与する要因の数が多く，また，それらの依存関係が階層化しており，単純な線形化を行いにくい．

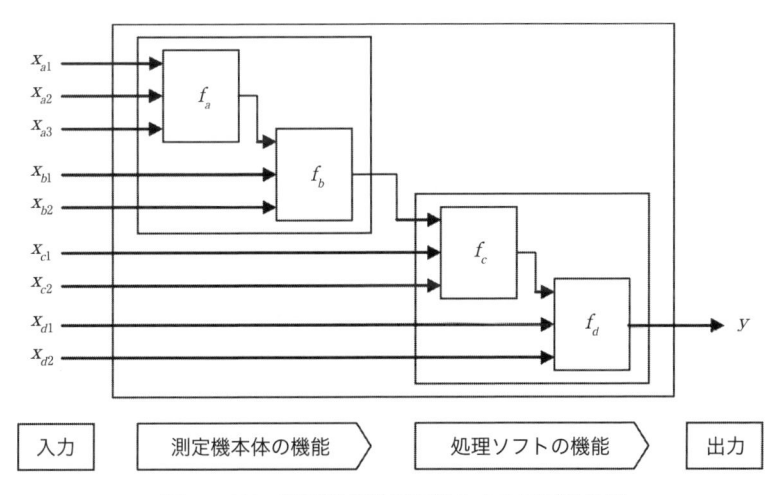

図11.35　座標測定機の不確かさのモデルの例

座標測定機の測定値yは，系を不確かさの伝ぱ系として考えたときの入力，すなわち，不確かさ要因x_{ij}，及び測定機内部の機能モジュールf_iを用いて階層化した依存関係で記述し得る．典型的な座標測定機の場合，同図の左側は離散的な測定点を出力する測定機本体の機能に対して右側は離散的な測定点を組み合わせてデータ処理を行うアプリケーションソフトウェアの機能に相当する．この図からも明らかなとおり，座標測定機のハードウェアに起因する不確かさ要因だけでなく，後段のデータ処理の流れや設置環境の条件を含め，システム全体の不確かさ推定を行う必要がある．

座標測定において考慮すべき不確かさ要因の代表的なものを図11.36に示す．多様な測定要求に付随する多様な評価項目について，一つひとつの寄与を分散として定量化し，積算するには多大な労力を払うことになる．

また，測定対象の形状やユーザの意志などに応じて，測定戦略（measurement strategy）は

変わり得る。この方法に従えば，ある測定機を同じ設置環境下で使用する場合であっても，測定戦略が変わるたびに不確かさ推定を実施する必要がある。測定戦略に変更が加えられるたびに分散の定量化を繰り返すことは現実的でないことがわかる。

また，今日の座標測定には多様な誤差補正技術が適用され，結果として測定機のブラックボックス化が進んでいる。このことも座標測定の不確かさ推定を難しくしている。ISO の GPS 規格は，今日の知見に基づいて有用と考えられる幾つかの不確かさ推定方法を，並列に規格化している。

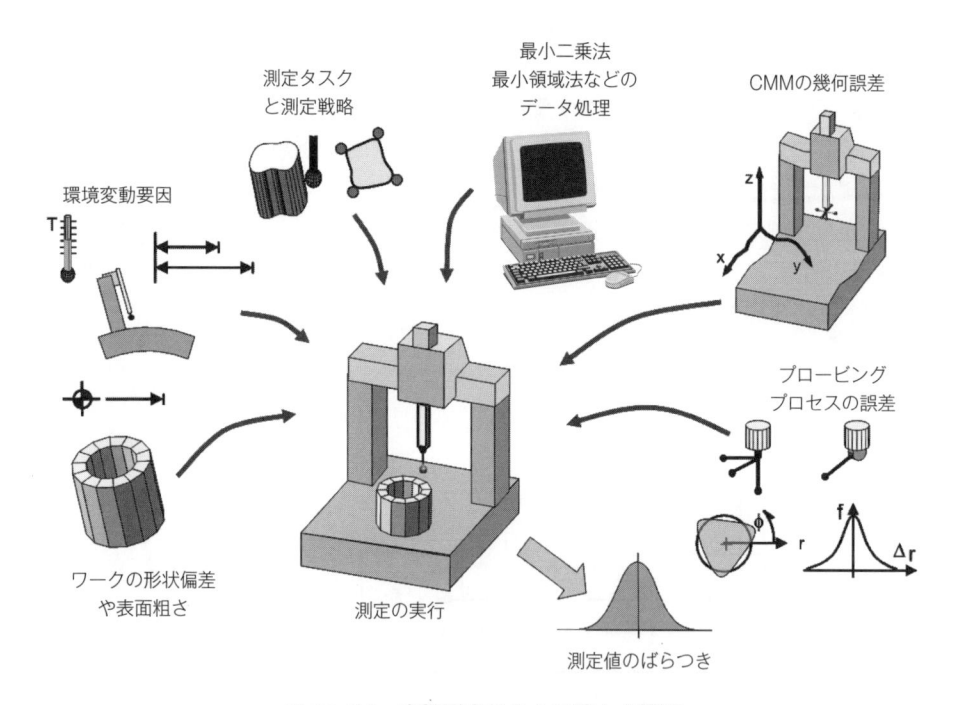

図 11.36　座標測定の主な不確かさ要因

（1）校正済みワークや基準器による不確かさの推定

何らかの他の方法によって長さ標準にトレーサブルに校正されたワークピースや基準器を参照し，座標測定の不確かさを推定する方法が ISO/TS 15530-3:2004 として示されている。その主な流れを図 11.37 に示す。不確かさの見積りにおいては，座標測定機をほぼブラックボックスとみなし，校正済みワークピースを参照して現実の測定と同一の繰返し測定を行う。この手順によって，座標測定機に由来する多数の，しかも性質の異なる不確かさ要因をまとめて統計的に評価できるようになる。さらに，校正済みワークピースの校正の不確かさ及び校正済みワークピースと現実のワークピースとの差異に起因する不確かさを考慮することによって，測定作業固有の不確かさ（task specific uncertainty）を簡便に推定することができる。

同規格の手順を有効に実施するためには，校正済みワークピースと現実のワークピースとの類似性条件（similarity condition）を確保する必要がある。同規格は両者の差異について，次の条件を遵守することを要求している。

・寸法について：10％以下の差異であること
・角度について：5°以下の差異であること

・材質と表面性状：同等であること
・測定戦略：同一であること
・プローブ設定：同一であること

同規格が記す比較的単純な不確かさ推定の手順と引替えに，特に，複雑な形状を有する現実のワークピースとの類似性条件を満たす校正済みワークピースを準備することは，困難な場合がある。

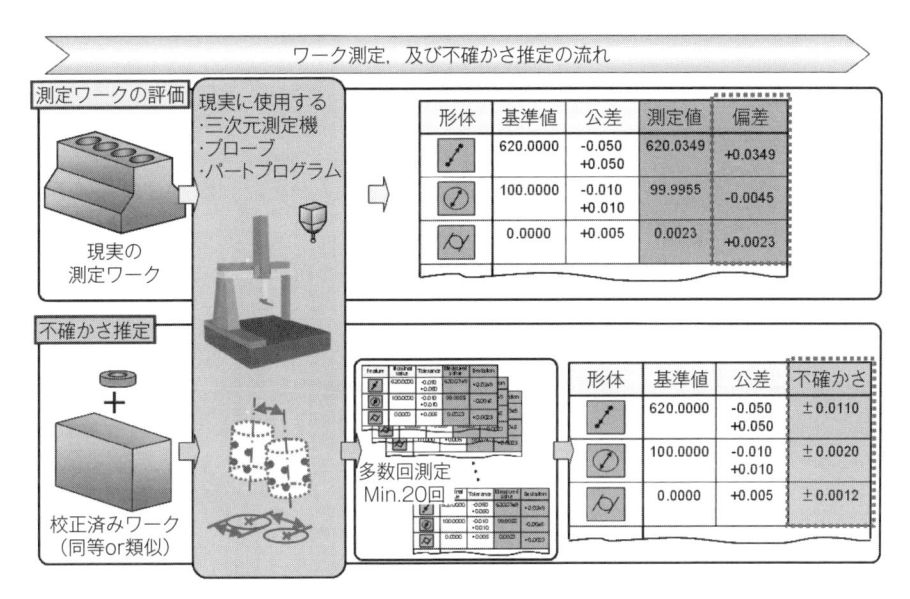

図 11.37　校正済みワークピースや基準器による不確かさの推定の流れ

（a）不確かさ推定のためのモデルと要因　同規格は，式（11.8）による拡張不確かさ U の見積りを記している。

$$U = k \times \sqrt{u_{\text{cal}}^2 + u_p^2 + u_w^2 + b^2} \tag{11.8}$$

ここで，

- u_{cal} ：校正済みワークピースや基準器の校正の不確かさによる寄与
- u_p ：測定プロセスに起因する統計的に評価できる不確かさの寄与
- u_w ：測定プロセスに起因する統計的に評価できない不確かさの寄与
- b ：系統的な偏りを補正しない場合の寄与
- k ：包含係数

次に，それぞれの要因について概説する。

（b）校正済みワークピースの校正の不確かさ　同規格が定める手順に従って不確かさを推定する際に参照される校正済みワークピースは，長さ標準に対してトレーサブルに校正される必要がある。特に，実際に評価を行う測定量そのものについて校正される必要があることに注意しなければならない。

校正済みワークピースの校正証明書には，校正ラボなどによる拡張不確かさ（通常は包含係数 $k = 2$）が記載されている。この拡張不確かさ（expanded uncertainty）を包含係数で除して，校正済みワークピースの校正に関する標準不確かさ $u(\varepsilon_{\text{cal}})$ を式（11.9）のとおりに得る。

$$u(\varepsilon_{\mathrm{cal}}) = \frac{U_{\mathrm{cal}}}{k} \tag{11.9}$$

(c) 測定プロセスに起因する統計的に評価できる不確かさ　同規格は，次に記す不確かさ要因について，測定プロセスに起因する不確かさとしてまとめて評価している。

・座標測定機の幾何誤差
・座標測定機の基準温度からの偏差
・ワークピースの基準温度からの偏差
・座標測定機の繰返し性
・座標測定機のスケールの分解能
・座標測定機の温度こう配
・プロービングシステムのランダム誤差
・プローブ交換に伴う誤差
・測定の手順（ワークピースのクランプや取扱い）による誤差
・汚れや埃に起因する誤差
・採用した測定戦略がもたらす誤差

　これらの誤差要因について，現実にワークピースを測定するときに発生する不確かさとして統計的に評価を行う。同規格は，測定プロセスに起因する不確かさ u_p の計算式として式（11.10）を記している。

$$u_p = \sqrt{\frac{1}{n-1} \sum_{i=1}^{n} (y_i - \bar{y})^2} \tag{11.10}$$

　　　ここで，
$$\bar{y} = \frac{1}{n} \sum_{i=1}^{n} y_i$$

　　　　n：不確かさ推定のための繰返し測定の回数

(d) 測定プロセスに起因する統計的には評価できない不確かさ　仮に多数回の繰返し測定を行っても，ある座標測定機，ある基準器を用いてある測定戦略によって実施した測定結果に，常に系統的に現れる誤差要因を統計的に評価することはできない。式（11.11）に示す系統的な偏り b は，座標測定機の繰返し測定の指示値 y_i と，校正済みワークピースの校正値 x_{cal} との差として観測される。

$$b = \bar{y} - x_{\mathrm{cal}} \tag{11.11}$$

　系統的な偏り b の原因として，例えば座標測定機の再現性ある誤差要因，又は基準器の校正値に残存する幾何誤差などが考えられる。

　GUM は，このような系統的な偏りについて，可能な限り，測定に際して補正を行うこと，それによって測定量に付随する不確かさとしての評価を行わずに済ますことを推奨している。しかし，現実には，例えば基準器などの校正証明書が補正に適用し得る数値を提供していないことがある。このような場合には，系統的な偏りを測定量に付随する不確かさとして計上することが必要である。

　同規格は，式（11.9）による系統的な偏りの不確かさへの計上を指示している。この見積りは，特に系統的な偏りが主要な誤差要因となる程度に大きい場合，一般に測定量の不確かさの

過大推定をもたらすため，注意を要する．

なお，多数回測定と式（11.11）によって系統的な偏りを求め，それを補正値として採用する場合，改めて多数回測定を行って不確かさ要因を評価し直す必要がある．

（e）ワークピースの特性が変動することによる不確かさ　評価対象とする測定ワークピースの特性が変動すると，注目する測定量の不確かさが影響を受けることがある．その評価手順について，同規格は具体的に記していないが，考慮すべき特性として次を挙げている．

- 形状偏差
- 表面粗さ
- 熱膨張係数
- 材質や表面性状の変更に伴う弾性変形量の変化

（f）ワーキングスタンダードの導入による系統的な偏りの補正　座標測定機の系統的な偏りの影響が無視できないか，又は大きすぎる場合，別途準備する校正済みのワーキングスタンダード（working standard）を参照して系統的な偏りを補正することによって，不確かさを低減できることがある．

まず，ワーキングスタンダードを座標測定機に設置して定期的に測定することによって，座標測定機の指示値の偏りの補正値 Δ_i を得る．続いて，ワークピースの測定を行う際にこの補正値を適用し，式（11.12）により座標測定機の指示値の偏りを補正することができる．

$$y_i = y_i^* + \Delta_i \tag{11.12}$$

ここで，

y_i^*：補正前の座標測定機の指示値

この手順において，座標測定機の指示値の偏りの補正のためのワーキングスタンダードは，不確かさ見積りのための校正済み基準器あるいは校正済みワークピースを兼ねることはできない．これらは独立に用意する必要がある．

また，不確かさの見積りにおいては，ワーキングスタンダードの設置と測定，引き続いての校正済み基準器などの設置と測定を実際に行い，これらの手順をすべて反映したときの不確かさを見積もる必要がある．

（2）シミュレーションによる不確かさの推定

現実の座標測定機に対し，測定のばらつきに関して等価に振る舞う仮想の測定機をコンピュータ上に構築し，シミュレーションによって測定作業固有の不確かさを推定する方法について，ISO/TS 15530-4：2008 に示されている．シミュレーションによる不確かさ推定の代表的なフローを図 11.38 に示す．まず，座標測定機の基本的な測定値一点のばらつきに影響する不確かさ要因を一つひとつ列挙し，何らかの方法で事前に定量化しておく．

測定すべき座標が一つ決まると，その一点に影響するそれぞれの不確かさ要因についてコンピュータ上で疑似乱数を振る．それらを加算し，注目する一点がどちらの方向にどれだけばらつくかを試行する．測定戦略を構成するすべての座標点について一点ずつこの作業を繰り返すと，あらかじめ定量化した要因がもたらし得るばらつきを反映した一連の擬似的な測定値を得ることができる．これを座標測定機のアプリケーションソフトウェアに送り，形体などの評価を擬似的に行う．この形体の計測などを，例えば，128 回繰り返し，そのうえで注目する測定量のばらつき幅を求め，図 11.39 に示すとおり不確かさを得る．

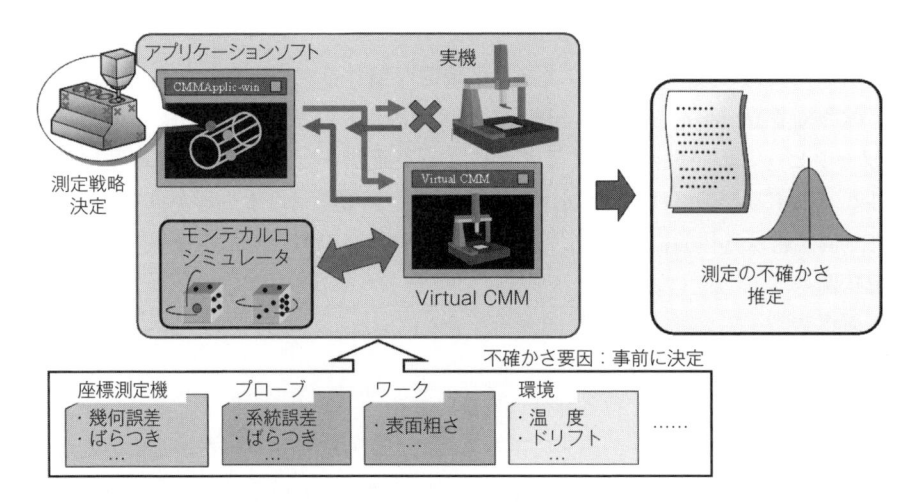

図11.38 シミュレーションによる不確かさ推定の代表的なフロー

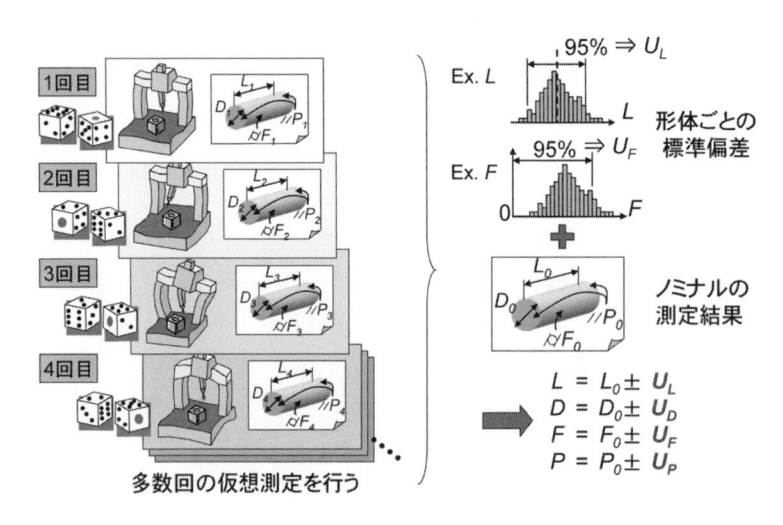

図11.39 多数回の仮想測定による不確かさ推定

同規格は，ある考えに基づいて実用に供されたシミュレーションソフトウェアの仕様の表現，及びその検証の手順についてのガイドラインを示している。そのため，同規格を参照することによって，シミュレーションの系を構成することは難しい。これは，今後出現するかもしれない新しいアルゴリズムや新しいソフトウェアの開発や普及を阻害しないことを念頭に，シミュレーションソフトウェアの実装形態に関する具体的な記述を含んでいないことによる。

シミュレーションによる不確かさ推定は，あらかじめ想定した不確かさ要因の列挙と見積り方が適切であれば，現実の測定値のばらつきとよく似た振舞いをする擬似的な測定結果を得ることができる。また，このシミュレーションのフローには，あらかじめモデル化した個々の不確かさ要因に加え，測定点の配置に代表される測定戦略の寄与や，ユーザが実際に使用するソフトウェアの癖や特性，演算の不確かさなどがありのままに反映される特徴もある。ただし，不確かさ推定のためのシミュレーションモデルに含まれない不確かさ要因については，別途，何らかの方法によって見積もった標準不確かさ u_i を考慮する必要がある。この不確かさを考

慮に入れ，シミュレーションによって得られた標準不確かさ u_{sim} と合成し，目的とする測定量の拡張不確かさ U を式 (11.13) のとおり求める。

$$U = k \times \sqrt{u_{sim}^2 + \sum u_i^2} \qquad(11.13)$$

ここで，
k：包含係数

11.9 座標測定の不確かさ推定の開発動向と限界

これまで概説したとおり，座標測定の測定作業固有の不確かさを推定するための規格化，及びそれを反映したソフトウェアの開発が進んでいる。11.8.3 (1) 項に，校正済みワークピースや基準器を参照した，簡便な不確かさ推定法について述べた。この方法は座標測定機の不確かさ要因の大部分をブラックボックス化して扱うことができ，これによって簡便な手順の実現を可能としている。また，この ISO/TS 15530-3 が検討段階において対象としていた接触式プローブによる離散点測定に限らず，スキャニングプローブや非接触式プローブなどの多様なプロービングシステムや測定機への拡張的な適用が期待できる。

他方，あらかじめ校正されたワークピースや基準器を準備する必要があり，それらに対しては，現実の測定ワークとの類似性条件を満足する必要がある。そのため，この方法は，比較的単純な形状を有するワークピースの測定の不確かさを推定することに適している。

また，11.8.3 (2) 項に述べたシミュレーションによる不確かさ推定方法は，複雑な座標測定機の不確かさ要因について逐一コンピュータシミュレーションを行おうとするものである。この方法は，シミュレーションソフトウェアの取扱いに複雑な操作が伴い，全体として運用が簡便でない課題をもつ。他方，振舞いの明らかな不確かさ要因については，非線形性の強い演算，例えば，最小領域法などを含む測定についても確度の高い推定を行うことが可能な特徴をもっている。

座標測定の不確かさ推定の技術の開発は，いまだに発展途上にある。GPS 規格の枠組の中において，検証の機能の中枢を担うことを念頭に，その課題を次に述べる。

(1) 座標測定機の動特性に関連する不確かさの推定

座標測定機の可動部に作用する加速度や，プローブスタイラスとワークピースとの摩擦力の変動などに起因し，座標測定のばらつきが変動する。この動的な影響を不確かさ要因として評価するためには，時間軸，空間軸，さらに加速度軸についての測定系のモデル化を行うことになり，開発と運用における負荷が重いとみられるという課題がある。

(2) 非接触センサ付き CMM への対応

座標測定に供される非接触センサの大多数は，ワークピース表面における光の反射や散乱を利用している。この非接触センサ付き CMM の測定の不確かさを見積もるための具体的な方法論は確立されていない。

(3) ワークピースの形体偏差に起因する不確かさの取扱い

理想的には，ワークピース表面にばく大な数の測定点を配置することによって，ワークピースの形状偏差をくまなく，すなわち，ワークピースの形状偏差の影響を受けずに測定することは可能である。現実には，ほぼ経済的な理由によって，ごく限られた数の測定点を配置し，ワ

ークピースの測定を実施することになる。現実にワークピース表面に存在はするが，離散的な測定点配置などによって検出できない形状偏差は，不確かさ要因として計上される。

そうすると，測定しない，又は測定する機会のない，結果として，ほぼ未知の形状偏差に起因する不確かさ要因を見積もる必要があるが，その方法論の開発の難易度は高い。

なお，多数の点群（point cloud）を高速にサンプリングする非接触プロービングシステムへの期待が大きい理由の一つは，この処理能力が高速であるという特徴にも求められる。

11.10　三次元測定による幾何偏差の測定と検証

ものづくりにおける測定は，それ自身が"もの"を生み出さない。しかし，測定は，例えば，生産のためのシステムと連携し，品質の情報をシステムに提供することによって"もの"を生み出すことに寄与している。製品や部品の設計仕様を満足しつつ，製造コストの最適化を図るためのツールとしての重要性が測定について認識されている。製品や部品の製造プロセスにおいて，測定や検証の果たす役割を単純化して模式的に図 11.40 に示す。

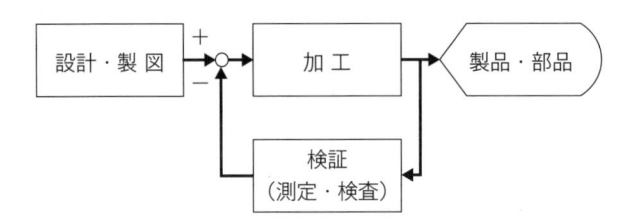

図 11.40　検証（測定・検査）の果たす役割

一部にはリバースエンジニアリングのように，測定に当たって図面指示の存在しない場合もあるが，通常はワークピースの幾何偏差の検証のための図面指示は事前に与えられている場合が多い。

そのワークピースの設計仕様，図面指示，あるいは測定の指示書などをもとにして，ワークピースのどの部分をどのように測定し，どのようなデータムを参照して検証するか，決定する作業が必要となる。この作業は，例えば，典型的に，図面指示を反映した測定用パートプログラムのコーディング作業として実施される。従来から座標測定機の熟練測定者の手作業によって行われてきたが，三次元 CAD 図面から測定者を介さずにパートプログラムを自動生成するソフトウェアも販売され，実用に供されている。

このようにして，ワークピース表面の測定戦略を複数の離散点により決定すると，次に座標測定機によるワークピースの測定を実行することができる。得られた測定点については，図 11.41 に示すように，形体の当てはめ，複数の形体間の演算処理を行う。その際，当てはめのアルゴリズムの選択やフィルタリングの設定条件を決定する。

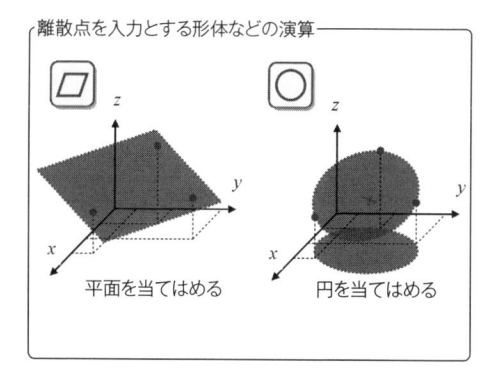

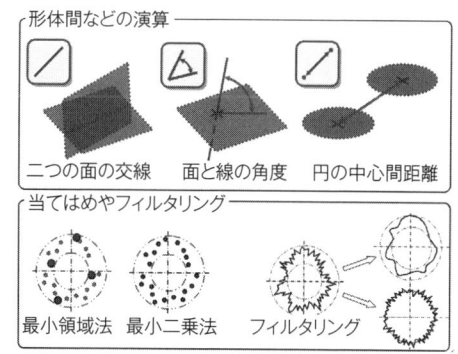

図 11.41　幾何偏差の測定における当てはめやフィルタリングなどの設定

11.11　幾何偏差の測定例

11.11.1　真円度の測定

図 11.42 は，円筒穴の真円度公差を指示した例である。

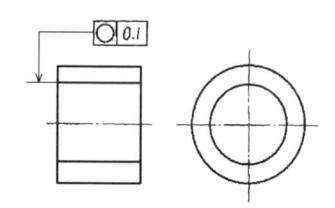

図 11.42　真円度公差の指示例

図 11.42 に対する真円度測定機による真円度の測定例は，次による。

被測定物を回転テーブルの軸線に芯合わせを行う．最小領域法又は最小二乗法を適用して，1 回転の半径の差を記録する．

数箇所の測定断面において，半径差を記録して，それらのうちの最大の半径差を真円度とする（図 11.43）。

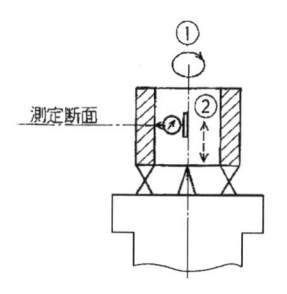

図 11.43　真円度の測定例

得られた真円度が真円度公差内にあればよい．

ここで，最小領域法は，対象とする形体を同心円で挟んだときの半径の差が最小となるようにして半径法真円度を測定する方法である（図 11.44）．

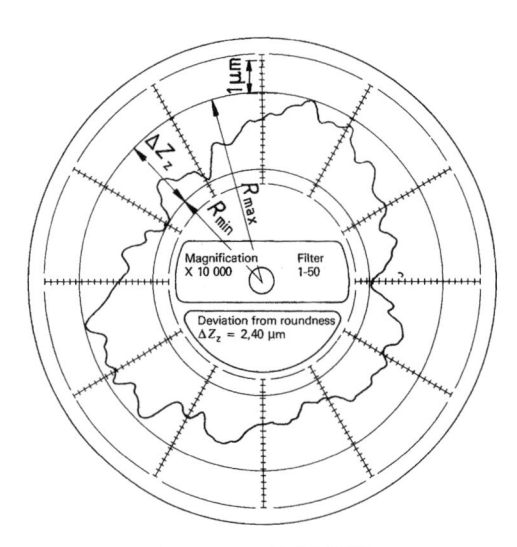

図 11.44 最小領域法

最小二乗法は，対象とする形体が最小二乗円からプラス側にある場合，マイナス側にある場合のそれぞれの値を x 方向及び y 方向について計算する（図 11.45）。すなわち，

$$a = \frac{\sum x}{2}$$

$$b = \frac{\sum y}{2}$$

ここに，a 及び b は，最小二乗円の中心からの対象とする形体までのずれである（図 11.46）。真円度は，次の式で計算によって求める。

$$d = 2\sqrt{a^2 + b^2}$$

求めた d が真円度公差以下であればよい。

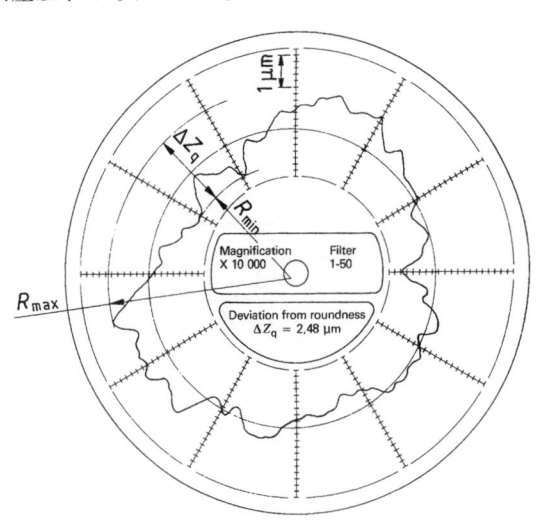

図 11.45 最小二乗法

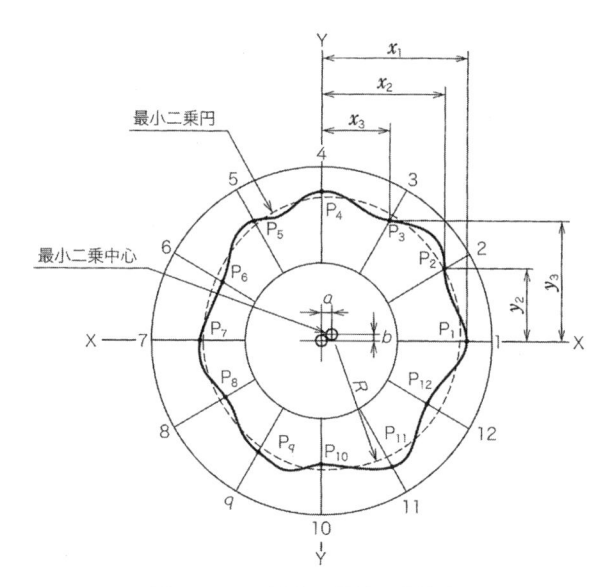

図 11.46 最小二乗法の測定例

11.11.2 円筒度の測定

円筒度公差を指示した例を図 11.47 に示す．

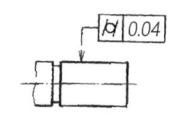

図 11.47 円筒度公差の指示例

図 11.47 の円筒度は，真円度測定機又は三次元測定機（CMM）で測定できる．CMM を用いて円筒度を測定する例を次に示す．

被測定物を CMM の軸線に芯合わせをする．対象とする円筒表面について，必要な数の測定を行う（図 11.48）．円筒度は，円筒母線の真直度，真円度及び相対向する母線同士の平行度を求めて，それらから公差内にあることを確認する．

円筒度は，測定して得られたデータセットを演算処理して，半径差を求める．最大の半径差が円筒度公差内にあればよい．

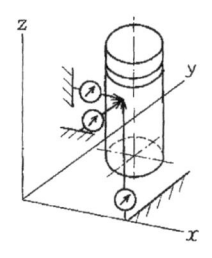

図 11.48 CMM による円筒度の測定例

11.11.3 同軸度の測定

図 11.49 は，データム軸直線 A に対する公差付き形体の軸線の同軸度公差を指示する例である．

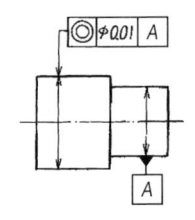

図 11.49　同軸度公差の指示例

図 11.49 の指示に対する同軸度の測定は，真円度測定機による例を次に示す。

データム直線を測定装置の軸線に芯合わせを行って，データム軸直線を設定する。対象とする円筒表面について，半径方向の変化量を記録する。必要な数の測定を行う（図 11.50）。

円筒度は，測定して得られたデータセットを演算処理して，半径差を求める。最大の半径差が円筒度公差の 1/2 以内にあればよい。

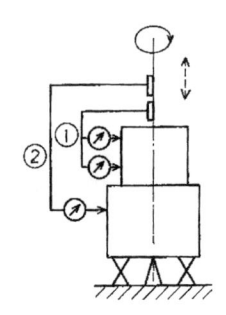

図 11.50　同軸度公差の測定例

11.12　三次元測定の実行と不確かさの推定

ワークピースの測定と前後して測定の不確かさの推定を行う。どちらを先に行うか，についての制限はない。ただし，測定を行うためにも，また，不確かさを推定するためにも，いずれにしても対象とするワークピースのための測定戦略（measurement strategy）はできあがっている必要がある。

対象とするワークピースの測定を行い，その結果を用いて幾何偏差の検証を実施する場合のイメージを模式的に図 11.51 に示す。

この図によれば，ある注目する形体について，設計仕様に記載されたデータムの定義や設計値，及び幾何公差を基に測定のための測定戦略をまず決定する。次に，測定戦略に基づいて座標測定機などによる測定を行い，幾何偏差の実測値を得る。そして，同じ測定戦略を参照し，注目する形体についての測定の不確かさを見積もる。最後に，設計仕様として与えられた幾何公差について，実際に得た測定値に付随する測定の不確かさを考慮し，合否判定規則を記したISO 14253-1 に従って合否判定を行う。図 11.52 に同規格の指示する，不確かさを考慮した合否判定の概略を示す。

不確かさを考慮した合否判定を実施することによって，不確かさの包含係数が示す信頼性において，あいまいさのない合否判定を行うことができると期待されている。

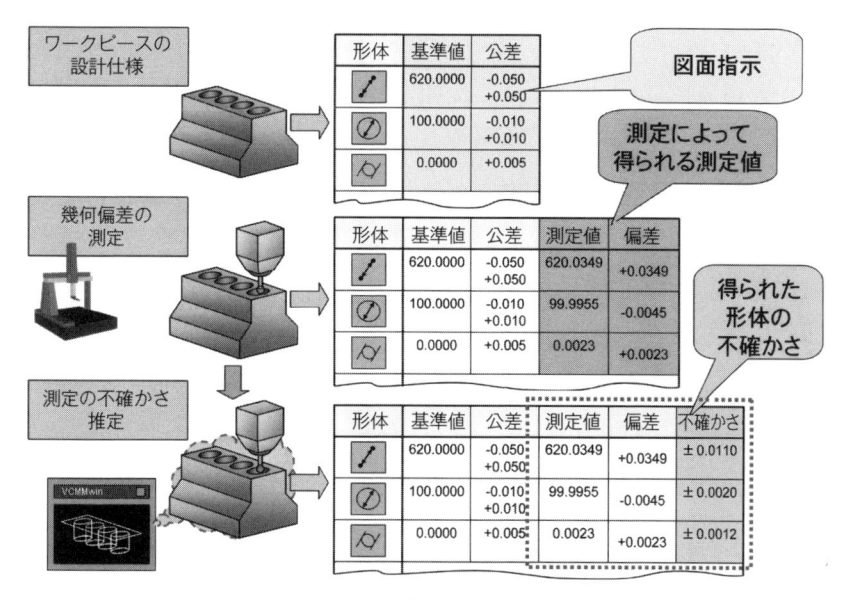

図 11.51 測定による幾何偏差の検証のイメージ

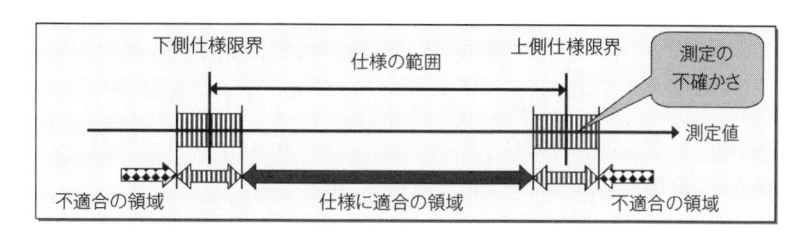

図 11.52 JIS B 0641-1 の指示する不確かさを考慮した合否判定

11.13 三次元測定による測定の実施例

　座標測定機を使用して幾何偏差の測定を実施した事例を記す。この事例では，自動車用シリンダブロック（図 11.53 の写真）について，最も重要な加工部位の一つと考えられる，シリンダボア部，及びジャーナル部の測定を行っている。

　まず，このワークピースの図面指示に従い，データムの定義，測定すべき形体の指示，設計寸法，幾何公差，そして測定において留意すべき事項について確認する。このワークピースにおいて測定すべき項目は多岐にわたるが，ここでは，図 11.53 に模式的に示しているシリンダボア部について，直角度，位置度，直径，そして円筒度を，ジャーナル軸受部について，平行度，及び真直度に絞って示す。

　なお，ここに示す測定項目については，ジャーナル軸受部の接合面に沿ってデータムが指定されている。

　次に，各検証項目について，データムの設定を含めて図面指示どおりに測定を行い，座標測定機のパートプログラムを準備する。

　このワークピースについては，測定項目ごとに幾何公差は明記されている。ただし，不確か

さを考慮して合否判定を実施するために，測定の不確かさをどの程度の大きさに設定するかについて，検討途上にあった。そこで，測定の拡張不確かさ（$k = 2$）について，検証項目ごとに幾何公差の 1/10 を一つの目安とし，これを経済的に満足し得る座標測定機やプロービングシステムを選択すること，また，この指針の遵守の可能な測定戦略を複数設定し，検討を行った。ここでは，測定戦略による違いに注目して示す。

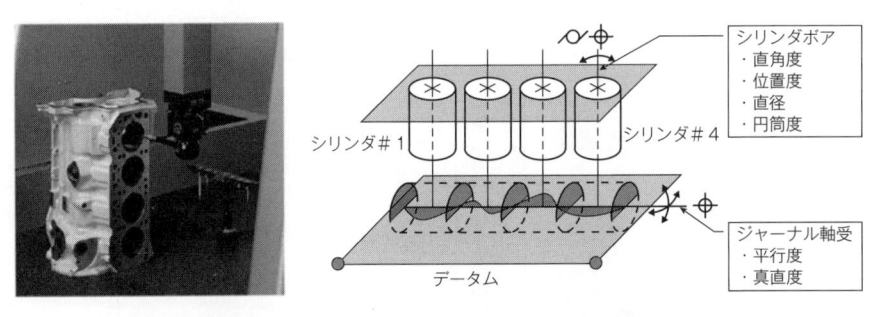

図 11.53 シリンダブロック外観及び測定項目

シリンダブロックの各検証項目について，測定の不確かさの目標値に対する，測定戦略ごとの不確かさ推定値を図 11.54 に示す。図の縦軸は拡張不確かさ（$k = 2$）を μm 単位で図示している。図の横軸は，シリンダボア部，及びジャーナル軸受け部について，それぞれ測定項目を示す。図中の棒グラフには，図面指示に基づく幾何公差の 1/10 を指針としてプロットした。図中の折れ線グラフは，測定戦略の違いに起因する測定の不確かさの変化を示している。例えば，円筒面の評価を行う場合，測定点の数について，最小に近い 6 点（円周 3 点，2 断面）から 18 点（円周 6 点，3 断面）まで，8 水準を設定した。

図 11.54 よって，次のことが読み取れる。

① 図面指示に対し，ここに示した測定戦略を実施しても，円筒度の測定を行うことは，この座標測定機では難しい。そのため，母線の真直度，各断面の真円度及び相対向する母線同士の平行度をそれぞれ測定して円筒度を求める。

② 円筒度の測定項目は，測定戦略の巧拙の影響を強く受ける。逆にいうと，測定戦略の最適化により，測定の不確かさを小さくできる可能性がある。

③ シリンダボアの位置度及び直角度について，データムからの距離が増大するに従い，測定の不確かさは増大する傾向にある。測定の不確かさは，測定戦略の影響を受けにくい。

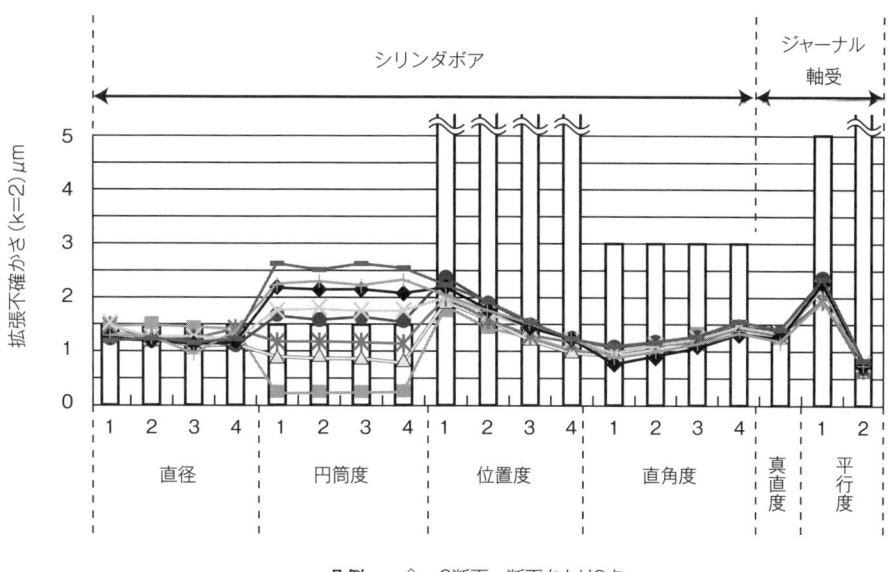

図 11.54 シリンダブロックの測定項目と測定の不確かさ

参考文献

1) 青木保雄 (1991)：標準機械工学講座 20 改訂 精密測定(1) 第 28 版, p.27, コロナ社

第12章 表面性状

　寸法公差や幾何公差は公差の指示方法が確立されているが，表面性状の場合は表面性状パラメータの許容限界値を指示する。表面性状パラメータは，原則として，輪郭曲線から導出されるものであり，それぞれに定義と測定方法が細かく規定されている。
　この章では，表面性状パラメータの定義及びその指示方法について述べる。

12.1　表面性状の定義

　距離，サイズ，半径，角度などの"寸法"，並びに形状，姿勢，位置，振れなどの"幾何特性"に加えて，表面に生じる微細な凹凸や筋目などが部品の機能を左右することが多い。その周期と振幅は，寸法及び幾何特性よりも相対的に小さいものであり，これを ISO（JIS）では表面性状（surface texture）と称している。ISO（JIS）では，GPS関連規格をマトリックス状に整理している（本書の図1.1参照）。このGPSマトリックスでは，曲線については①粗さ曲線，②うねり曲線，③断面曲線をそのよりどころとし，表面欠陥（surface imperfection）やエッジは別の項目としている。
　部品の実表面において，形状と表面性状とを厳密に区別することは難しい。周期，すなわち，表面波長の長い成分を形状とし，短い成分を表面性状と大別しているが，そのためには何らかの測定機器を用いて実表面の輪郭形状をデジタルデータ化する必要がある。慣習的に鋭利な触針で実表面をなぞる方式を前提としており，その輪郭形状を触針の軌跡に置き換えて曲線化する。一般に，触針の軌跡は X-Y-Z の直交3軸からなる空間座標で離散的に量子化される。現時点では，Y軸を一定とする X-Z からなる二次元の曲線に限定した規格体系であり，輪郭曲線方式（profile method）という。その離散点量子化データ（digitized discrete data）を測定断面曲線（total profile）と呼び，それから形状成分を除去し，かつ，カットオフ（cutoff）値が λ_s のデジタルハイパスフィルタ（high-pass filter：HPF）を掛けて③断面曲線を得る。この③断面曲線にカットオフ値が λ_c（$>\lambda_s$）のローパスフィルタ（low-pass filter：LPF）を掛けて得た曲線を①粗さ曲線といい，カットオフ値が λ_c と λ_f（$\lambda_c<\lambda_f$）のデジタルバンドパスフィルタを掛けて得た曲線を②うねり曲線と呼んでいる。ただし，断面曲線の長さ以内に λ_c あるいは λ_f を合理的に設定できない場合には，前者が①粗さ曲線を，後者が②うねり曲線を導出できないことになる。
　なお，3種類のフィルタは輪郭曲線フィルタと総称され，JIS B 0632:2001（= ISO 11562：1996で定義された位相補償性（phase corrected characteristics）及び振幅伝達曲線（amplitude

transmission curve）をもつ。

図12.1は，横軸に表面波長をとった場合のハイパスフィルタ，ローパスフィルタ，及びバンドパスフィルタの振幅伝達特性を図説したものである。

凡例 1 粗さ曲線
2 うねり曲線

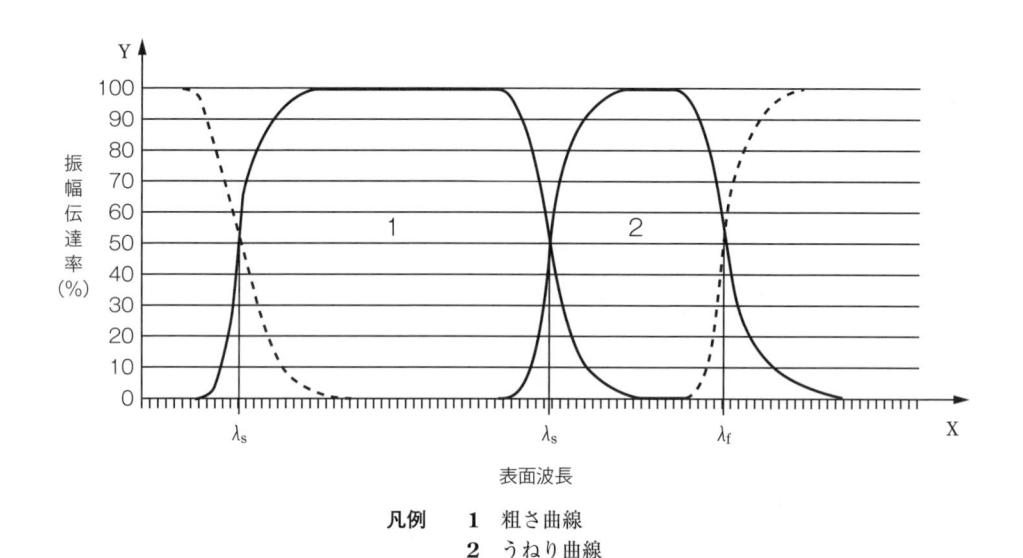

図12.1 表面波長に対する輪郭曲線フィルタの振幅伝達特性

輪郭曲線は，上記の粗さ曲線，うねり曲線，断面曲線に加えて，JIS B 0610:2001で定義された転がり円うねりに関する曲線を包含する。また，粗さ曲線，うねり曲線，断面曲線のそれぞれから負荷曲線［アボットの負荷曲線（Abbot's bearing curve）ともいう］を導出することができる。

なお，プラトー構造表面（surfaces having stratified functional properties，粗い輪郭形状の高い部分を微細仕上げによって除去した不規則な形状表面）に対しては，輪郭曲線フィルタと異なるフィルタ処理によって粗さ曲線（名称は同じ）を導出することとした（JIS B 0671-1:2002）。

さらに，3層構造表面モデルとみなすことができる輪郭曲線に対しては線形表現の負荷曲線に（JIS B 0671-2:2002），2層構造に近いプラトー構造表面に対しては正規確率紙上の負荷曲線に（JIS B 0671-3:2002）それぞれ変換することで，輪郭曲線の特性評価が実現できる（それぞれ，ISO 13565-1，-2，-3に対応）。

なお，後述するモチーフパラメータ（JIS B 0631:2000（= ISO 12085:1996）において包絡うねり曲線が定義されているが，これを輪郭曲線に含める動きはない。ただし，この包絡うねり曲線を上記のプラトー構造表面に対するフィルタ処理の代用とすることができるとしている。

12.2 表面性状パラメータの構成と表記方法

GPS基本規格のチェーンリンク番号に示された項目のうち，公差の定義と実形体の定義に

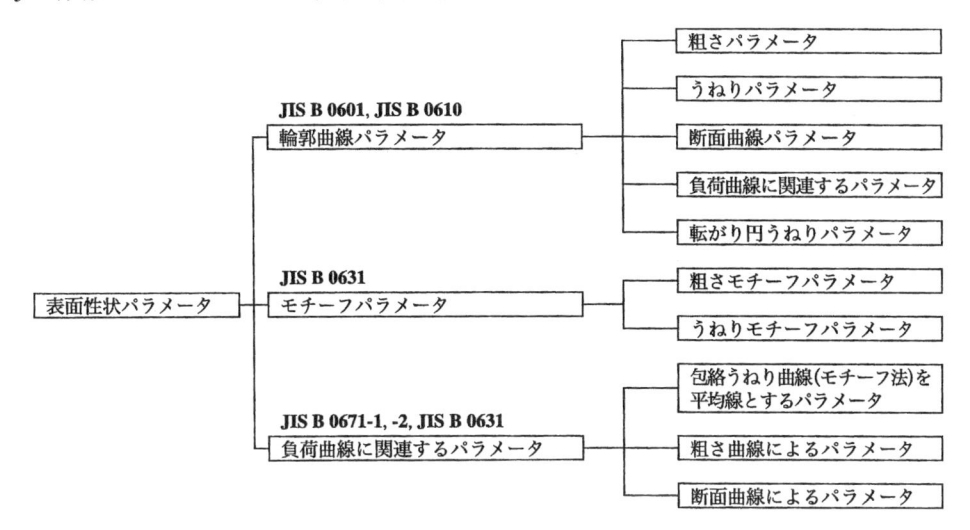

12.2 表面性状パラメータの構成と表記方法

関するものが，表面性状パラメータである。表面性状パラメータは，輪郭曲線パラメータ，モチーフパラメータ，負荷曲線に関連するパラメータに大別される。これらのうち，プラトー構造表面を対象としない場合は，負荷曲線に基づくパラメータであっても輪郭曲線パラメータに含めている。図 12.2 に表面性状パラメータの全容を示す。パラメータ記号は，英大文字＋英小文字のイタリック体が原則であるが，大小それぞれ 2 文字ずつでも可としている。ただし，転がり円うねりパラメータ（W_{EM}, W_{EA}）と中心線平均粗さ（Ra_{75}），十点平均粗さ（Rz_{JIS}）は JIS 特有のパラメータのため，例外的な扱いとしている。

```
                                                      ┌─ 粗さパラメータ
                                                      ├─ うねりパラメータ
                     JIS B 0601, JIS B 0610            ├─ 断面曲線パラメータ
                     輪郭曲線パラメータ                  ├─ 負荷曲線に関連するパラメータ
                                                      └─ 転がり円うねりパラメータ
表面性状パラメータ ─┤
                     JIS B 0631                        ┌─ 粗さモチーフパラメータ
                     モチーフパラメータ                  └─ うねりモチーフパラメータ

                     JIS B 0671-1, -2, JIS B 0631     ┌─ 包絡うねり曲線(モチーフ法)を平均線とするパラメータ
                     負荷曲線に関連するパラメータ        ├─ 粗さ曲線によるパラメータ
                                                      └─ 断面曲線によるパラメータ
```

図 12.2　表面性状パラメータの全容

輪郭曲線パラメータのうち，粗さパラメータ，うねりパラメータ，断面曲線パラメータは，それぞれ，高さ方向のパラメータ，横方向のパラメータ，複合パラメータ，負荷曲線に関連するパラメータから成り立っている。高さパラメータは，さらに"山及び谷の極大"と"高さ方向の平均"とに二分される。粗さパラメータを例にした場合の記号一覧を表 12.1 に示す。

うねりパラメータと断面曲線パラメータの場合には，頭文字を R から W と P にそれぞれ変えればよい。表中の横方向のパラメータ RPc（ピークカウント数）は ISO 4287:1997/Amd 1:2009 によって追加されたものである。特別に指示がない限り，評価長さ L のデフォルト値は 10 mm としている。

表 12.1　粗さパラメータ記号

高さ方向のパラメータ		横方向のパラメータ	複合パラメータ	負荷曲線に関連するパラメータ
山及び谷の極大	高さ方向の平均			
$Rp, Rv, Rz, Rc, Rt, Rz_{JIS}$	$Ra, Rq, Rsk, Rku, Ra_{75}$	RSm, RPc	Rq	$Rmr(c), R\delta c, Rmr$

モチーフパラメータ（motif parameters）では，粗さモチーフパラメータに上限長さ A が，うねりモチーフパラメータに上限長さ B（$>A$）が必須となる。それぞれに平均長さ及び平均深さ並びに最大深さのパラメータがある。モチーフパラメータの記号一覧を表 12.2 に示す。表中の Wte は，包絡うねり曲線の全深さを示す。

表 12.2 モチーフパラメータ記号

	平均深さ	最大深さ	全深さ	平均長さ
粗さモチーフパラメータ	R	Rx	−	AR
うねりモチーフパラメータ	W	Wx	Wte	AW

プラトー構造表面に対しては，輪郭曲線パラメータの負荷曲線に関連するパラメータと異なるパラメータが定義されている。特殊なフィルタ処理を経た後の線形表現又は正規確率紙上での負荷曲線に基づいており，前者は粗さ曲線に対してだけ，後者は粗さ曲線及び断面曲線の両方で定義されている。

12.3　輪郭曲線方式の測定方法及び校正方法

輪郭曲線方式に則った場合，測定断面曲線を得るには，図12.3の触針式表面粗さ測定機（JIS B 0651:2001）を使用する。この測定機は，通常，ダイヤモンド触針の上下動を電気信号に変換するプローブユニットを測定対象面のひろがり方向に相対的に直線走査するもので，触針の横座標位置（X軸）と振幅位置を二次元の離散点量子化データとして採取する。球状の触針先端形状を前提としており，測定力（押付け力）及び先端半径などが規格化されている。それらの影響を軽減又は標準化するために，さまざまな校正手段が提唱されている。

なお，前掲のカットオフ値 λ_s は触針先端半径のあいまい性を排除するために導入されたものであり，測定断面曲線から断面曲線を得るための必須条件である。当該規格に則った触針式表面粗さ測定機を測定手段として表面性状を評価する場合には，すべて輪郭曲線方式の範疇に入り，モチーフパラメータ及び負荷曲線に関連するパラメータを算出することもできる。触針を球形状のプローブ（転がり円の半径 r tip）に換えることで，転がり円うねり（rolling circle waviness）を直接測定することもできる。

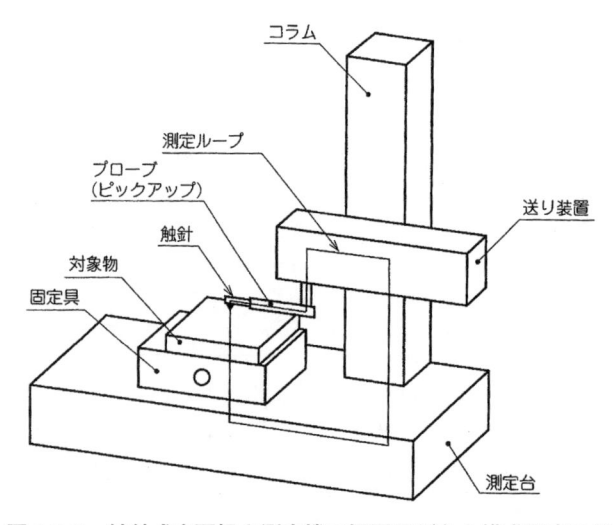

図 12.3　触針式表面粗さ測定機の概要及び主な構成要素の例

GPS基本規格のチェーンリンク番号6のうち，合否判定にかかわる要求事項は，測定装置の仕様が満足されているか否かを検証するための測定標準及び校正標準並びに校正手順を定める規格である。JIS B 0659-1:2002（≒ ISO 5436-1:2000）は，触針式表面粗さ測定機を校正するための標準片を規定している。標準片のタイプ及び名称を表12.3に示す。

表12.3　標準片のタイプ及び名称

タイプ	名　　称
A	深さ用標準片
B	触針先端用標準片
C	間隔用標準片
D	粗さ用標準片
E	座標用標準片

　また，JIS B 0670:2002（≒ ISO 12179:2000）は，触針式表面粗さ測定機の計測特性並びに校正及び測定の不確かさを同定するための手順を規定している。
　計測特性として，次が掲げられている。
　① 残さ（渣）曲線の校正
　② 輪郭曲線の縦方向成分の校正
　③ 輪郭曲線の横方向成分の校正
　④ 座標系の校正
　⑤ 総合点検
　また，測定の不確かさに関しては，標準片の証明書に基づいてISO/TS 14253-2:1999（ただし，ISOは2011年に改正）の方法に従って推定するとしている。

12.4　三次元の表面性状

　前節では輪郭曲線方式による二次元情報の表面性状を対象とした。この節では触針の走査方向にY軸を加え，実表面の輪郭形状を直交3軸からなる空間座標で離散点量子化データとする三次元表面性状を取り扱う。
　ISO/TC 213/WG 16及びWG 15は，三次元（areal）の表面性状に関して，GPS基本規格のマトリックスのチェーンリンク番号1～6に該当する新規の規格並びに現行の輪郭曲線方式を三次元に適合させた拡張版を検討している。
　三次元の表面性状でISOが発行した最初の規格は，ISO 25178-6:2010 ［Geometrical product specifications（GPS）— Surface texture：Areal — Part 6：Classification of methods for measuring surface texture］である。これは三次元に限ったものではなく，①粗さ曲線，②うねり曲線，③断面曲線をも包含するチェーンリンク番号5に属す規格である。ただし，表面性状の測定方法の分類に関するものであるため，個々の測定方法に対して具体的な要求事項を述べてはいない。上記規格の概要を図12.4に示した。図中の三次元の表面凹凸を測定する方法に掲げられた方式は，原則として，二次元の輪郭曲線を測定する方法にも適用が可能である。

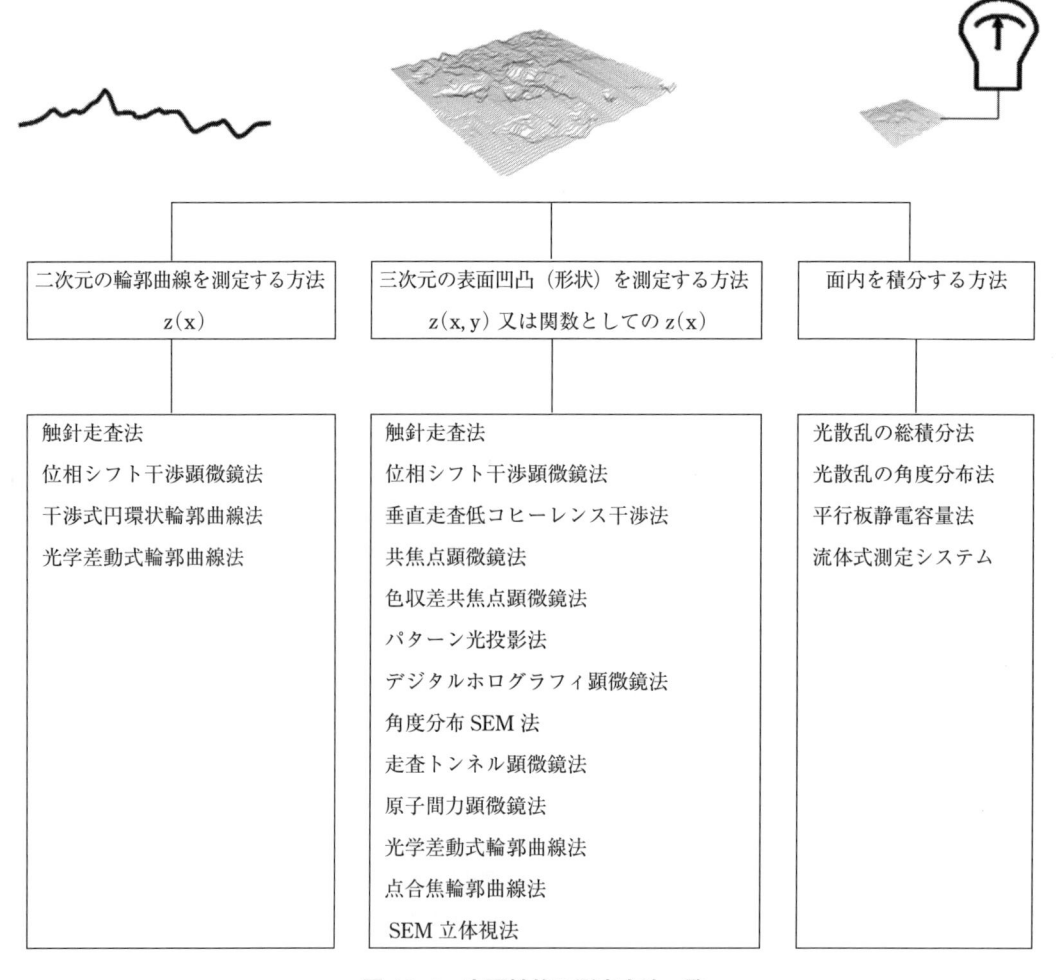

```
                    ┌─────────────────────┬─────────────────────┬─────────────────────┐
                    │  二次元の輪郭曲線     │  三次元の表面凹凸（形状）│   面内を積分する方法  │
                    │  を測定する方法       │  を測定する方法       │                     │
                    │      z(x)           │  z(x, y) 又は関数としてのz(x) │              │
                    └─────────────────────┴─────────────────────┴─────────────────────┘
```

二次元の輪郭曲線を測定する方法 z(x)	三次元の表面凹凸（形状）を測定する方法 z(x, y) 又は関数としての z(x)	面内を積分する方法
触針走査法	触針走査法	光散乱の総積分法
位相シフト干渉顕微鏡法	位相シフト干渉顕微鏡法	光散乱の角度分布法
干渉式円環状輪郭曲線法	垂直走査低コヒーレンス干渉法	平行板静電容量法
光学差動式輪郭曲線法	共焦点顕微鏡法	流体式測定システム
	色収差共焦点顕微鏡法	
	パターン光投影法	
	デジタルホログラフィ顕微鏡法	
	角度分布 SEM 法	
	走査トンネル顕微鏡法	
	原子間力顕微鏡法	
	光学差動式輪郭曲線法	
	点合焦輪郭曲線法	
	SEM 立体視法	

図 12.4　表面性状の測定方法一覧

　輪郭曲線方式については，すでに触針式表面粗さ測定機の特性（JIS B 0651:2001）が発行されている（12.3 節を参照）。それを三次元に拡張したものが触針走査法の測定機であり，ISO 25178-601:2010 ［Geometrical product specifications（GPS）— Surface texture：Areal — Part 601：Nominal characteristics of contact（stylus）instruments］が ISO 25178-6 の下層に位置づけられる。

　ISO/TC 213 では，製品の固体表面を，機械的な接触で検出する表面と，電磁波によって検出する表面に大別している。しかし，後者は測定原理に依存することが知られており，ISO/TC 213 が標榜する"あいまい性の排除"と逆行することになる。早急に打開策を講じる必要がある。

　三次元は，く（矩）形の境界とするのが一般的である。その領域を直交方向にそれぞれ等間隔に離散点量子化することで，表面凹凸のデジタルデータを得ることができる。測定原理及び測定方法は固定されるとして，その測定条件（サンプリング間隔と評価面積）並びにデータ処理条件（測定データの補正，フィルタ処理）が別に規格化されることが望ましい。その試金石として，ISO/TC 213 では ISO 25178-3［Geometrical product specifications（GPS）— Surface texture：Areal — Part 3：Specification operators］の制定を急いでいる。当該規格案では，オ

ペレータ,すなわち,測定条件とデータ処理条件などの一連の操作を図12.5のような手順で行うことを推奨している。図中のFオペレータは,主として形状成分を除去するためのものであり,通常,その指標値は測定領域の幅と同等かそれ以下となる。

また,Sフィルタは,短波長側の不確かさ成分を除去するためとしており,輪郭曲線方式のハイパスフィルタ(λ_s)にならっている。Lフィルタもローパスフィルタ(λ_c)と等価であり,輪郭曲線方式から類推するとS-L表面は,"粗さ曲面"と言い換えることが可能である。

測定データ処理の開始
⇩

形　状　成　分	
ある場合にはS-F表面	ない場合にはS-L表面

⇩

評　価　面　積	属　性	推奨条件と値
	方位	表面機能に依存して選定
	形	く形（正方形）
	サイズ（1辺）	S-F表面：Fオペレータのネスティング指標 S-L表面：Lフィルタのネスティング指標

⇩

Sフィルタの型	二次元のガウシアンフィルタ （短波長成分を減衰）
ネスティング指標	Fオペレータ/Lフィルタから導出
推　奨　値	1/100, 1/200, 1/300, 1/400, 1/500, 1/1 000 など

⇩

表面のタイプ

⇩　　　　⇩

機械的な接触で検出する表面
（推奨タイプ）

属　性	推　奨　条　件
最大サンプリング間隔	Sフィルタのネスティング指標から定義
触針球の最大半径	Sフィルタのネスティング指標から定義

電磁波によって検出する表面

属　性	推　奨　条　件
最大サンプリング間隔	Sフィルタのネスティング指標から定義
最大横周期限界	Sフィルタのネスティング指標から定義

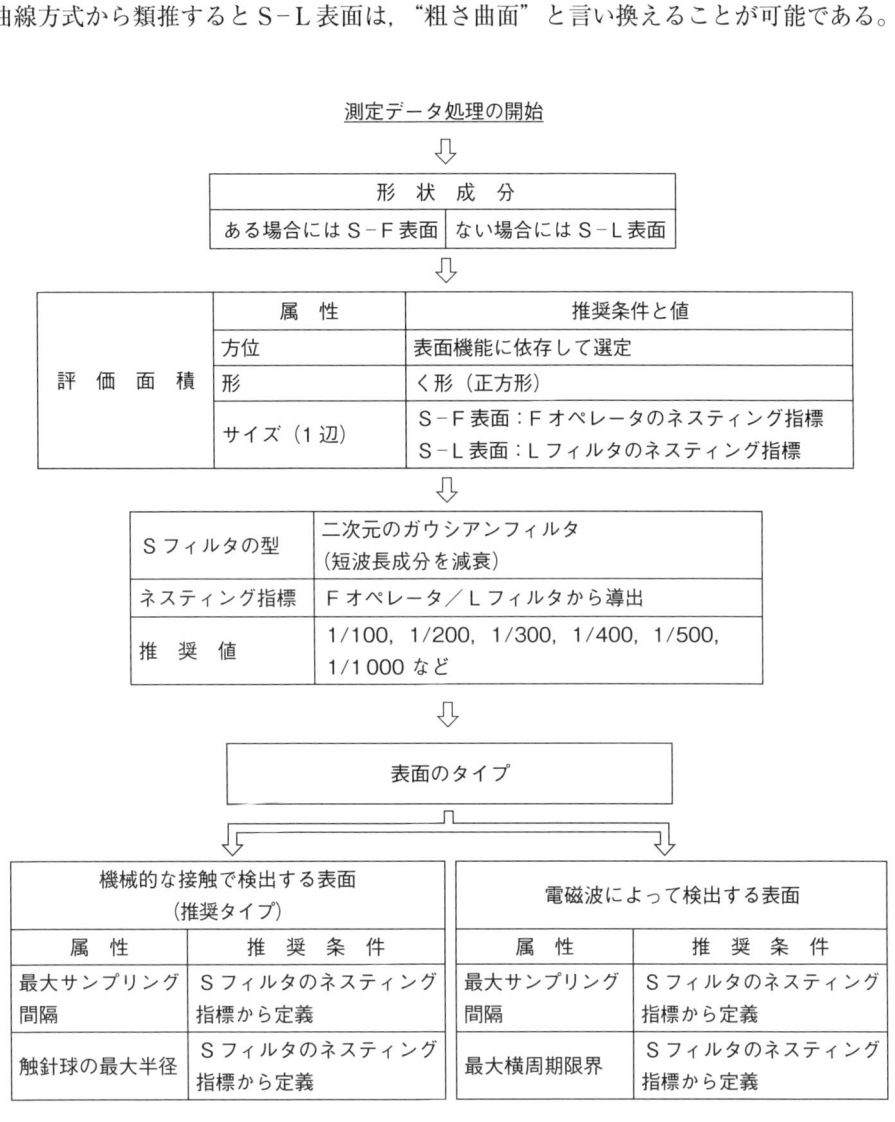

図12.5　表面凹凸に関する測定条件及びデータ処理の選定手順

図12.5の最下部の電磁気学的表面においては，注釈が付記されていることを強調したい。すなわち，最大サンプリング間隔がSフィルタのネスティング指標値（カットオフ値と類似）の1/3を元に計算されること，最大横周期限界をネスティング指標値に一致させること，さらには使用する測定機及び被測定面との兼合いで，最大サンプリング間隔が推奨値以外の適正値に落ち着くこともあるとしている。しかし，一見合理的と映るものの，最大サンプリング間隔は，力学的表面の場合に達成した必要十分条件を満足していない。

また，もっと深刻な問題は，測定データに異常値（測定原理に則らないデータ）が含まれる事態が不可避の現況にあることである。異常なデータを同定して何らかの補正をする前処理条件が必須にもかかわらず，市場ではその場しのぎの対処が続けられている。

以上のほかに，輪郭曲線も三次元の表面凹凸も必然的に境界があるため，測定データが不連続となり，境界付近のFオペレータによる処理とLフィルタ処理には工夫を要するはずである。①境界の外にデータを補う方法，②境界近傍での重み関数を変形する方法，③自然境界条件方法（スプライン当てはめ方法）などが考案されている。これらのデータ処理技法は，研究途上にあるものの，ISO/TS 16610-28:2010［Geometrical product specification（GPS）— Filtration — Part 28: Profile filters: End effects］に類別してまとめられている。しかし，それらの適用規範は定まっていない。

図12.5の中のフィルタは，改訂を検討中（CD段階）の二次元のガウシアンフィルタ［ISO 16610-61［Geometrical product specification（GPS）— Filtration — Part 61: Profile filters: Linear areal filters: Gaussian filters］を指す。カットオフ値Lは，断らない限り全方向で一定とすることが推奨条件である。

また，Fオペレータは，ガウシアンフィルタ以外のデータ処理方法（例えば，モルフォロジカルフィルタやウェーブレットなど）を意味する。

上述した"機械的な接触で検出する表面"及び"電磁波によって検出する表面"のいかんに関わらず，ISO/TC 213では三次元の表面性状パラメータについて表記方法と定義とを検討してきた。ISO 25178-2［GPS — Surface texture : Areal — Part 2: Terms, definitions and surface texture parameters］は2012年3月に発行され，Part 3: Specification operators は規格化の直前（FDIS）にある。ただし，三次元の表面性状の図示方法に関する同シリーズのPart 1: Indication of surface texture は，実用上の問題点を多く抱えているため，国際規格案の作成段階に留まっている。

12.5　表面性状の指示方法

表面性状の文書情報への指示方法は，JIS B 0031:2003（= ISO 1302:2002）に規定されている。
同規格では，原則として輪郭曲線方式に限っているが，後述の筋目方向を指示する記号の付与によって，加工方法並びに加工方向と測定方向の関係を示唆することができる。

12.5.1 図示記号
(1) 基本となる図示記号

表面性状（surface texture）の図示方法は，基本図示記号（図12.6），除去加工をする図示記号（図12.7）及び除去加工をしない図示記号（図12.8）がある。

図12.6 基本図示記号　　**図12.7** 除去加工をする図示記号　　**図12.8** 除去加工をしない図示記号

表面加工の要求事項などは，図12.6～図12.8に示す図示記号の長いほうの斜線の上端に直線を付けて（図12.9），その線の上側に指示する。

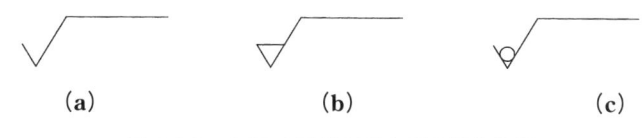

(a)　　　(b)　　　(c)

図12.9 加工の要求事項などの記入場所

(2) 要求事項の指示位置

図示記号を用いた表面性状の要求事項の指示位置は，図12.10による。

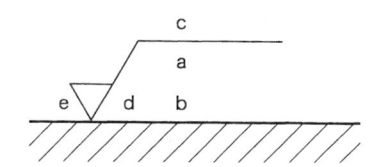

凡例
- **a** 通過帯域又は基準長さ，表面性状パラメータ（例：Ra, Rz, など）
- **b** 複数パラメータを要求するときの2番目以降の表面性状パラメータ（例：Ra に対して，ホーニング時の tp）…tp：負荷長さ率
- **c** 加工方法（日本語又は加工方法記号）（例：旋削，Lなど）
- **d** 筋目とその方向（例：X, Tなど）
- **e** 削り代（例：JIS B 0403 の削り代，独自の数値）

図12.10 要求事項の指示位置

12.5.2 要求事項の一般的指示

(1) 全周の適用指示

表面性状は，個々の形体の単位で指示するが，全周に同じ指示をする場合には，図 12.11 に示すように，図示記号の長いほうの脚の上方の折れたところへ○印を付記する。

なお，図 12.11（a）の正面と背面には，指示した表面性状は適用されない。

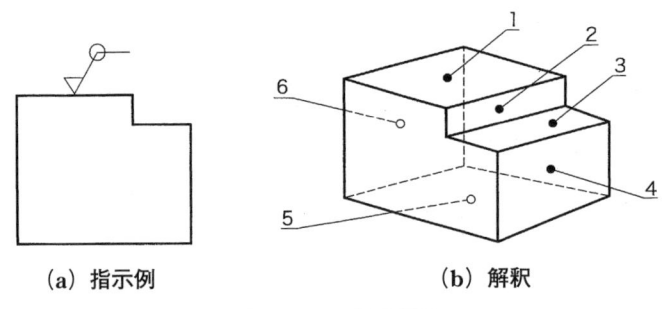

(a) 指示例　　(b) 解釈

図 12.11　全周記号

(2) 限定部分への指示

表面性状は，個々の形体の単位で指示するが，形体の限定部分へ指示する必要がある場合には，太い一点鎖線（特殊指定線という）を対象とする形体から少し離して引き，それに指示する（図 12.12）。

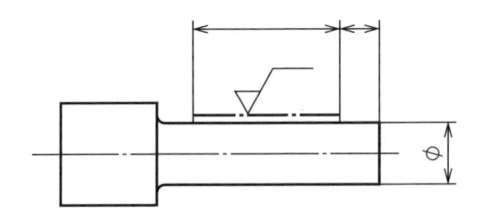

図 12.12　限定部分への指示例

(3) 寸法線への指示

寸法指示の次に表面性状の要求事項を指示する場所がある場合，又は誤解のおそれがない場合には，図 12.13 に示すように寸法線上に接して指示することができる。

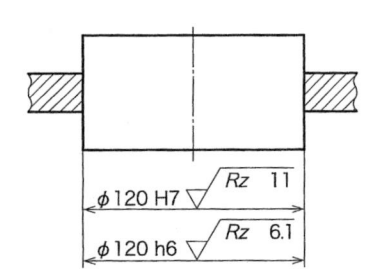

図 12.13　寸法線への指示例

(4) 幾何公差の公差記入枠への指示

誤解のおそれがない場合には,表面性状の要求事項を幾何公差の公差記入枠へ図 12.14 のよう指示することができる。

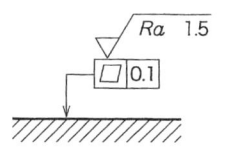

図 12.14　幾何公差の公差記入枠への指示例

12.5.3　表面性状パラメータの指示

(1) 一般事項

表面性状の要求は,次の事項を必要とする。

① 三つの輪郭曲線の区別（R, W 又は P）

R は粗さ曲線（Roughness profile）の,W はうねり曲線（Waviness profile）の,そして P は断面曲線（Primary profile）の略号である。これらの総称が輪郭曲線（profile）である。

② 表面性状パラメータの種類

表面性状パラメータの種類には,輪郭曲線パラメータ,モチーフパラメータ及び負荷曲線に関連するパラメータがある。

　　　表面性状パラメータ：Ra, Rz, RSm

③ 評価長さに含まれる基準長さの数

評価長さ（ln）は,標準値に従うが,それがない場合には,基準長さの数をパラメータ記号に指示する。

　　　例：$Ra3, Rz3$ など。

④ 指示された許容限界値の解釈

許容限界値は,次のうちのいずれかとする。

　　　—16 % ルール

　　　—最大値 ルール

標準ルールは 16 % ルールとするが,最大値ルールを適用する場合にはパラメータ記号の後に "max" を付記する（図 12.15）。

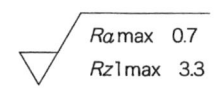

図 12.15　最大値ルールを適用例

(2) 許容限界値の指示

(a) 片側許容限界値　許容限界値は,パラメータ記号とその値及び通過帯域によって表す。

パラメータの片側許容限界値は,パラメータ記号とその値及び通過帯域が指示されている場合には,"16 % ルール" 又は "最大値ルール" に従った片側許容限界の上限値を表す。そして,パラメータ記号とその値及び通過帯域の指示が "16 % ルール" 又は "最大値ルール" に従っ

たパラメータの片側許容限界の下限値を表す場合には，パラメータ記号の前に文字Lを付ける。

　例：L Ra　0.32

(b) 両側許容限界値　両側許容限界値は，二つの限界値を上の行及び下の行に分けて表面性状の図示記号に指示する。すなわち，文字Uに続くパラメータ記号とその上限値（"16％ルール"又は"最大値ルール"）を上の行に，文字Lに続くパラメータ記号とその下限値を下の行に指示する（図12.16）。上限値及び下限値が同じパラメータによって指示されている場合には，上限値及び下限値であることが明確に理解できれば，記号U及びLを省略してもよい。

なお，記号Uは上限（Upper），Lは下限（Lower）の頭文字である。

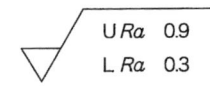

$$\sqrt{}\; \begin{array}{l} U\,Ra \;\; 0.9 \\ L\,Ra \;\; 0.3 \end{array}$$

図12.16　両側許容限界値

12.5.4　パラメータの標準数列

(1) Ra の標準数列は，表12.4を推奨する。さらに，太字で示した数値を優先使用するのがよい。

表12.4　Ra の標準数列

単位　μm

	0.012	0.125	1.25	**12.5**	125
	0.016	0.160	**1.60**	16.0	160
	0.020	**0.20**	2.0	20	**200**
	0.025	0.25	2.5	**25**	250
	0.032	0.32	**3.2**	32	320
	0.040	**0.40**	4.0	40	**400**
	0.050	0.50	5.0	**50**	
	0.063	0.63	**6.3**	63	
0.008	0.080	**0.80**	8.0	80	
0.010	**0.100**	1.00	10.0	**100**	

(2) Rz 及び Rz_{JIS} の標準数列は,表 12.5 を推奨する。さらに,太字で示した数値を優先使用するのがよい。

表 12.5　Rz 及び Rz_{JIS} の標準数列

単位　μm

		0.125	1.25	**12.5**	125	1 250
		0.160	**1.60**	16.0	160	**1 600**
		0.20	2.0	20	**200**	
0.025	0.25	2.5	**25**	250	
0.032	0.32	**3.2**	32	320	
0.040	**0.40**	4.0	40	**400**	
0.050	0.50	5.0	**50**	500	
0.063	0.63	**6.3**	63	630	
0.080	**0.80**	8.0	80	**800**	
0.100	1.00	10.0	**100**	1 000	

(3) RSm の標準数列は,表 12.6 を推奨する。さらに,太字で示した数値を優先使用するのがよい。

表 12.6　RSm の標準数列

単位　μm

	0.012 5	0.125	1.25	**12.5**
	0.016 0	0.160	**1.60**	
	0.020	**0.20**	2.0	
0.002	**0.025**	0.25	2.5	
0.003	0.032	0.32	**3.2**	
0.004	0.040	**0.40**	4.0	
0.005	**0.050**	0.50	5.0	
0.006	0.063	0.63	**6.3**	
0.008	0.080	**0.80**	8.0	
0.010	**0.100**	1.00	10.0	

(4) $Rmr(c)$ の標準数列は,表 12.7 を推奨する。

表 12.7　$Rmr(c)$ の標準数列

$Rmr(c)$　(%)	10　15　20　25　30　40　50　60　70　80　90

(5) $Rmr(c)$ の切断レベルの標準数列は,表 12.8 を推奨する。

表 12.8　$Rmr(c)$ の切断レベルの標準数列(Rz に対する百分率)

c　(%)	5　10　15　20　25　30　40　50　60　70　75　80　90

12.6 加工・処理の指示

旋削，フライス削り，研削，塑性加工，めっき処理，塗装などの加工・処理の指示は，日本語，加工方法記号などを図示記号に指示する（図 12.17）。

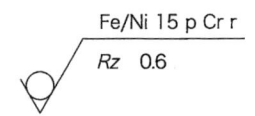

図 12.17 めっき処理の指示例

12.6.1 筋目方向の指示

切削，研削時などの加工方向によってできる筋目方向（lay）の指示は，表面性状の図示記号に対して筋目方向の記号（表 12.9）を用いて図 12.18 のように行う。

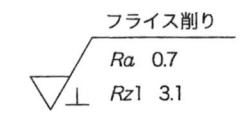

図 12.18 筋目方向の指示例

表12.9 筋目方向の記号

記号	説明図及び解釈	
=	筋目の方向が，記号を指示した図の投影面に平行 例　形削り面，旋削面，研削面	
⊥	筋目の方向が，記号を指示した図の投影面に直角 例　形削り面，旋削面，研削面	
X	筋目の方向が，記号を指示した図の投影面に斜めで2方向に交差 例　ホーニング面	
M	筋目の方向が，多方向に交差 例　正面フライス削り面，エンドミル削り面	
C	筋目の方向が，記号を指示した面の中心に対してほぼ同心円状 例　正面旋削面	
R	筋目の方向が，記号を指示した面の中心に対してほぼ放射状 例　端面研削面	
P	筋目が，粒子状のくぼみ，無方向又は粒子状の突起 例　放電加工面，超仕上げ面，ブラスチング面	

備考　これらの記号によって明確に表すことのできない筋目模様が必要な場合には，図面に"注記"としてそれを指示する。

12.6.2 削り代の指示

削り加工を行う場合の削り代（required machining allowance）を，数値で表面性状の図示記号に指示する（図12.19）。鋳放し鋳造品の場合には，JIS B 0403:1995（本書第9章の表9.10）に規定する要求する削り代（RMA）の数値から選択するのがよい。

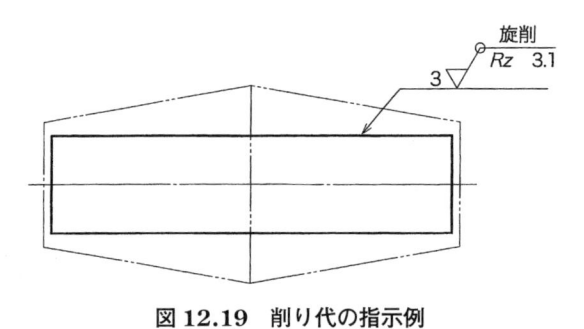

図12.19 削り代の指示例

12.6.3 図面指示ルール

(1) 一般事項

(a) 指示方向 要求事項を含む表面性状の図示記号は，図面の下辺又は右辺から（普通に）読み取ることができるように指示する（図12.20）。

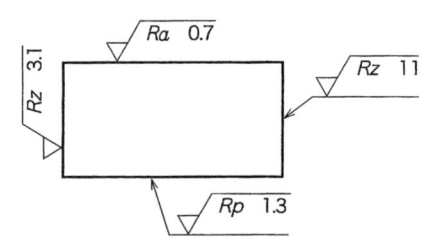

図12.20 下辺又は右辺から読めるように指示する例

(b) 延長線への指示 外形線の延長線に表面性状の図示記号を指示することができる（図12.21）。

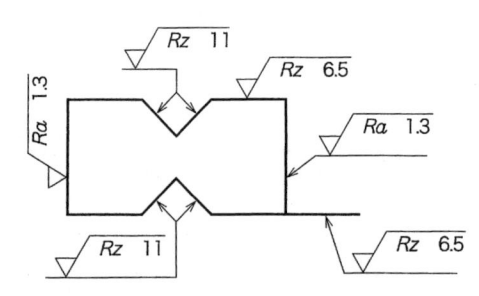

図12.21 外形線の延長線に図示記号を指示する例

(c) 寸法補助線への指示 対象とする形体に指示する表面性状の要求事項は，その形体に指示する場所がない場合には，対象とする形体の寸法補助線へ指示することができる（図12.22）。

12.6 加工・処理の指示　　249

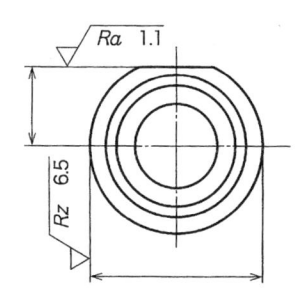

図12.22 寸法補助線への指示例

(d) 引出線　引出線は，引出線の先端に矢印を付けるが，実体の内部から引出線を引き出す場合には，黒丸を付けて指示する（図12.23）。

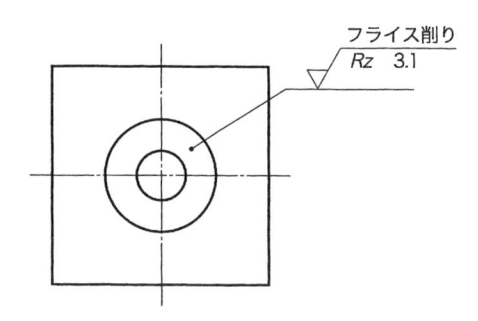

図12.23 黒丸を付けた引出線

(e) 表面処理前後の指示　表面処理前後で表面性状が異なるので，処理前後の表面性状を指示することができる（図12.24）。

なお，注記によることもできる。

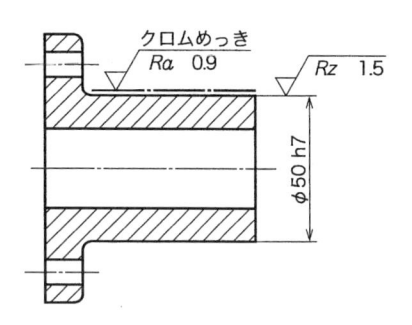

図12.24 表面処理前後の指示例

12.6.4　簡略図示

(1) 大部分の形体の表面性状の要求が同じで，一部分のそれが異なる場合には，図面表題欄の傍ら，主投影図の傍ら，又は参照番号の傍らに表面性状の要求事項を指示する（図12.25及び図12.26）。

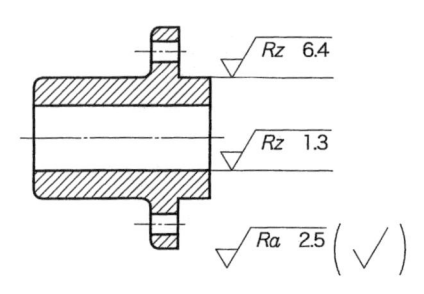

図 12.25 大部分の形体の表面性状の要求が同じ場合（基本図示記号を付ける）の例

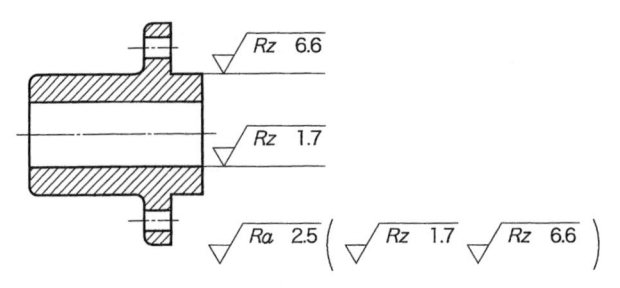

図 12.26 大部分の形体の表面性状の要求事項が同じ場合（異なった表面性状の要求を付ける）の例

(2) 表面性状の要求事項が同じ場合には，複数の形体に引出線を指示して，参照線に図示記号を指示してもよい（図 12.27）。

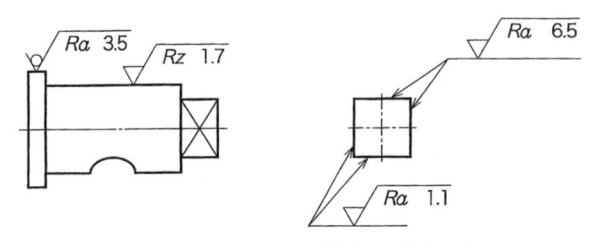

図 12.27 引出線が複数の場合の例

(3) 繰り返し指示が必要な場合，記入場所が狭く離れた場所への指示の場合，要求事項に文字記号を用いて，簡略指示ができる（図 12.28）。

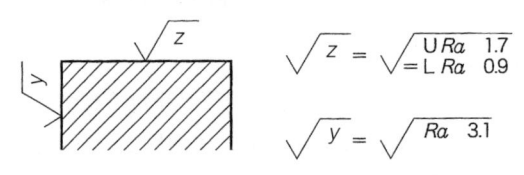

図 12.28 文字記号を用いた簡略指示例

(4) 図示記号だけを対象とする形体に指示し，表面性状の要求事項を図面表題欄の傍ら，主投影図の傍ら，又は参照番号の傍らに表面性状の要求事項を指示する（図 12.29〜図 12.31）。

図 12.29 加工方法を問わない場合の簡略指示例

図 12.30 除去加工を行う場合の簡略指示例

図 12.31 除去加工を行わない場合の簡略指示例

12.6.5 表面性状の要求事項を指示した図示例

表面性状の要求事項を指示した図示例を表 12.10 に示す。

表 12.10 表面性状の要求事項を指示した図示例

参照番号	図示記号	意味及び解釈
B.2.1	Rz 0.5	除去加工をしない表面，片側許容限界の上限値，標準通過帯域，粗さ曲線，最大高さ，粗さ 0.5 μm，基準長さ lr の 5 倍の標準評価長さ，"16 %ルール"（標準）（**JIS B 0633** 参照）
B.2.2	$Rzmax$ 0.3	除去加工面，片側許容限界の上限値，標準通過帯域，粗さ曲線，最大高さ，粗さ 0.3 μm，基準長さ lr の 5 倍の標準評価長さ，"最大値ルール"（**JIS B 0633** 参照）
B.2.3	0.008-0.8/Ra 3.1	除去加工面，片側許容限界の上限値，通過帯域は 0.008-0.8 mm，粗さ曲線，算術平均粗さ 3.1 μm，基準長さ lr の 5 倍の標準評価長さ，"16 %ルール"（標準）（**JIS B 0633** 参照）
B.2.4	-0.8/$Ra3$ 3.1	除去加工面，片側許容限界の上限値，通過帯域は **JIS B 0633** による基準長さ 0.8 mm（λs は標準値 0.002 5 mm），粗さ曲線，算術平均粗さ 3.1 μm，基準長さ lr の 3 倍の評価長さ，"16 %ルール"（標準）（**JIS B 0633** 参照）
B.2.5	U Ra max 3.1 L Ra 0.9	除去加工をしない表面，両側許容限界の上限値及び下限値，標準通過帯域，粗さ曲線，上限値；算術平均粗さ 3.1 μm，基準長さ lr の 5 倍の評価長さ（標準），"最大値ルール"（**JIS B 0633** 参照），下限値；算術平均粗さ 0.9 μm，基準長さ lr の 5 倍の標準評価長さ，"16 %ルール"（標準）（**JIS B 0633** 参照）
B.2.6	0.8-2.5/$Wz3$ 10	除去加工面，片側許容限界の上限値，通過帯域は 0.8-2.5 mm，うねり曲線，最大高さうねり 10 μm，基準長さ lw の 3 倍の評価長さ，"16 %ルール"（標準）（**JIS B 0633** 参照）
B.2.7	0.008-/$Ptmax$ 25	除去加工面，片側許容限界の上限値，通過帯域は粗さ曲線，λs=0.008 mm で高域フィルタなし，断面曲線，断面曲線の最大断面高さ 25 μm，対象面の長さに等しい標準評価長さ，"最大値ルール"（**JIS B 0633** 参照）
B.2.8	0.0025-0.1//Rx 0.2	加工法を問わない表面，片側許容限界の上限値，通過帯域は λs＝0.002 5 mm；A＝0.1mm，標準評価長さ 3.2 mm，粗さモチーフパラメータ：粗さモチーフの最大深さ 0.2 μm，"16 %ルール"（標準）（**JIS B 0633** 参照）

表 12.10 （続き）

参照番号	図示記号	意味及び解釈
B.2.9	∇ /10/R 10	除去加工をしない表面，片側許容限界の上限値，通過帯域は $\lambda s=$ 0.008 mm（標準）；$A=0.5$ mm（標準），評価長さ 10 mm，粗さモチーフパラメータ：粗さモチーフの平均深さ 10 μm，"16 %ルール"（標準）（JIS B 0633 参照）
B.2.10	∇ W 1	除去加工面，片側許容限界の上限値，通過帯域は $A=0.5$ mm（標準）；$B=2.5$ mm（標準），評価長さ 16 mm（標準），うねりモチーフパラメータ：うねりモチーフの平均深さ 1 mm，"16 %ルール"（標準）（JIS B 0633 参照）
B.2.11	∇ -0.3/6/AR 0.09	加工法に無関係な表面，片側許容限界の上限値，通過帯域は $\lambda s=$ 0.008 mm（標準）；$A=0.3$ mm，評価長さ 6 mm，粗さモチーフパラメータ：粗さモチーフの平均長さ 0.09 mm，"16 %ルール"（標準）（JIS B 0633 参照）

備考　表面性状パラメータ，通過帯域又は基準長さ，パラメータの値及び図示記号の選択は，例としてあげてある。

12.6.6　図　示　例

設計要求事項に対する図示例を表 12.11 に示す。

表 12.11　図示例

参照番号	要求事項	図示例
C.1	両側許容限界の表面性状を指示する場合の指示 　－両側許容限界 　－上限値 $Ra=55$ μm 　－下限値 $Ra=6.2$ μm 　－両者とも "16 %ルール"（標準）（JIS B 0633） 　－通過帯域 0.008-4 mm 　－標準評価長さ（5×4 mm＝20 mm）（JIS B 0633） 　－筋目は中心の周りにほぼ同心円状 　－加工方法：フライス削り	フライス削り ∇ U 0.008-4/Ra　55 　 C L 0.008-4/Ra　6.2 **参考**　原国際規格では，U 及び L が明確に理解できるこの例では U 及び L を省略してよいとなっているが，6.6.3 に従い迅速に判断できるように記号 U 及び L を付した。
C.2	1 か所を除く全表面の表面性状を指示する場合の指示 1 か所を除く全表面の表面性状 　－片側許容限界の上限値 　－$Rz=6.1$ μm 　－"16 %ルール"（標準）（JIS B 0633） 　－標準通過帯域（JIS B 0633 及び JIS B 0651） 　－標準評価長さ（5×λc）（JIS B 0633） 　－筋目の方向：要求なし 　－加工方法：除去加工 1 か所の異なる表面性状 　－片側許容限界の上限値 　－$Ra=0.7$ μm 　－"16 %ルール"（標準）（JIS B 0633） 　－標準通過帯域（JIS B 0633 及び JIS B 0651） 　－標準評価長さ（5×λc）（JIS B 0633） 　－筋目の方向：要求なし 　－加工方法：除去加工	∇ Rz　6.1 (∇) 　　　　　　　∇ Ra　0.7

表 12.11 （続き）

参照番号	要求事項	図示例
C.3	二つの片側許容限界の表面性状を指示する場合の指示 　－二つの片側許容限界の上限値 　　1) $Ra=1.5$ μm　　5) $Rz\max=6.7$ μm 　　2) "16 %ルール"（標準）（JIS B 0633）　6) "最大値ルール"（JIS B 0633） 　　3) 標準通過帯域（JIS B 0633 及び JIS B 0651）　7) 通過帯域-2.5 mm（λs は JIS B 0651） 　　4) 標準評価長さ（5×λc）（JIS B 0633）　8) 標準評価長さ（5×2.5 mm）（JIS B 0633） 　－筋目の方向：ほぼ投影面に直角 　－加工方法：研削	研削 Ra　1.5 ⊥ -2.5/$Rz\max$　6.7
C.4	閉じた外形線1周の全表面の表面性状を指示する場合の指示 　－片側許容限界の上限値 　－$Rz=1$ μm 　－"16 %ルール"（標準）（JIS B 0633） 　－標準通過帯域（JIS B 0633 及び JIS B 0651） 　－標準評価長さ（5×λc）（JIS B 0633） 　－筋目の方向：要求なし 　－表面処理：ニッケル・クロムめっき 　－表面性状の要求事項を閉じた外形線1周の全表面に適用	Fe/Ni 20 p Cr r Rz　1
C.5	片側許容限界及び両側許容限界の表面性状を指示する場合の指示 　－片側許容限界の上限値及び両側許容限界値 　　1) 片側許容限界の Ra　　1) 両側許容限界の Rz 　　　$Ra=3.1$ μm　　　2) 上限値 $Rz=18$ μm 　　2) "16 %ルール"　　　3) 下限値 $Rz=6.5$ μm 　　　（標準）（JIS B 0633）　4) 両者の通過帯域-2.5 mm 　　3) 通過帯域-0.8 mm　　　（λs は JIS B 0651） 　　　（λs は JIS B 0651）　5) 両者の標準評価長さ 　　4) 標準評価長さ（5×0.8　　　（5×2.5=12.5 mm） 　　　=4 mm）　　　　6) "16 %ルール"（標準） 　　　（JIS B 0633）　　　　（JIS B 0633） 　　　　　　　　　　　（明確に理解できる場合でも，U 及び L を指示するとよい。） 　－表面処理：ニッケル・クロムめっき	Fe/Ni 10 b Cr r -0.8/Ra　3.1 U -2.5/Rz　18 L -2.5/Rz　6.5
C.6	同じ寸法線上に表面性状の要求事項と寸法とを指示する場合の指示 キー溝側面の表面性状 　－片側許容限界の上限値 　－$Ra=6.5$ μm 　－"16 %ルール"（標準）（JIS B 0633） 　－標準評価長さ（5×λc）（JIS B 0633） 　－標準通過帯域（JIS B 0633 及び JIS B 0651） 　－筋目の方向：要求なし 　－加工方法：除去加工 面取り部の表面性状 　－片側許容限界の上限値 　－$Ra=2.5$ μm 　－"16 %ルール"（標準）（JIS B 0633） 　－標準評価長さ（5×λc）（JIS B 0633） 　－標準通過帯域（JIS B 0633 及び JIS B 0651） 　－筋目の方向：要求なし 　－加工方法：除去加工	2×45°　Ra　6.5 Ra　2.5 **参考** この例の指示は，誤った解釈が生じない場合にだけ用いることができる。例えば，同じ表面性状をもつキー溝の両側面，面取部分など。

表 12.11 （続き）

参照番号	要求事項	図示例
C.7	表面性状と寸法とを指示する場合の指示 　−寸法線上に一緒に指示，又は 　−関連する寸法補助線と寸法線にそれぞれ分けて指示 例示された三つの粗さパラメータの要求事項 　−片側許容限界の上限値 　−それぞれ $Ra=1.5\ \mu m$，$Ra=6.2\ \mu m$，$Rz=50\ \mu m$ 　−"16 %ルール"（標準）（**JIS B 0633**） 　−標準評価長さ（5×λc）（**JIS B 0633**） 　−標準通過帯域（**JIS B 0633** 及び **JIS B 0651**） 　−筋目の方向：要求なし 　−加工方法：除去加工	
C.8	表面性状，寸法及び表面処理を指示する場合。この例は，順次施される三つの加工方法又は加工面を指示する。 第 1 段階加工 　−片側許容限界の上限値 　−$Rz=1.7\ \mu m$ 　−"16 %ルール"（標準）（**JIS B 0633**） 　−標準評価長さ（5×λc）（**JIS B 0633**） 　−標準通過帯域（**JIS B 0633** 及び **JIS B 0651**） 　−筋目の方向：要求なし 　−加工方法：除去加工 第 2 段階加工 　−クロムめっき以外に表面性状の要求事項なし 第 3 段階加工 　−円筒表面の端から 50 mm の範囲だけに適用する片側許容限界の上限値 　−$Rz=6.5\ \mu m$ 　−"16 %ルール"（標準）（**JIS B 0633**） 　−標準評価長さ（5×λc）（**JIS B 0633**） 　−標準通過帯域（**JIS B 0633** 及び **JIS B 0651**） 　−筋目の方向：要求なし 　−加工方法：研削	

第 13 章　測定の不確かさ及び合否判定規則

　GPS 規格では，製品や測定器などが満たすべき幾何学的仕様が規定されているが，製品や測定機器が規定された仕様を満足しているかどうかを検証する必要がある．検証のための測定には必ず測定の不確かさが伴う．ここで，測定の不確かさとは，測定によって得られた測定値のあいまいさを定量的に表した数値であり，従来の測定誤差の大きさに相当するものである．

　さらに，規格適合性を評価する GPS の検証において，検証のための測定の不確かさを考慮した合否判定規則が必要となる．ISO/TC 213/WG 4 では，不確かさを考慮した合否判定規則にかかわる規格を開発しており，この章では，その概要について述べる．

13.1　測定の不確かさについて

　測定の不確かさ（measurement uncertainty）は，1993 年に ISO から初版が発行された国際文書"計測における不確かさの表現のガイド[1]"（Guide to the expression of uncertainty in measurement：GUM と略記，13.2 節を参照）によって，測定値の信頼性を統一的な概念のもとで定量的に表現するために提案され，広く使われるようになりつつある．この節では，測定の不確かさについて簡単に解説する．

　なお，測定の不確かさについて知識のある方々は 13.1 節を飛ばし，13.2 節から読んでいただいてよい．

13.1.1　測定の不確かさとは

　不確かさ（uncertainty）は"測定の結果に付随した，合理的に測定対象量に結び付けられ得る値のばらつきを特徴づけるパラメータ"（GUM より）と定義されている．この定義の中で，"合理的に測定対象量に結び付けられ得る値"とは，規定された測定対象量を正しく測定した結果の値を意味しており，測定対象量が変化したときに，それに従って変化する値，すなわち，"測定値の候補となり得る値"である．測定においては，測定値になり得る値を求め，その平均値など代表となる値を測定結果（測定値）として報告する．したがって，不確かさとは"測定結果のばらつきを特徴づけるパラメータ"である，ということができる．ばらつきを特徴づけるパラメータとしては，標準偏差 σ，標準偏差の倍数（例えば，2σ，3σ など），信頼の水準が明示された区間の半分の値などが定義の注記に示されている．それぞれ，次項で述べる，標準不確かさ（standard uncertainty），拡張不確かさ（expanded uncertainty）が対応している．

13.1.2 測定の不確かさの表現方法

不確かさの数値表現には，次の三とおりがある。

　　・標準不確かさ u：標準偏差で表される，測定結果の不確かさ。
　　・合成標準不確かさ u_c：各要因の不確かさ成分を合成した測定結果の標準不確かさ。
　　・拡張不確かさ U：測定値の候補の大部分を含むと期待される区間を示す不確かさ。

不確かさ（uncertainty）について，標準不確かさは小文字の u で，また，拡張不確かさは大文字の U で表記される。

標準不確かさ u で使われる標準偏差は"分散の正の平方根"と定義されており，ばらつきの大きさ，すなわち，分布のひろがりを表すパラメータである。データが n 個あるとき，個々のデータの平均値からの偏差 $(x_i - \bar{x})$ の2乗の平均の平方根で計算され，平均2乗誤差とも呼ばれている。標準偏差は，統計学の中でよく研究されており，その性質は明確であるため，不確かさを評価するときには，標準不確かさ u が使われる。

合成標準不確かさ u_c は，ばらつきの原因になる不確かさ要因ごとに見積もった不確かさ成分を合成し，測定結果の標準不確かさとして一つの数値にまとめたものである。後で述べる不確かさの評価の中で説明する。

拡張不確かさ U は，測定値の分布を考えて，± U の区間に含まれる測定値が分布の大部分であり，測定を繰返したときおおむねその範囲に測定値がばらついている区間であることを示している。標準偏差は計算には便利であるが，それが意味するものが測定結果の応用の場面ではわかりにくい指標であるため，測定結果の一般の使用者にもその意味がわかりやすい不確かさの表現として，拡張不確かさが使われる。その区間に含まれる"測定値の大部分"の割合を表すのに"信頼の水準"又は"包含確率"を用いる。包含確率（信頼の水準）を約95％とすれば，± U の区間に約95％の測定値が含まれることを意味する。拡張不確かさは標準不確かさに包含係数 k を乗じて求める。一般に，包含確率（信頼の水準）が約95％に相当する包含係数を $k = 2$ として，

$$U = k \times u = 2 \times u \tag{13.1}$$

が使われる。

また，不確かさを測定値で除した値は，"相対不確かさ"と呼ぶ。標準不確かさ u を測定値 y で除した値 u/y は"相対標準不確かさ"，拡張不確かさ U を測定値 y で除した値 U/y は"相対拡張不確かさ"と呼ぶ。

例えば，測定結果の報告の中で次の報告をしたとする。

　　　　測定値　$y = 1.2345$（g），ただし，標準不確かさ　$u = 0.0025$（g）

この報告は，測定値のばらつきを特徴づけるパラメータである標準不確かさ（標準偏差）は 0.0025（g）であり，測定値の候補になり得る値は，測定値 $y = 1.2345$（g）を中心に図13.1のように分布をしていることを表している。標準不確かさは，分布のばらつきの大きさを定量的に表す。標準不確かさが大きければ，ばらつきが大きい。

13.1 測定の不確かさについて

標準不確かさ
$u = 0.0025$ (g)
（標準偏差）

報告された測定値
$y = 1.2345$ (g)
（平均値）

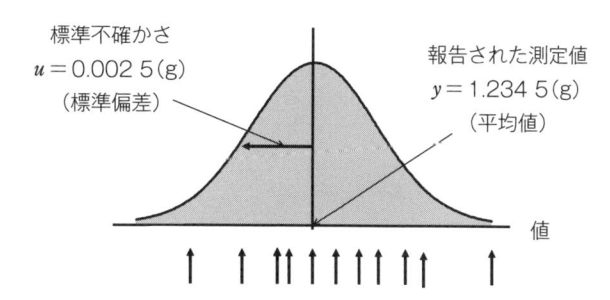

値

合理的に測定対象量に結びつけられ得る値
（測定値の候補となり得る値）

図 13.1　測定値の分布と不確かさ

標準不確かさではなく拡張不確かさを用いて測定結果を報告する場合には，次のようになる．
　　測定値　$y = 1.2345$（g），ただし，拡張不確かさ　$U = 0.0050$（g）（$k = 2$）
また，次のような表し方もある．
　　測定結果　$y \pm U$（$k = 2$）：1.2345 ± 0.0050（g）（$k = 2$）
拡張不確かさの場合には，必ず包含係数 k の値を付記する．また，記号±は区間を表す記号であるので，標準不確かさで報告する場合には，使用しないほうがよい．

従来，測定の結果を報告する場合，測定値だけを報告することがほとんどであったが，測定値とその不確かさを報告することが完全な測定結果の報告として，今後要求されることになる．

13.1.3　測定の不確かさの評価方法

測定値の候補となる値の分布を求めるのが不確かさの評価である．不確かさの評価においては，標準不確かさが利用される．すなわち，不確かさの評価とは，不確かさを数値として表現するために必要な標準偏差を評価する方法である．

測定の不確かさの評価手順をまとめると，図 13.2 のようになる．

不確かさ要因を列挙
　　数学モデル
　　$y = f(x_1, x_2, \cdots, x_N)$

不確かさ成分の見積もり
　　タイプAの評価
　　タイプBの評価

合成標準不確かさの計算
　　不確かさの伝播則
　　$u_c^2 = \sum c_i^2 u^2(x_i)$

拡張不確かさの計算
　　包含係数 k・信頼の水準 p
　　$U = k u_c$

不確かさ評価の文書化

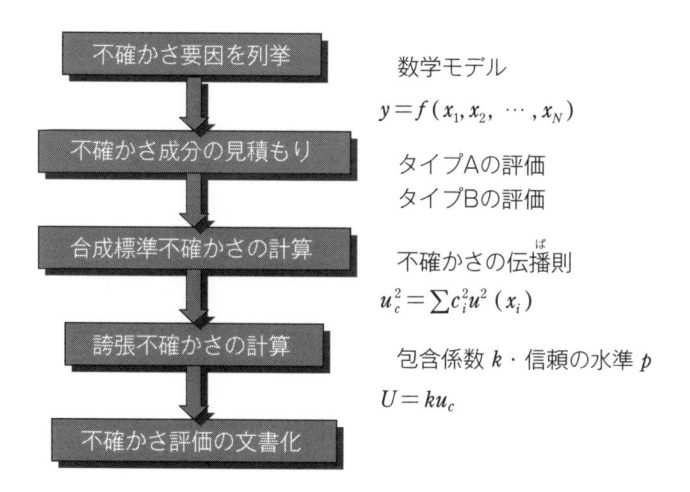

図 13.2　不確かさ評価・説明の手順（GUM）

まず，不確かさの生じる要因を挙げるとともに，測定のプロセスを数学モデルとして定式化することから，不確かさの評価の**第1ステップ**が始まる。例えば，間接測定の測定量 Y は直接に測定されるのではなく，量 Y でない N 個の他の種類の量 $X_1, X_2, \cdots, X_N$ の測定から求められることがある。このとき，N 個の入力量 X_i から測定量 Y を求める関数（モデル式ともいう）によって，測定の数学モデルが表現される。

$$Y = f(X_1, X_2, \cdots, X_N) \tag{13.2}$$

例えば，面積 S の例では，長方形の縦，横の長さを，それぞれ，X_1, X_2 と置き換えれば，

$$Y = S = X_1 \times X_2 \tag{13.3}$$

というモデル式ができる。このモデル式は，X_1, X_2 がそれぞれ長方形の縦と横の長さを表したとき，そのそれぞれを測定し，積をとることによって，測定対象量である面積を求めることができる，という測定のプロセスを表現している。

不確かさの要因が測定結果にどのように影響するかがわかっていれば，モデル式に組み込むことができる。例えば，温度や圧力などの補正式の場合である。影響がわからない場合であっても，どのような要因が測定結果に影響するかを明確にしておくことが必要である。

第2ステップでは，数学モデル式の入力量 X のばらつきを表す標準偏差を求めることによって不確かさ要因による不確かさ成分を評価する。GUMでは，不確かさ（標準偏差）の評価方法を二とおりに分類している。

① （不確かさの）タイプAの評価［Type A evaluation（of uncertainty）］
　　一連の観測値の統計的解析による不確かさの評価方法。
② （不確かさの）タイプBの評価［Type B evaluation（of uncertainty）］
　　一連の観測値の統計的解析以外の手段による不確かさの評価方法。

これをもう少し砕いて対比的に示すと，次のようになる。

① タイプAの評価：実際のデータから計算する評価方法。度数根拠分布を基にする。
② タイプBの評価：経験や知識から推定する評価方法。先験的分布を基にする。

タイプAの評価方法において，実際に n 個の観測値データ x_i（$i = 1, \cdots, n$）があれば，実験標準偏差 s は次の式で計算される。

$$u(x) = s(x_i) = \sqrt{\frac{\sum_{i=1}^{n}(x_i - \bar{x})^2}{n-1}} \tag{13.4}$$

ここで，$\bar{x}$ はデータの平均値である。このように計算された実験標準偏差 $s(x_i)$ によって標準不確かさ u を，$u = s(x_i)$ として推定する。

また，n 個の測定値の候補 y_i の平均値 $\bar{y}$ が報告される測定結果 y とする場合，すなわち，

$$y = \bar{y} = \frac{\sum y_i}{n} \tag{13.5}$$

とした場合には，元のデータ y_i の標準偏差を σ とすれば，

$$u(y) = u(\bar{y}) = \frac{\sigma(y_i)}{\sqrt{n}} \tag{13.6}$$

となる。

このように，観測値データがあれば，実際に分布のばらつきを簡単な計算から求めることができる。観測値データから求めた分布は度数根拠分布と呼ばれている。ただし，標準偏差の計算の段階では分布の形は想定されておらず，正規分布を仮定しなくても標準偏差又は標準不確かさの計算や議論は可能である。

ばらつきを表す標準偏差の計算には多くのデータが必要である。しかし，一つのデータしかとれない場合もある。このようなときには，本来その量はどの程度ばらついているか，もし多数のデータがとれたとすればどの程度ばらつくか，を推定しなければならない。このような場合の評価方法がタイプBの評価である。統計的解析以外の手段としては，技術的に説明可能であり，標準偏差に相当する値を推定することさえできれば，どのような方法でもよい。

GUMの中では，タイプBの評価方法として，次のような例示がされている。すなわち，以前の測定データ，装置や測定器の製造者の仕様，他の試験機関，校正機関が発行する成績書や校正証明書に記載された不確かさなどのデータ，参考データ，測定に関する一般的知識や経験など，入手できるすべての情報に基づく科学的な判断によって，標準偏差又は標準偏差に相当する値の推定をし，不確かさの評価を行う。測定者の経験や知識によって仮定された入力量の分布は，先験的[2]［アプリオリ（*a priori*）］分布という。

さらに，入力量の分布の限界値 a と分布の形が先験的にわかっている場合には，限界値 a からその標準偏差が計算でき，その標準偏差によって，標準不確かさを推定することができる。図13.3にその例を示す。

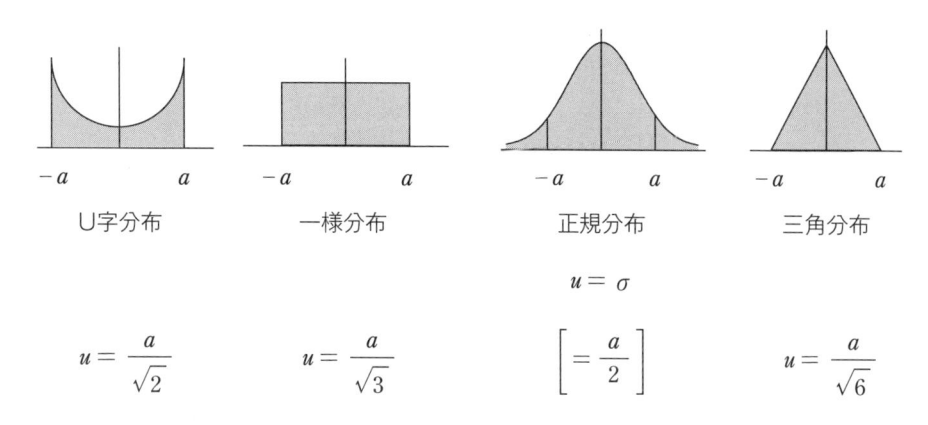

U字分布	一様分布	正規分布	三角分布
$-a$ ～ a	$-a$ ～ a	$-a$ ～ a	$-a$ ～ a
$u = \dfrac{a}{\sqrt{2}}$	$u = \dfrac{a}{\sqrt{3}}$	$u = \sigma$ $\left[= \dfrac{a}{2} \right]$	$u = \dfrac{a}{\sqrt{6}}$

図13.3　限界値から標準偏差を推定できる場合（分布形がわかれば推定ができる）

第3ステップでは，入力量の不確かさからモデル式を用いて計算された測定値の不確かさ（合成標準不確かさ）を計算する。ここで，入力量 X_i の標準不確かさ $u(x_i)$ はわかっているものとすれば，次の"不確かさの伝ぱ（播）則"の式を用いて，測定値 y の不確かさを計算することができる。

$$u_c^2(y) = \sum_{i=1}^{N} \left[\frac{\partial f}{\partial x_i} \right]^2 u^2(x_i) \tag{13.7}$$

ここで，関数 f はモデル式である．$u_c(y)$ は合成標準不確かさ（combined standard uncertainty）と呼ばれており，最終的な測定の結果である測定値 y の不確かさを表している．添え字の c は，合成（combined）の英語の頭文字を表している．

第4ステップでは，拡張不確かさを計算する．本来，合成標準不確かさを評価することができれば，不確かさの評価としては十分である．しかし，現実の測定の応用においては標準不確かさではわかりにくいという要請に応じて，一般の測定の利用者にもわかりやすい"拡張不確かさ"による表現が行われる．

拡張不確かさは，"測定の結果について，合理的に測定量に結び付けられ得る値の分布の大部分を含むと期待される区間を定める量"と定義されている．少し砕いていえば，"測定値の候補の分布の大部分を含む区間を与える不確かさ"であり，"± U の区間に測定値の大部分が含まれる"ことを表す不確かさである．

拡張不確かさ U は，次のように計算される．

$$U = k \times u_c(y) \tag{13.8}$$

ここで，係数 k は包含係数（coverage factor）と呼ばれ，その値は，"分布の大部分"の割合すなわち信頼の水準 p の設定と，測定値の候補の分布の形，標準偏差の推定の信頼度などによって決まる．一般に，k は2〜3の値をとる．

GPS規格では，ほとんどの場合，$k = 2$ の拡張不確かさが用いられている．測定値の候補の分布が正規分布であれば，$y - 2U < x < y + 2U$ の区間に，測定値の約95％が含まれる．ここでは，統計解析における 2σ の信頼区間の考え方が援用されている．

包含係数 k の値の選択については，標準偏差を求めるためのデータが少ない場合に，より精密な議論をするために，元のデータの分布が正規分布であることを仮定して，信頼の水準，標準偏差の推定の信頼度を表す有効自由度を用いて t 分布表から求める方法があるが，ここでは省略する．詳しくはGUMを参照してほしい．

最終的に，**第5ステップ**で，測定を行うごとに評価手順が異なることがないように，また，不確かさの利用者に説明ができるように，不確かさの評価方法を文書化する．ISO/IEC 17025:2005（= JIS Q 17025:2005）などに基づく試験所認定においては，不確かさの評価手順の文書化が認定の必須条件として要求されている．

13.1.4 不確かさの見積もり事例 —端度器の校正の不確かさ

ここでは，不確かさの見積もりの例として，GUMの附属書H.1に掲載されている，端度器の校正の事例を紹介する．詳しくは，GUM附属書を参照いただきたい．

(1) 端度器の校正測定の概要：第1ステップ

まず，校正の手順を整理して，モデル式を求める．

端度器の校正では，公称値50 mmの端度器の長さを，同じ公称値をもつ標準端度器との比較測定によって決定する．この比較測定において直接測定される量は，二つの端度器の差 d であり，比較器により測定される．標準温度である20℃との温度差の補正をする．すなわち，

$$d = l(1 + \alpha\theta) - l_s(1 + \alpha_s \theta_s) \tag{13.9}$$

ここで，

l ：校正される端度器の長さで，測定対象量

l_s ：標準端度器の長さで，校正証明書に記載された20℃での標準器の長さ

α と α_s：それぞれ，校正される端度器と標準端度器の熱膨張係数

θ と θ_s：それぞれ，校正される端度器と標準端度器の温度の基準温度20℃からの偏差

この測定における数学モデルを求める。すなわち，式（13.9）から，測定対象量 l は次式によって表される。

$$l = \frac{l_s(1 + \alpha_s \theta_s) + d}{(1 + \alpha\theta)} \tag{13.10}$$

簡単のために，$\alpha\theta$ が1に比べ微少量であることから，近似式によって線形化する。さらに，校正される端度器と標準端度器との温度差，熱膨張係数の差をそれぞれ，$\delta\theta = \theta - \theta_s$，$\delta\alpha = \alpha - \alpha_s$ で表し，上式に代入し微少量の高次の項を省略すると，次のようになる。

$$\begin{aligned}
l &= l_s(1 + \alpha_s \times \theta_s - \alpha \times \theta) + d + \cdots \\
&= l_s(1 - \delta\alpha \times \theta - \alpha_s \times \delta\theta) + d + \cdots \\
&= l_s + d - l_s(\delta\alpha \times \theta + \alpha_s \times \delta\theta)
\end{aligned} \tag{13.11}$$

この最後の式（13.11）を，不確かさの評価のモデル式として用いる。

同モデル式は，標準端度器の長さ l_s に測定された長さの差 d を加え，さらに温度の差，熱膨張率の差があればその補正を行うことによって，校正される端度器の長さ l の値が求められることを表している。

(2) 入力量の不確かさの評価：第2ステップ

モデル式［式（13.11）］の入力量のばらつきを不確かさとして求め，それを不確かさの伝ぱ則によって合成して，測定値である校正される端度器の長さ l の合成標準不確かさを求めることができる。入力量は，l_s, d, $\delta\alpha$, θ, α_s, $\delta\theta$ であり，出力量は校正される端度器の長さ l である。見通しをよくするために，第3ステップで利用する不確かさ伝ぱ則の式を先に求めておく。

モデル式に，式（13.7）の不確かさの伝ぱ則を適用すれば，次式が求められる。

$$u_c^2(l) = c_s^2 u^2(l_s) + c_d^2 u^2(d) + c_{\delta\alpha}^2 u^2(\delta\alpha) + c_\theta^2 u^2(\theta) + c_{\alpha_s}^2 u^2(\alpha_s) + c_{\delta\theta}^2 u^2(\delta\theta) \tag{13.12}$$

ここで，c_i は，モデル式（13.11）を入力量 i で偏微分して求められる感度係数であり，実際に計算すると，次のようになる。

$$c_s = \frac{\partial f}{\partial l_s} = 1 - (\delta\alpha \times \theta + \alpha_s \times \delta\theta) = 1$$

$$c_d^2 = \frac{\partial f}{\partial d} = 1$$

$$c_{\delta\alpha}^2 = \frac{\partial f}{\partial \delta\alpha} = -l_s \theta$$

$$c_\theta^2 = \frac{\partial f}{\partial \theta} = -l_s \delta\alpha = 0$$

$$c_{as}^2 = \frac{\partial f}{\partial \alpha_s} = -l_s \delta\theta = 0$$

$$c_\theta^2 = \frac{\partial f}{\partial \delta\theta} = -l_s \alpha_s$$

(13.13)

これを代入して、不確かさの伝ぱ則の式（13.12）を整理すると、次のようになる。

$$u_c^2(l) = u^2(l_s) + u^2(d) + l_s^2 \theta^2 u^2(\delta\alpha) + l_s^2 \alpha_s^2 u^2(\delta\theta) \tag{13.14}$$

次に、入力量 l_s, d, $\delta\alpha$, $\delta\theta$ のばらつきを求め、そのそれぞれの不確かさ成分を評価する。

(a) 標準端度器の長さの不確かさ $u(l_s)$ 標準端度器は、トレーサビリティのとれた標準器を用いて校正されている。その校正証明書には、「校正値の拡張不確かさ $U = 0.075$ μm（$k = 3$）である。」との記述があった。したがって、標準不確かさは次のように計算できる。

$$u(l_s) = \frac{U}{k} = \frac{0.075 \text{ μm}}{3} = 0.025 \text{ μm} \tag{13.15}$$

他の校正機関の校正証明書からの引用であり、タイプBの評価方法である。

(b) 測定される長さの差の不確かさ $u(d)$ 二つの端度器の長さの差の測定において、比較器による繰返し測定、反復測定の不確かさ成分を考慮した。

実験を行った校正機関での繰返し測定の実験標準偏差 s は13 nmであった。この実験標準偏差は、25回の独立した繰返し測定のデータから、式（13.4）を用いて求められている。不確かさ評価の対象である端度器の校正では、5回の繰返し測定の平均値が報告される。したがって、繰返し測定の平均値の不確かさ成分 $u(\bar{d})$ は、次のように評価できる。

$$u(\bar{d}) = s(\bar{d}) = \frac{s(d_i)}{\sqrt{n}} = \frac{13 \text{ nm}}{\sqrt{5}} = 5.8 \text{ nm} \tag{13.16}$$

一方、反復測定に関連して、校正に用いる比較器の成績書には、次の記述がある。

「偶然誤差による反復測定の不確かさは95％信頼の水準で、6回の反復測定に基づいて、± 0.01 μm である。」

「系統誤差による反復測定の不確かさは3シグマ（σ）水準で、0.02 μm である。」

この情報を基にして、反復測定の不確かさ成分についてタイプBの評価をする。

まず、最初の記述から、偶然誤差による反復測定の不確かさの値は、包含係数 k を t 分布表から求めた値 $t_{95}(\nu)$ として、拡張不確かさ $t_{95}(\nu) \times s(d_1)$ で求められている。自由度 $\nu = 6 - 1 = 5$ の95％の信頼限界に相当する t 値、$t_{95}(\nu = 5) = 2.57 = k$ であることから、この不確か

さ成分を標準不確かさで表記すれば，次のようになる．

$$u(d_1) = \frac{U}{k} = \frac{0.01\,\mu\text{m}}{2.57} = 3.9\,\text{nm} \tag{13.17}$$

また，系統誤差による反復測定の不確かさが3シグマ水準，すなわち3σで表記された値であるとして，標準不確かさを計算すると，次のようになる．

$$u(d_2) = \frac{U}{k} = \frac{0.02\,\mu\text{m}}{3} = 6.7\,\text{nm}$$

したがって，三つの成分を不確かさの合成則で合成すれば，測定される長さdの差の不確かさは次のように求められる．

$$u^2(d) = u^2(\bar{d}) + u^2(d_1) + u^2(d_1) = 93\,\text{nm}^2 \tag{13.18}$$
$$u(d) = 9.7\,\text{nm}$$

この不確かさ成分の評価は，タイプBの評価方法に分類される．なぜなら，これらの不確かさ成分は実験データの統計的計算から求められた結果であるが，対象の校正の中でのデータではなく，校正機関の以前のデータや他の測定機関の実験データに基づいたものであり，成績書に記載された情報に基づいた評価であるためである．タイプAの評価でのデータは当該の校正値を求めるための観測データに限定されており，統計的計算を用いたからといってタイプAの評価とはいえない，という解釈が一般的に行われている．しかし，評価方法がタイプAであろうがタイプBであろうが，不確かさ成分としては同じように合成される．

(c) 熱膨張係数の差の不確かさ $u(\delta\alpha)$　今までの経験から，熱膨張係数の差$\delta\alpha$の変動の限界値は$\pm 1 \times 10^{-6}\,\text{°C}$であり，$\delta\alpha$がこれらの限界内で任意の値をとる確率は等しいと考え，図13.3の一様分布を想定して，限界値aから標準偏差を推定した．すなわち，熱膨張係数の差$\delta\alpha$の標準不確かさは，次のようになる．

$$u(\delta\alpha) = \frac{a}{\sqrt{3}} = 1 \times \frac{10^{-6}\,\text{°C}^{-1}}{\sqrt{3}} = 0.58 \times 10^{-6}\,\text{°C}^{-1} \tag{13.19}$$

これも，タイプBの評価である．

(d) 二つの端度器の温度の差の不確かさ $u(\delta\theta)$　二つの端度器の温度は同じであると期待されるが，今までの校正の経験から，その差$\delta\theta$は$\pm 0.05\,\text{°C}$の区間内にあると考えた．この区間内での任意の点に等しい確率で存在できると考え，やはり，図13.3の一様分布を想定して，限界値aから標準偏差を推定した．すなわち，二つの端度器の温度の差$\delta\theta$の標準不確かさは，次のようになる．

$$u(\delta\theta) = \frac{a}{\sqrt{3}} = \frac{0.05\,\text{°C}}{\sqrt{3}} = 0.029\,\text{°C} \tag{13.20}$$

これも，タイプBの評価である．

不確かさの伝ぱ則を表した式（13.14）では，係数がゼロである入力量の不確かさ成分がある．これらの不確かさ成分は，合成標準不確かさの1次のオーダでの寄与はないが，2次のオーダまで考えれば寄与がある．2次のオーダの寄与については，GUM附属書H.1を参照してほしいが，入力量の不確かさ成分の評価についてだけ説明する．

(e) 熱膨張係数の不確かさ $u(\alpha_s)$　信頼できる情報源である物理データベースには，標準端度器の熱膨張率の値は，$\alpha_s = 11.5 \times 10^{-6}\,\text{°C}^{-1}$であり，$\pm 2 \times 10^{-6}\,\text{°C}^{-1}$の限界値を超えな

いことが記載されている。熱膨張率の値は限界値 $a = 2 \times 10^{-6}$ の一様分布をすると考えれば，図 13.3 から，熱膨張係数の標準不確かさは次のようになる。

$$u(\alpha_s) = \frac{a}{\sqrt{3}} = \frac{2 \times 10^{-6} \text{°C}^{-1}}{\sqrt{3}} = 1.2 \times 10^{-6} \text{°C}^{-1} \tag{13.21}$$

これもタイプ B の評価である。

(f) 端度器の温度の偏差の不確かさ $u(\theta)$ 個々の測定のときには温度は記録していないが，端度器をセットする試験台の温度は，(19.9 ± 0.5) °C であると確認されている。すなわち，温度調整システムの下で，周期的に変動する温度の振幅は $\Delta = 0.5$ °C である。

また，試験台の平均温度の標準不確かさ $u^2(\bar{\theta}) = 0.2$ °C には，平均温度の 20 °C からの偏差 -0.1 °C も含んでいることが確認されている。

時間に対して周期的に変動する温度の分布は U 字（逆正弦）分布で近似されるが，U 字分布の標準偏差は $a/\sqrt{2}$ で求めることができる（図 13.3 参照）。したがって，周期的な温度振幅 Δ から推定される温度の標準不確かさ $u(\Delta)$ は，次のようになる。

$$u(\Delta) = \frac{a}{\sqrt{2}} = \frac{0.5 \text{°C}}{\sqrt{2}} = 0.35 \text{°C}$$

これに，平均温度の不確かさ $u(\bar{\theta}) = 0.2$ °C を加えると，試験台の温度による，すなわち，端度器の温度の偏差の標準不確かさ $u(\theta)$ は，次のようになる。

$$u^2(\theta) = u^2(\bar{\theta}) + u^2(\Delta) = 0.2^2 + 0.35^2 = 0.165 \text{°C}^2 \tag{13.22}$$

$$u(\theta) = 0.41 \text{°C} \tag{13.23}$$

これもタイプ B の評価である。

(3) 合成標準不確かさの計算 $u_c(l)$：第 3 ステップ

合成標準不確かさは，評価された入力量の不確かさ成分を不確かさの伝ぱ則に基づく式 (13.14) に代入することにより計算できる。

$$\begin{aligned}
u_c^2(l) &= (25 \text{ nm})^2 + (9.7 \text{ nm})^2 \\
&\quad + (0.05 \text{ m})^2 (-0.1 \text{°C})^2 (0.58 \times 10^{-6} \text{°C}^{-1})^2 \\
&\quad + (0.05 \text{ m})^2 (11.5 \times 10^{-6} \text{°C}^{-1})^2 (0.029 \text{°C})^2 \\
&= (25 \text{ nm})^2 + (9.7 \text{ nm})^2 + (2.9 \text{ nm})^2 + (16.6 \text{ nm})^2 \\
&= 1\,002 \text{ nm}^2 \\
&= (32 \text{ nm})^2
\end{aligned} \tag{13.24}$$

$$u_c(l) = 32 \text{ nm} \tag{13.25}$$

(4) 拡張不確かさの計算 $U(l)$：第 4 ステップ

包含係数 $k = 2$ として，包含確率約 95 % の拡張不確かさを求める。

$$U(l) = k \times u_c(l) = 2 \times 32 = 64 \text{ nm} \tag{13.26}$$

GPS の不確かさ関連の規格では，ほとんどの場合，包含係数 $k = 2$ が使用されている。

GUM 附属書 H.1.6 には，不確かさ成分の信頼性を表しているといわれている有効自由度に基づいた包含係数 k 及び拡張不確かさ $U(l)$ の詳細な計算が示されているので，必要に応じて

参照してほしい。

(5) 端度器の校正の最終結果とバジェット表：第5ステップ

実際にある端度器を校正したところ，校正対象の端度器と標準端度器の長さの差 d は5回の繰返し測定の相加平均で 215 nm であった。標準端度器の校正証明書には，20℃におけるその長さが $l_s = 50.000\,623$ mm と記されている。式（13.11）から，校正対象の端度器の 20℃における長さ l は，50.000 838 mm となる。

この場合，端度器の校正の最終結果の報告は，次のようにする。

- $l = 50.000\,838$ mm，ただし，合成標準不確かさ $u_c = 32$ nm である。
- 対応する相対不確かさは $u_c/l = 6.4 \times 10^{-7}$ である。

不確かさ評価の結果は，表13.1のようなバジェット表の形でまとめることが一般的に行われている。不確かさのバジェット表には，取り上げた不確かさ要因，それぞれの要因の不確かさ成分の大きさ，感度係数などがまとめられており，不確かさ評価の内容がわかりやすい。表13.1では，1次近似での感度係数がゼロである要因についても記載している。また，繰返し測定など，不確かさ要因を細かく分類した元の要因も加えているので，どのような不確かさ要因を検討し，取り上げているかが詳しくわかる。また，数値をまとめているので，どの不確かさ要因が大きな影響をもっているのかがよくわかる。端度器の校正の場合では，標準となる端度器の不確かさが大きな影響をもち，主要な要因であること，不確かさを改善するためには，標準端度器のレベルを上げることが必要であることがわかる。

なお，この事例ではすべてタイプBの評価であったため，表13.1では省略したが，評価方法の分類の欄を追加している場合もある。

表 13.1　端度器の校正の不確かさ評価のためのバジェット表

不確かさ成分 $u(x_i)$	不確かさの要因	標準不確かさ $u(x_i)$	感度係数 c_i	不確かさ成分 $u(l)$
$u(l_s)$	標準端度器の校正	25 nm	1	25
$u(d)$	端度器間の差の測定	9.7 nm	1	9.7
$u(d)$	繰返し観測	5.8 nm		
$u(d_1)$	比較器の偶然効果	3.9 nm		
$u(d_2)$	比較器の系統効果	6.7 nm		
$u(a_s)$	標準端度器の熱膨張係数	$1.2 \times 10^{-6}\text{℃}^{-1}$	0	0
$u(\theta)$	試験台の温度	0.41℃	0	0
$u(\bar{\theta})$	台の平均温度	0.2℃		
$u(\Delta)$	室温の周期変動	0.35℃		
$u(\delta a)$	端度器の熱膨張係数の差	$0.58 \times 10^{-6}\text{℃}^{-1}$	$-l_s\theta$	2.9
$u(\delta\theta)$	端度器の温度差	0.029℃	$-l_s a_s$	16.6

標準不確かさ $u_c(l) = 32$ nm

13.2 測定の不確かさの始まり —不確かさの表現ガイド

測定の信頼性を表すのに"(測定の) 不確かさ"を用いることを提案したのは，前述のとおり，1993 年に ISO から出版された国際文書"測定における不確かさの表現のガイド"（GUM）である。このガイドは，次の計測にかかわる国際機関 7 機関の連名で ISO から出版された。
- BIPM ：国際度量衡局
- IEC ：国際電気標準会議
- IFCC ：国際臨床化学連合
- ISO ：国際標準化機構
- IUPAC ：国際純正・応用化学連合
- IUPAP ：国際純粋・応用物理学連合
- OIML ：国際法定計量機関

同時に，"国際計量基本用語 第 2 版"（VIM 2 と略記）が，用語集として出版された。この二つの文書は不確かさの基本参考文献である。

"飯塚幸三 監修：ISO 国際文書 計測における不確かさの表現のガイド，日本規格協会"は，1995 年の修正増刷版をもとに翻訳されたものであり，VIM 2 も収録されている。

これらの文書が作成されたきっかけは，1977 年に遡る。メートル条約の委員会である国際度量衡委員会（CIPM）は，国際度量衡局（BIPM）に対し，測定の誤差の表現を統一する方法について諮問を行った。

当時，測定の信頼性を表すのに"誤差（＝測定値−真の値）"の概念が広く使われていたが，測定において真の値は常に不明であり，誤差を正確に求めることはできないため，誤差の大きさを推定する方法は，国によって，技術分野によって異なっていた。そのため，例えば，各国がもっている国家標準の値を比べるための国際比較を行っても，それぞれの国の計量標準機関が報告する値の信頼性の表し方が異なるため，公平な比較ができない，という問題を抱えていた。また，日本でも，例えば，JIS の中で用語"精度"の意味（定義）が物理系と化学系とでは異なるなど，技術分野による解釈の違いがあった。世界的にも，国による，技術分野による解釈の違いがあり，測定の共通性を確保するための障害となっていた。そこで，何らかの解決方法を検討することが CIPM から BIPM に対して諮問された。

諮問を受けて，BIPM では，"誤差の表現に関する国際調査"を行うとともに，作業部会（不確かさ表現 WG）を作って検討を進め，WG の議論の中で，"不確かさ"という概念が採用された。BIPM の不確かさ表現 WG は，CIPM に対して勧告 INC-1（1980）を提出した。

1981 年には，CIPM はこの勧告を受け入れ，勧告 C1（1981）で，測定の不確かさによって誤差の大きさを表現することを決めた。しかし，この勧告は短いもので，これだけで世界各国の計測関係者が不確かさを理解し，適用できるとは思えないということで，ガイド文書の作成が企画された。ガイドの作成の業務は，ISO の第 4 技術諮問委員会"計量"（ISO/TAG 4 Metrology）に委託され，ガイドの作成が始まった。通常の規格制定と同じような手順を経て，最終的に 1993 年 GUM が出版された。さらに，1995 年に単純なミスの修正などの簡単な変更だけを行った GUM 修正増刷版が出版された。

その後，1997 年に結成された GUM 連名 7 機関の代表による JCGM（Joint Committee for Guides in Metrology）が，計測にかかわるガイド（GUM 及び VIM）のメンテナンスを行っ

ている。現在，JCGM は，ILAC（国際試験所認定協力機関）を加えた8機関の代表で構成されている。

JCGM では，WG 1 で GUM，WG 2 で VIM の再検討が進められた。VIM は 1993 年の VIM 2（VIM 第2版）を大きく変更し，誤差ではなく不確かさの概念に基づく用語の体系を取り入れて VIM 3（VIM 第3版）を JCGM 200:2008 として発行し，各機関はそれを採用して自身の規格体系の中に組み入れている。一方，GUM は，1995 年の修正増刷版がまだ十分には普及していないことから，改訂のための準備や検討は行うとしても，1995 年の修正増刷版の内容に大きな修正は行わず，簡単な修正だけで JCGM 100:2008 として発行した。

それを受けて，ISO では，VIM 3（JCGM 200）及び GUM（JCGM 100）を，次のように ISO/IEC のガイドとして出版した。
- ISO/IEC Guide 98-3:2008　Uncertainty of measurement — Guide to the expression of uncertainty in measurement（GUM）
- ISO/IEC Guide 99:2007　International vocabulary of metrology — Basic and general concepts and associated terms（VIM 3）[*]

13.3　GPS における不確かさ関連規格

ISO/TC213/WG 4 は，不確かさの活用として一番重要である不確かさを考慮した合否判定基準及びそれを運用するために必要な規格を，次のような ISO 14253 シリーズとして開発している（筆者仮訳）。

ISO 14253　製品の幾何特性仕様（GPS）—製品及び測定装置の測定による検査
- 第1部　仕様に対する合否判定基準（ISO 14253-1，= JIS B 0641-1）
- 第2部　GPS 測定，測定機器の校正及び製品検証における不確かさの推定の指針（ISO 14253-2）
- 第3部　測定の不確かさの表示に関する協定の指針（ISO 14253-3）
- 第4部　決定規則における機能的限度値及び仕様限度値の背景（ISO/TS 14253-4）

第1部の合否判定基準は，GPS 規格の適用上重要であることから，2001 年にいち早く JIS 化が行われたが，第2部以降の規格は，実際の適用があまり報告されていないことなどから，JIS での一致規格の制定は見送られている。

また，WG 4 の規格は基本的，共通的な原則を規定するものであり，個別の製品や測定装置の不確かさの評価方法などは，それぞれ担当の WG で開発する規格に盛り込まれている。

この節では，不確かさと合否判定にかかわるこれらの規格の概要について述べる。

なお，WG4 は現在，第5部及び第6部（ただし第6部は TR）の開発もすすめている［13.3.2 (4) 参照］。

---

[*]　ISO/IEC Guide 98-3（GUM），及び，Guide 99（VIM 3）は，日本では 2012 年に TS Z 0033（GUM），TS Z 0032（VIM）として発行されることが決定された。

13.3.1 不確かさを考慮した合否判定基準（第1部）

不確かさを考慮した規格適合性の判定を行う判定基準の基本を規定した第1部の適用範囲は，ISO/TC 213 で作成された GPS 基本規格に規定された仕様，すなわち，製品の特性については製品の仕様（通常は，許容差で与えられる。）に対する検証，又は測定装置の特性については測定装置の仕様（通常は，最大許容誤差で与えられる。）に対する検証において，測定の不確かさを考慮に入れた合否判定基準を規定している。しかし，この規格は，限界ゲージを使った検査には適用しない。限界ゲージを使った検査は，ISO/R 1938:1971（R：Recommendation）の範囲に含まれる。

第1部の適用範囲は GPS に限定した製品及び測定装置の適合性評価を対象にしているが，幾何特性の測定のみならず，製品や測定機器一般に適用可能な合否判定規則である。そのとき，測定の誤差の大きさの数値表現が問題となるが，その基本を，GUM に準拠した"測定の不確かさ"においている。

測定不確かさについては，この規格では，特に指定がなければ，包含係数 $k = 2$ を用いた拡張不確かさ $U = ku = 2u$ を採用した。この拡張不確かさは，測定値が正規分布している場合，約 95％ がその区間内に含まれるであろうという範囲を示すものである。

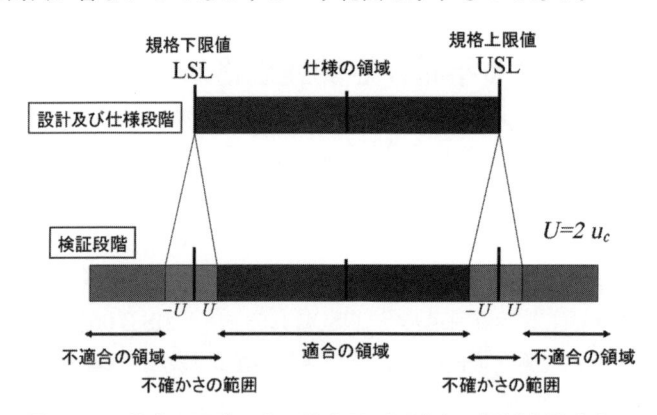

図 13.4 推定の不確かさは適合及び不適合の領域を狭くする

検証のための測定に不確かさがある場合，不確かさによって判定にあいまいな部分が生じてしまうことを図 13.4 のように表現している。設計及び仕様を決める段階では規格上限値，規格下限値を決め，仕様の範囲を明確に規定することができるが，検証段階では検証のための測定に不確かさが存在するために合否判定にあいまいな不確かな領域が生じ，特性の値によって次の三つの領域に分類されるとしている。

・適合領域：完全に適合がいえる領域
・不確かさの範囲：適合とも不適合ともいえない領域
・不適合領域：完全に不適合がいえる領域

結果としては，不確かさがあるために，適合又は不適合の領域は，仕様の領域に比べ不確かさ U の範囲だけ狭くなる。これらの領域では，確実に適合，不適合を実証することができる。しかし，不確かさの範囲では，適合も不適合も実証されない。

すなわち，検証においては，次のような対応となる。

① 適合領域では適合が実証され，製品又は測定器の受入れが可能である。

② 不適合領域では不適合が実証され，製品又は測定器の拒絶が可能である。
③ 不確かさの範囲では適合・不適合が実証されず，製品又は測定器が自動的に受入れ，あるいは，拒絶されることはない。

ここで，不確かさの範囲の扱いが問題になる。一般に，製品の受入れに関する合意は，製品の供給側と受入側（顧客）の間で契約の形でなされている。契約の中で不確かさの範囲の扱いを合意しておけば，この規格を適用する必要はない。合意のない場合には，この判定基準が適用されることになる。測定の不確かさは，常に，適合又は不適合を実証するために測定を行う当事者にとって不利に作用することになる。

この規格では，仕様に対する合否判定の実証において，測定によって適合が実証される場合の考え方（図 13.5 及び図 13.6）が示されている。

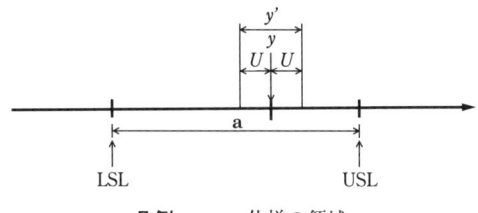

凡例　a　仕様の領域

図 13.5　測定結果 $y' = y \pm U$ が仕様の領域にあり，適合が実証される

凡例　a　仕様の領域
**　　　b　適合の領域**

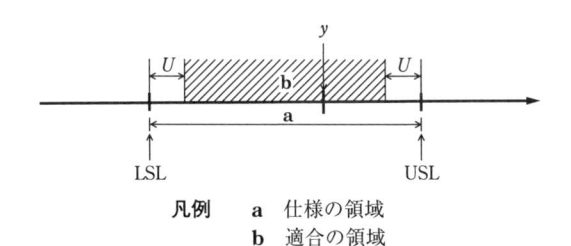

図 13.6　測定の結果 y が適合の領域にあり，適合が実証される

図 13.5 では，真の値が存在し得ると考えられる測定結果 y'，すなわち，測定の結果（測定値）y のばらつきの範囲全体（$y - U < X < y + U$）が，完全に上側仕様限界（USL）と下側仕様限界（LSL）に挟まれた範囲（仕様の領域）に入っていればよいという考え方を示している。

一方，図 13.6 では，測定の結果（測定値）y が測定対象量の真の値を代表するとして，仕様限界から拡張不確かさ U だけ狭くした範囲（適合の領域）の中に測定の結果（測定値）y が収まればよいという考え方を示している。

最終的に図 13.5 と図 13.6 とでは同じ適合・不適合の領域を示すことになるが，その判定に至る考え方は異なっている。

この規格は，実際の取引において受渡し当事者の間にあらかじめ合意がない場合に適用される。すなわち，取引の当事者の間に測定の不確かさとそれを考慮した判定規則の合意があれば，それを優先する。実際にこの規格に基づく判定規則を適用しようとすると，測定不確かさは適合・不適合を実証しようとする当事者にとって不利になる。一般には，供給側は適合を実証し多くの製品を納入しようとし，受入側（顧客）は不適合を実証し不適合品を受け取らないよう

にしようとする。それぞれの当事者が実証しようとする範囲は，測定不確かさによって狭められることになる。そのため，不確かさの大きさを小さくするという測定の改善は，常に，実証しようとする当事者にとっての動機づけになる。

また，受入側及び納入側の両方の性格をもつ中間業者については，次のような参考が添えられている。

〈JIS B 0641-1：2001 からの引用〉

参考 中間業者（reseller）は第一に顧客であり，次に同じ製品又は測定装置の供給者である。中間業者はその顧客に対し，製品又は測定装置の適合を実証することはできず，同時に，その供給者に対しても，それらの不適合を実証することができない状況になることがある。この状況は，中間業者の測定の不確かさが，その供給者の測定の不確かさよりも大きい場合にだけ起きる。この状況を避けるために，中間業者はその顧客に対する適合を実証するため，供給者から提供された証明を使うのがよい。

13.3.2 仕様に対する合否判定基準に関連した規格（第2部～第4部）

1998～2001年にかけて，ISO 14253 シリーズの一連の規格を開発する過程で，第1部の合否判定基準に対して日本，アメリカ，ドイツから次のような疑問が出された。

① 受入側が供給側での測定の不確かさより小さい不確かさで判定したとき，受け入れるべき製品の中に受入側が再び出荷することができない製品が含まれることになり，矛盾が生じる。

② 測定の不確かさと製品仕様（許容差）とを比べたとき，両者が同じ程度，又は不確かさが大きくなるようなことも現実にはあり得る。逆に，不確かさが相対的に小さい場合には不確かさを考慮する必要がないこともある。どのような場合に第1部の考え方が適用可能であるか，明確にしたガイドラインが必要である。

③ 不確かさの大きさ，不確かさの範囲への対応について，供給側，受入側が合意するためには時間とコストがかかる。第1部の規格では，経済性，効率性が考慮されていない。

これらの疑問に答えるため，ISO 14253 シリーズ（第2部～第4部）が，それぞれ次のように開発された。

(1) 第2部：GPS 測定，測定機器の校正及び製品検証における不確かさの推定の指針（ISO 14253-2）

この規格は，GPS 分野での測定標準や測定装置の校正及び製品の検証における GPS 特性の測定の不確かさの評価のためのガイドである。測定の不確かさの評価と表現の方法については GUM に準拠するが，GPS 分野での適用に関する特別のガイドである。この中では，不確かさの管理手順として PUMA 法（Procedure for Uncertainty Management：図 13.7）が提案されている。

この手順の中では，図の上部の左から右への流れが不確かさ評価のメインの流れになっている。上部の点線に囲まれた項目は，不確かさ評価のためのバジェット表（表 13.2）に記入される項目であり，不確かさ評価の中心部分である。対象となる測定作業について，その測定が満足すべき目標とする不確かさ（目標不確かさ）が設定されており，評価した不確かさが目標不確かさを満足しない場合には，下部のフィードバックループに入り，測定作業のいろいろな項目の検討と条件の変更をして満足すべき測定作業にする。このような反復的手順によって，

目標不確かさを実現する適切な測定手順を確立することができる．条件変更の可能性がなくなった場合，適切の測定手順はないことになり，測定方法自体を根本から見直すことになる．

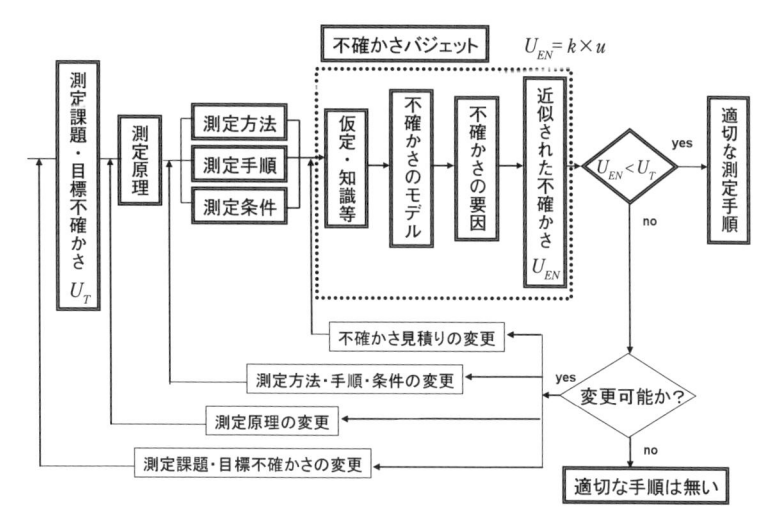

図 13.7　不確かさの管理手順（PUMA）

この規格の附属書で引用されている事例として，機械接触式の測定器で，参照リングとの比較測定を行い，目標不確かさを 1.5 μm とした 100 mm 直径のリングの校正がある．

最初のサイクルでの不確かさの値は 1.90 μm となり，目標不確かさ 1.5 μm を満足することはできなかった．表 13.2 はその評価で作成された不確かさバジェット表であるが，これを検討したところ，"二つのリングの温度差"と"膨張係数の差"の要因の影響が大きく，同じ原因から生じていることがわかった．これらの要因を見直し，温度の変動幅（管理幅）を 1℃ から 0.5℃ に変更して管理するという条件に変更することにより，不確かさを小さくする可能性が明らかになった．そこで，変動幅を 0.5℃ に変更して，不確かさを再評価すると，$u = 1.35$ μm の不確かさが実現し，目標不確かさを満足することが可能になった．細かい計算は省略したが，これは，適切な測定手順を設定することができた事例である．

表 13.2　リング校正の不確かさ評価のためのバジェット表（最初のサイクル）

	評価方法	分布形	分布係数	変動幅	変動幅 (μm)	不確かさ成分 (μm)
参照リング（校正証明書）u_{RS}	B	$k = 2$	0.5			0.40
測長器の表示値の誤差 u_{EC}	B	一様分布	0.6	0.6 μm	0.60	0.36
測定アンビルの調整 u_{PA}	B	一様分布	0.6	0 μm	0.00	0.00
繰り返し性／分解能 u_{RR}	A					0.12
二つのリングの温度差 u_{TD}	B	U字分布	0.7	1℃	1.10	0.77
膨張係数の差 u_{TA}	B	U字分布	0.7	1℃	0.11	0.08
対象リングの真円度 u_{RO}	B			0 μm	0.00	0.00
合成標準不確かさ，u_c						0.95
拡張不確かさ（$k = 2$），U						1.90

PUMA法では，測定不確かさは，測定方法，測定手順，測定条件などによって，その大きさが変わるので，それらを変更することによって，目標不確かさを実現できる場合を探索的に探すことになる。このような管理手順は，GUMで規定された評価手順をGPSの現場に適用できるように応用した手順の例である。

(2) 第3部：測定の不確かさの表示に関する協定の指針（ISO 14253-3）

第1部の合否判定基準を実際に適用するためには，製品や測定装置の供給側，受入側の間で，合否判定基準のルール及び検証のための測定の不確かさの数値について，合意することが必要である。第3部では，第2部の手順に基づいて評価された不確かさの数値に関する両者の合意に至るまでの手順を規定している。すなわち，第3部の適用範囲は，「この規格は，ISO 14253-1によって規制される測定の不確かさの宣言の紛争に関して顧客と供給者が友好的な合意に達するために役立つ手順を規定し，かつ，そのための指針を提供する。」と規定している。

この規格による再検討の手段としては，第三者機関によるコンサルティングや両者の不確かさ評価のレビューなどによることも考えられる。その場合も，基本的には，第2部の図（図13.7）に示された条件とその下での不確かさ評価の結果に対する合意が必要である。すなわち，不確かさ評価のバジェット表（表13.2に相当）の内容に対する合意である。

第3部が挙げている合意すべき点としては，次のようなものがある。

・測定作業の内容，測定対象物（仕様）
・検証作業の定義，作業内容
・仮定，前提条件
・不確かさのモデル
・不確かさの成分
・補正
・不確かさ成分の大きさ
・不確かさ成分間の相関
・合成の規則
・包含係数 k，分布，信頼の水準
・拡張不確かさの大きさ

これらの項目について両者が合意していくためのフローチャートも提示されているが，ここでは省略する。必要に応じて，規格を参照してほしい。

(3) 第4部：判定規則における機能的限度値及び仕様限度値の背景（ISO/TS 14253-4）

第4部は，第1部の合否判定基準が決められた理論的背景を解説した規格である。特に，機能限界と仕様限界の考え方をベースに，なぜ，第1部の判定基準が基本となったのか，また，他の判定基準との比較を考慮したものである。

第4部の中では，片側規格，両側規格の場合での機能限界と仕様限界の関係を明確にした上で，被測定物の機能レベルによる仕様限界の決め方，リバースエンジニアリング，試行錯誤（トライアンドエラー）などによる機能限界の決め方が論じられている。

また，合否判定基準の代替案をもつとしたら，次の点に留意すべきである。すなわち，

・不確かな範囲をもたず，適合，不適合の範囲を明確にした文書をもつこと，
・同じ製品及び測定装置の同じ特性をどのように繰り返して測定するかを含めて測定方法を明確化すること，また，

・外れ値などのデータの採用基準も明確にすること

が提案されている。

さらに，合否判定基準の選択は基本的にビジネスの方針による決定であるが，次のような要素を考慮すべきであるとしている。

・コスト（不適合品の受入れ，適合品の廃棄）
・検証における測定の不確かさ
・対象製品の特性の分布
・測定のコスト

また，不確かさを考慮しない判定基準を採用する場合には，仕様限界が機能限界の遠くにあること，測定不確かさが公差に比べ小さいこと，などが条件として挙げられている。さらに，代替案として，4：1ガードバンドや10：1ガードバンドなどの単語は出ているが，代替案に関する詳細の議論はない。

第1部の合否判定規則は，第4部で議論されたように，製品一個一個の合否判定において理論的に理想的な状況で可能な規則を規定したもので，それから外れるような状況で適用すべき規則はまだ考えられていない。どのような条件のときに代替案があるかの検討は，これからの議論になっている。

(4) 現在検討中の規格案と今後の課題

WG 4では，第4部までの規格開発で当初の計画は一段落したが，先に述べた疑問13.3.2項の①〜③については，まだ解答が用意されていない。さらに，WG 4での議論が行われ，合否判定基準の適用のためのガイドの開発が進められており，次の2件について検討中である。

・第5部　検査の不確かさ（test uncertainty）（ISO 14253-5）
・第6部　判定規則運用のための指針（ISO/TR 14253-6）

第5部は，検査の対象が測定装置の場合に，その検証の段階で生じる不確かさ成分の評価に関する規格を予定している。この問題は，WG 10で検討している座標測定機の検査の場合の検討から始まって，GPS検査における不確かさの一般的規則を定めようとするものである。

第6部は，どのような場合に第1部の判定基準が適用されるか，どのような場合に代替方法でよいか，などの運用を決めていくためのガイドラインを定めようとしている。日本は第4部の最後のところで問題提起はしたが，宿題になっている部分である。

さらに，これらの検討プロセスの中で，製品一個一個の検査の場合ではなく，判定対象がロットなどの複数の製品である場合を考えたときの判定規則（統計的公差方式）も検討すべきではないかというフランスからの提案がある。現在の第1部の合否判定基準は製品一個一個の判定についての規則であるが，製品集団を考えたときの判定基準は第1部のものと異なる可能性がある。第1部の判定基準にその部分を含めていこうという，第1部の改正も視野に入れた提案である。

これに加えて，第1部の合否判定基準は，現在検討中のJCGM 106と同じ課題を扱っており，それとの整合性も問題になるであろう。

参考文献

1) 飯塚幸三 監修（1996）：ISO国際文書 計測における不確かさの表現のガイド，p.20〜22
2) 飯塚幸三 監修（1996）：ISO国際文書 計測における不確かさの表現のガイド，p.139

第13章　参考資料1

不確かさに関連した用語の定義
（GUMからの引用[1]）

2.2.3　（測定の）不確かさ［uncertainty（of measurement）］
　測定の結果に付随した，合理的に測定量に結び付けられ得る値のばらつきを特徴づけるパラメータ。
　　注記1　このパラメータは，例えば標準偏差（又はそのある倍数）であっても，あるいは信頼水準を明示した区間の半分の値であってもよい。
　　注記2　測定の不確かさは一般に多くの成分を含む。これらの成分の一部は一連の測定の結果の統計分布から推定することができ，また実験標準偏差によって特徴づけられる。その他の成分は，それもまた標準偏差によって特徴づけられるが，経験又は他の情報に基づいて確率分布を想定して評価される。
　　注記3　測定の結果は測定量の値の最良推定値であること，及び，補正や参照標準に付随する成分のような系統結果によって生ずる成分も含めた，すべての不確かさの成分はばらつきに寄与することが理解される。

2.3.1　標準不確かさ（standard uncertainty）
　標準偏差で表される，測定の結果の不確かさ。

2.3.2　（不確かさの）Aタイプの評価［Type A evaluation（of uncertainty）］
　一連の観測値の統計的解析による不確かさの評価の方法。

2.3.3　（不確かさの）Bタイプの評価［Type B evaluation（of uncertainty）］
　一連の観測値の統計的解析以外の手段による不確かさの評価方法。

2.3.4　合成標準不確かさ（combined standard uncertainty）
　測定の結果が幾つかの他の量の値から求められるときの，測定の結果の標準不確かさ。これは，これらの各量の変化に応じて測定結果がどれだけ変わるかによって重み付けした，分散又は他の量との共分散の和の正の平方根に等しい。

2.3.5　拡張不確かさ（expanded uncertainty）
　測定の結果について，合理的に測定量に結び付けられ得る値の分布の大部分を含むと期待される区間を定める量。
　　注記1　この部分の比率は包含確率又は区間の信頼の水準と考えてもよい。
　　注記2　特定の信頼の水準と拡張不確かさによって定められる区間とを関連づけるには，測定結果とその合成標準不確かさによって特徴づけられる確率分布に関する陽又は陰の仮定を必要とする。このような仮定が正当化できる範囲に限って，この区間に付随する信頼の水準を知ることができる。
　　注記3　勧告INC-1（1980）の第5項では，拡張不確かさは，総合不確かさ（overall uncertainty）と呼ばれている。

2.3.6　包含係数（coverage factor）
　拡張不確かさを求めるために合成標準不確かさに乗じる数として用いられる数値係数。
　　注記　包含係数kは，代表的には2から3の範囲にある。

[1］飯塚幸三 監修（1996）：ISO国際文書 計測における不確かさの表現のガイド，p.20～22（2.2.1，2.2.2，2.2.4は省略），日本規格協会

付録 1　GPS 規格一覧

　付録 1 として，ISO/TR 14638:1995 の附属書 A，B，及び C に収録された規格一覧をアップデートして収録する。

　参考までに対応 JIS も併記した。

注 1　2012 年 4 月時点の進捗状況の下に修正を加えたので，ISO/TR 14638:1995 の附属書よりも新しい内容になっている。
注 2　アミカケは，廃止（新規格への移行を含む）などにより，2011 年 10 月現在，有効でない規格であるが，参考までに掲載してある。
注 3　Geometrical product specification（GPS）は，2 度目以降から単に GPS と表記してある。
注 4　製品の幾何特性仕様（GPS）は，2 度目以降から単に GPS と表記してある。
注 5　対応する JIS のない ISO の，規格名称に対する日本語訳（[　] 付きで表示）は，仮訳である。
　　　なお，廃止された ISO の日本語名称については，一部，紹介を省略したものがある。
注 6　JIS などの名称の後に，ゴシック体で ISO との同等性を示した。
　　　（IDT：一致，MOD：修正，NEQ：同等でない）

表1 GPS原理規格

番号	状態	版番号	発行年	名称	TC/SC
ISO 8015	有効	2	2011	Geometrical product specification (GPS) — Fundamentals — Concepts, principles and rules	213
JIS B 0024	有効		1988	製図—公差表示方式の基本原則 (IDT) ← 1985年版に対応	
ISO/TR 14638	有効	1	1995	GPS — Masterplan	213
TR B 0007	廃止		1998	製品の幾何特性仕様 (GPS) —マスタープラン ← 2003年に廃止	

表2 GPS 共通規格

番号	状態	版番号	発行年	名称	TC/SC
ISO 1	有効	2	2002	Geometrical product specifications (GPS) — Standard reference temperature for geometrical product specification and verification	213
JIS B 0680	有効		2007	製品の幾何特性仕様（GPS）—製品の幾何特性仕様及び検証に用いる標準温度（IDT）	
ISO 370	廃止	1	1975	Toleranced dimensions — Conversions from inches into millimetres and vice versa ← 2000 年に廃止 ［公差付き寸法―インチから mm へ及びその逆の変換］	213
ISO 10209-3	作業中	—	—	Technical product documentation — Vocabulary — Part 3: Terms related to dimensioning and tolerancing ［製図―用語―第 3 部：寸法記入方式及び公差表示方式に関する用語］	10/1
ISO 10579	有効	2	2010	GPS — Dimensioning and tolerancing — Non-rigid parts	213
JIS B 0026	有効		1998	製図―寸法及び公差の表示方式―非剛性部品（IDT） ← 1993 年版に対応	
ISO 14253-1	有効	1	1998	GPS — Inspection by measurement of workpieces and measuring equipment — Part 1: Decision rules for proving conformance or non-conformance with specifications	213
JIS B 0641-1	有効		2001	GPS ―製品及び測定装置の測定による検査―第 1 部：仕様に対する合否判定基準（IDT）	
ISO 14253-2	有効	1	2011	GPS — Inspection by measurement of workpieces and measuring equipment — Part 2: Guidance for the estimation of uncertainty in GPS measurement, in calibration of measuring equipment and in product verification ［GPS ―部品及び測定装置の測定による検査―第 2 部：測定装置の校正及び製品の検証における測定の不確かさの推定の指針］	213
ISO 14253-3	有効	1	2011	GPS — Inspection by measurement of workpieces and measuring equipment — Part 3: Guidelines for achieving agreement on measurement uncertainty statements ［GPS ―部品及び測定装置の測定による検査―第 3 部：測定の不確かさの記述達成のための指針］	213
ISO/TS 14253-4	有効	1	2010	GPS — Inspection by measurement of workpieces and measuring equipment — Part 4: Background on functional limits and specification limits in decision rules ［GPS ―部品及び測定装置の測定による検査―第 4 部：判定規則における機能的限度及び仕様限度値の背景］	213

表2（続き）

番号	状態	版番号	発行年	名称	TC/SC
ISO 14253-5	作業中	—	—	GPS — Inspection by measurement of workpieces and measuring equipment — Part 5: Uncertainty in testing indicating measuring instruments	213
				［GPS―製品及び測定装置の測定による検査―検査の不確かさ］	
ISO/TR 14253-6	作業中	—	—	GPS — Inspection by measurement of workpieces and measuring equipment — Part 6: Generalized decision rules for the acceptance and rejection of instruments and workpieces	213
				［GPS―製品及び測定装置の測定による検査―判定規則運用のための指針］	
ISO/IEC Guide 99	有効	1	2007	International vocabulary of metrology — Basic and general concepts and associated terms (VIM)	TMB
				［国際計量基本用語集］	
ISO Guide 99	廃止	2	1993	International vocabulary of basic and general terms in metrology (VIM)	TMB
ISO/IEC Guide 98-3	有効	1	2008	Uncertainty of measurement — Guide to the expression of uncertainty in measurement (GUM:1995)	TMB
				［計測における不確かさの表現のガイド］	
ISO/IEC Guide 98	廃止	1	1993	Guide to the expression of uncertainty in measurement (GUM)	TMB
ISO XXX21	作業中	—	—	Measurement equipment requirements — "Horizontal standard"	3/3
				［横型測定機器の性能］	
ISO XXX30	作業中	—	—	Floating zero	3/3
				［零点流動式測定機］	

表3 GPS 基本規格

番号	状態	版番号	発行年	名称	TC/SC
ISO 129-1	有効	1	2004	Technical drawings — Indication of dimensions and tolerances — Part 1: General principle	10/1
JIS Z 8317-1	有効		2008	製図―寸法及び公差の記入方法―第1部：一般原則（MOD）	
ISO 286-1	有効	2	2010	GPS — ISO code system for tolerances on linear sizes — Part 1: Basis of tolerances, deviations and fits	213
JIS B 0401-1	有効		1998	寸法公差及びはめあいの方式―第1部：公差，寸法差及びはめあいの基礎（IDT） ← 1988年版に対応	
ISO 286-2	有効	2	2010	GPS — ISO code system for tolerances on linear sizes — Part 2: Tables of standard tolerance classes and limit deviations for holes and shafts	213
JIS B 0401-2	有効		1998	寸法公差及びはめあいの方式―第2部：穴及び軸の公差等級並びに寸法許容差の表（IDT） ← 1988年版に対応	
ISO 406	廃止	2	1987	Technical drawings — Tolerancing of linear and angular dimensions ← 2000年に廃止	213
JIS Z 8318	有効		1998	製図―長さ寸法及び角度寸法の許容限界記入方法（IDT）	
ISO 463	有効	1	2006	GPS — Dimensional measuring equipment — Design and metrological characteristics of mechanical dial gauges	213
JIS B 7503	有効		2011	ダイヤルゲージ（MOD）	
ISO 468	廃止	1	1982	Surface roughness — Parameters, their values and general rules for specifying requirements ← 1998年に廃止	213
				［表面粗さ―表面粗さパラメータ及び定義］	
ISO 1101	有効	3	2011	GPS — Geometrical tolerancing — Tolerances of form, orientation, location and run-out	213
JIS B 0021	有効		1998	GPS―幾何公差表示方式―形状，姿勢，位置及び振れの公差表示方式（IDT） ← 1996年版のISO/DISに対応	
ISO 1119	有効	2	1998	GPS — Series of conical tapers and taper angles	213
JIS B 0612	有効		2002	GPS―円すいのテーパ比及びテーパ角度の基準値（IDT）	
ISO 1302	有効	4	2002	GPS — Indication of surface texture in technical product documentation	213
JIS B 0031	有効		2003	GPS―表面性状の図示方法（IDT）	
ISO 1829	廃止	1	1975	Selection of tolerance zones for general purposes ← 2010年に廃止	213
				［一般に用いる公差域の選択］	

表3（続き）

番号	状態	版番号	発行年	名称	TC/SC
ISO 1660	有効	2	1987	Technical drawings — Dimensioning and tolerancing of profiles	213
JIS B 0027	有効		2000	製図—輪郭の寸法及び公差の表示方式（IDT）	
ISO 1878	廃止	2	1983	Classification of instruments and devices for measurement and evaluation of the geometrical parameters of surface finish ← 1998年に廃止	213
				［加工表面の幾何パラメータの測定及び評価の機器の分類］	
ISO 1879	廃止	2	1981	Instruments for the measurement of surface roughness by the profile method — Vocabulary ← 1998年に廃止	213
				［輪郭曲線方式による表面粗さ測定機—用語］	
ISO 1880	廃止	2	1979	Instruments for the measurement of surface roughness by the profile method — Contact (stylus) instruments of progressive profile transformation — Profile recording instrument ← 1996年に廃止	213
				［輪郭曲線方式による表面粗さ測定機—触針式表面粗さ測定機—輪郭曲線記録計］	
ISO/R 1938	有効	1	1971	ISO system of limits and fits — Part II : Inspection of plain workpieces	213
				［公差及びはめあいのISO方式—第2部：単純部品の検査］	
ISO 2538	有効	2	1998	GPS — Series of angles and slopes on prisms	213
JIS B 0615	有効		2002	GPS—プリズムの角度及びこう配の基準値（IDT）	
ISO 2632-1	廃止	2	1985	Roughness comparison specimens — Part 1: Turned, ground, bored, milled, shaped and planed ← 1997年に廃止	213
				［比較用表面粗さ標準片—第1部：旋削，研削，中ぐり，フライス削り，型削り及び平削り面］	
ISO 2632-2	廃止	2	1985	Roughness comparison specimens — Part 2: Spark-eroded, shot-blasted and grit-blasted, and polished ← 1997年に廃止	213
				［比較用表面粗さ標準片—第2部：放電加工，ショットブラスト及びグリットブラスト加工面及び研磨面］	
ISO 2692	有効	2	2006	GPS — Geometrical tolerancing — Maximum material requirement (MMR), least material requirement (LMR) and reciprocity requirement (RPR)	213
JIS B 0023	有効		1996	製図—幾何公差表示方式—最大実体公差方式及び最小実体公差方式（IDT） ← 1988年版に対応	

表3（続き）

番　号	状態	版番号	発行年	名　称	TC/SC
ISO 2768-1	有効	1	1989	General tolerances — Part 1: Tolerances for linear and angular dimension without individual tolerance indications	213
JIS B 0405	有効		1991	普通公差—第1部：個々に公差の指示がない長さ寸法及び角度寸法に対する公差（IDT）	
ISO 2768-2	有効	1	1989	General tolerances — Part 2: Geometrical tolerances for features without individual tolerance indications	213
JIS B 0419	有効		1991	普通公差—第2部：個々に公差の指示がない形体に対する幾何公差（IDT）	
ISO 3040	有効	3	2009	GPS — Dimensioning and tolerancing — Cones	213
JIS B 0028	有効		2000	製図—寸法及び寸法公差の表示方式—円すい（IDT） ← 1990年版に対応	
ISO 3274	有効	2	1996	GPS — Surface texture: Profile method — Nominal characteristics of contact（stylus）instruments	213
JIS B 0651	有効		2001	GPS—表面性状：輪郭曲線方式—触針式表面粗さ測定機の特性（IDT）	
ISO 3611	有効	2	2010	GPS — Dimensional measuring equipment: Micrometer for external measurements — Design and metrological characteristics	213
JIS B 7502	有効		1994	マイクロメータ（NEQ） ← 1978年版に対応	
ISO 3650	有効	2	1998	GPS — Length standards — Gauge blocks	213
JIS B 7506	有効		2004	ブロックゲージ（MOD）	
ISO 3670	廃止	1	1979	Blanks for plug gauges and handles（taper lock and trilock）and ring gauges — Design and general dimensions ← 1995年に廃止	213
				［プラグゲージ及びリングゲージ本体及びテーパロック，トリロック式ハンドル—設計，形状寸法］	
ISO 4287	有効	1	1997	GPS — Surface texture: Profile method — Terms, definitions and surface texture parameters	213
JIS B 0601	有効		2001	GPS—表面性状：輪郭線方式—用語，定義及び表面性状パラメータ	
ISO 4287-1	廃止	1	1984	Surface roughness — Terminology — Part 1: Surface and its parameters ← 1997年に廃止	213
				［表面粗さ—用語—第1部：表面及びそのパラメータ］	
ISO 4287-2	廃止	1	1984	Surface roughness — Terminology — Part 2: Measurement of surface roughness parameters ← 1998年に廃止	213
				［表面粗さ—用語—第2部：表面粗さパラメータの測定］	

表3（続き）

番号	状態	版番号	発行年	名称	TC/SC
ISO 4288	有効	2	1996	GPS — Surface texture: Profile method — Rules and procedures for the assessment of surface texture	213
JIS B 0633	有効		2001	GPS—表面性状：輪郭曲線方式—表面性状評価の方式及び手順（IDT）	
ISO 4291	有効	1	1985	Methods for the assessment of departure from roundness — Measurement of variations in radius	213
JIS B 7451	有効		1997	真円度測定機（MOD）	
ISO 4292	有効	1	1985	Methods for the assessment of departure from roundness — Measurement by two- and three-methods	213
				［真円度の評価方法—2点法及び3点法による測定］	
ISO 5436-1	有効	1	2000	GPS — Surface texture: Profile method; Measurement standards — Part 1: Material measures	213
JIS B 0659-1	有効		2002	GPS—表面性状：輪郭曲線方式；測定標準—第1部：標準片（MOD）	
ISO 5458	有効	2	1998	GPS — Geometrical tolerancing — Positional tolerancing	213
JIS B 0025	有効		1998	製図—幾何公差表示方式—位置度公差方式（IDT） ← 1994年版のISO/DISに対応	
ISO 5459	有効	2	2011	GPS — Geometrical tolerancing — Datums and datum systems	213
JIS B 0022	有効		1984	幾何公差のためのデータム（MOD） ← 1981年版に対応	
ISO/TR 5460	有効	1	1985	Technical drawings — Geometrical tolerancing — Tolerancing of form, orientation, location and run-out — Verification principles and methods — Guide lines	213
TR B 0003	廃止		1998	製図—幾何公差表示方式—形状，姿勢，位置及び振れの公差方式—検証の原理と方法の指針 ← 2004年に廃止	
ISO 6318	廃止	1	1985	Measurement of roundness — Terms, definitions and parameters of roundness ← 2003年に廃止	213
JIS B 7451	有効		1997	真円度測定機（MOD）	
ISO 7863	有効	1	1984	Height setting micrometers and riser blocks	213
				［高さ設定用マイクロメータ］	
ISO 8015	有効	2	2011	GPS — Fundamentals — Concepts, principles and rules	213
JIS B 0024	有効		1988	製図—公差表示方式の基本原則（IDT） ← 1985年版に対応	

表3（続き）

番　号	状態	版番号	発行年	名　称	TC/SC
ISO 8062-1	有効	1	2007	GPS — Dimensional and geometrical tolerances for moulded parts — Part 1: Vocabulary	213
				［GPS―成型品の寸法及び幾何公差方式―第1部：用語］	
ISO/PRF TS 8062-2	作業中	―	―	GPS — Dimensional and geometrical tolerances for moulded parts — Part 2: Rules	213
				［GPS―成型品の寸法及び幾何公差方式―第2部：規則］	
ISO 8062-3	有効	1	2007	GPS — Dimensional and geometrical tolerances for moulded parts — Part 3: General dimensional and geometrical tolerances and machining allowances for castings	213
				［GPS―成型品の寸法及び幾何公差方式―第3部：普通寸法公差，普通幾何公差及び削り代］	
JIS B 0403	有効		1995	鋳造品―寸法公差方式及び削り代方式（MOD） ← 1994年版のISO 8062に対応	
ISO 8512-1	有効	1	1990	Surface plates — Part 1: Cast iron	213
				［定盤―第1部：鋳鉄製］	
ISO 8512-2	有効	1	1990	Surface plates — Part 2: Granite	213
				［定盤―第2部：石製］	
JIS B 7513	有効		1992	精密定盤（NEQ） ← ISO 8512-1及びISO 8512-2に対応	
ISO 8785	有効	1	1998	GPS — Surface imperfections — Terms, definitions and parameters	213
				［表面欠陥―用語，定義及びパラメータ］	
ISO/DIS 9121	作業中	―	―	GPS — Dimensional measuring instruments: Internal micrometers with two-point contact — Design and metrological requirements	3/3
				［2点式内側マイクロメータ］	
ISO 9493	有効	1	2010	GPS — Dimensional measuring equipment: Dial test indicators (lever type) — Design and metrological characteristics	213
JIS B 7533	有効		1990	てこ式ダイヤルゲージ ←対応国際規格はない	
ISO 10135	有効	2	2007	GPS — Drawing indications for moulded parts in technical product documentation（TPD）	213
				［GPS―技術文書（TPD）への成形品の図面指示］	
ISO 10360-1	有効	1	2000	GPS — Acceptance and reverification tests for coordinate measuring machines（CMM）— Part 1: Vocabulary	213
JIS B 7440-1	有効		2003	GPS―座標測定機（CMM）の受入検査及び定期検査―第1部：用語（IDT）	

表3（続き）

番号	状態	版番号	発行年	名称	TC/SC
ISO 10360-2	有効	3	2009	GPS — Acceptance and reverification tests for coordinate measuring machines (CMM) — Part 2: CMMs used for measuring linear dimensions	213
JIS B 7440-2	有効		2003	GPS—座標測定機（CMM）の受入検査及び定期検査—第2部：寸法測定（IDT） ← 2001年版に対応	
ISO 10360-3	有効	1	2000	GPS — Acceptance and reverification tests for coordinate measuring machines (CMM) — Part 3: CMMs with the axis of a rotary tables as the fourth axis	213
JIS B 7440-3	有効		2003	GPS—座標測定機（CMM）の受入検査及び定期検査—第3部：ロータリテーブル付き座標測定機（IDT）	
ISO 10360-4	有効	1	2000	GPS — Acceptance and reverification tests for coordinate measuring machines (CMM) — Part 4: CMMs used in scanning measuring mode	213
JIS B 7440-4	有効		2003	GPS—座標測定機（CMM）の受入検査及び定期検査—第4部：スキャンニング測定（IDT）	
ISO 10360-5	有効	2	2010	GPS — Acceptance and reverification tests for coordinate measuring machines (CMM) — Part 5: CMMs using single and multiple stylus contacting probing systems	213
JIS B 7440-5	有効		2004	GPS—座標測定機（CMM）の受入検査及び定期検査—第5部：マルチスタイラス測定（IDT） ← 2000年版に対応	
ISO 10360-6	有効	1	2001	GPS — Acceptance and reverification tests for coordinate measuring machines (CMM) — Part 6: Estimation of errors in computing Gaussian associated features	213
JIS B 7440-6	有効		2004	GPS—座標測定機（CMM）の受入検査及び定期検査—第6部：ソフトウェア検査（IDT）	
ISO 10360-7	有効	1	2011	GPS — Acceptance and reverification tests for coordinate measuring machines (CMM) — Part 7: CMMs equipped with imaging probing systems ［GPS—座標測定機（CMM）の受入検査及び定期検査—第7部：イメージプロービングシステムを装備したCMM］	213
ISO 10578	有効	1	1992	Technical drawings — Tolerancing of orientation and location — Projected tolerance zone	213
JIS B 0029	有効		2000	製図—姿勢及び位置公差表示方式—突出公差域（IDT）	
ISO 11562	廃止	1	1996	GPS — Surface texture: Profile method — Metrological characteristics of phase correct filters ← 2011年に廃止	213
JIS B 0632	有効		2001	GPS—表面性状：輪郭曲線方式—位相補償フィルタの特性（IDT）	
ISO 12085	有効	1	1996	GPS — Surface texture: Profile method — Motif parameters	213
JIS B 0631	有効		2000	GPS—表面性状：輪郭曲線方式—モチーフパラメータ（IDT）	

表3（続き）

番　　号	状態	版番号	発行年	名　　称	TC/SC
ISO 12179	有効	1	2000	GPS — Surface texture: Profile method — Calibration of contact（stylus）instruments	213
JIS B 0670	有効		2002	GPS—表面性状：輪郭曲線方式—触針式表面粗さ測定機の校正（MOD）	
ISO 12180-1	有効	1	2011	GPS — Cylindricity — Part 1: Vocabulary and parameters of cylindrical form	213
TS B 0026-1	有効		2010	GPS—円筒度—第1部：用語及びパラメータ（MOD） ← ISO/TS 12180-1:2003 に対応	
ISO 12180-2	有効	1	2011	GPS — Cylindricity — Part 2: Specification operators	213
TS B 0026-2	有効		2010	GPS—円筒度—第2部：オペレータ（MOD） ← ISO/TS 12180-2:2003 に対応	
ISO 12180-3	作業中	—	—	GPS — Cylindricity — Part 3: Instruments for the assessment of deviations from cylindricity	57/3
				［GPS—円筒度—第3部：円筒度の測定機器］	
ISO 12180-4	作業中	—	—	GPS — Cylindricity — Part 4: Calibration	57/3
				［GPS—円筒度—第4部：校正］	
ISO 12181-1	有効	1	2011	GPS — Roundness — Part 1: Vocabulary and parameters of roundness	213
TS B 0027-1	有効		2010	GPS—真円度—第1部：用語及びパラメータ（MOD） ← ISO/TS 12181-1:2003 に対応	
ISO 12181-2	有効	1	2011	GPS — Roundness — Part 2: Specification operators	213
TS B 0027-2	有効		2010	GPS—真円度—第2部：オペレータ（MOD） ← ISO/TS 12181-2:2003 に対応	
ISO 12181-3	作業中		DIS	GPS — Roundness — Part 3: Determination of the departure from roundness	57/3
				［GPS—真円度—第3部：真円の評価方法］	
ISO 12181-4	作業中	—	—	GPS — Roundness — Part4: Calibration specimens for instruments for the determination of departure from roundness — Specification and test methods for the calibration of instruments and specimens	57/3
				［GPS—真円度—第4部：測定機の校正用標準片—測定機校正のための仕様，試験方法及び標準片］	
ISO 12780-1	有効	1	2011	GPS — Straightness — Part 1: Vocabulary and parameters of straightness	213
TS B 0028-1	有効		2010	GPS—真直度—第1部：用語及びパラメータ（MOD） ← ISO/TS 12780-1:2003 に対応	
ISO 12780-2	有効	1	2011	GPS — Straightness — Part 2: Specification operators	213
TS B 0028-2	有効		2010	GPS—真直度—第2部：オペレータ（MOD） ← ISO/TS 12780-2:2003 に対応	

表 3（続き）

番　号	状態	版番号	発行年	名　　称	TC/SC
ISO 12780-3	作業中	—	—	GPS — Straightness — Part 3: Instruments for the assessment of deviations from straightness	57/3
				［GPS—真直度—第3部：真直度測定機］	
ISO 12780-4	作業中	—	—	GPS — Straightness — Part 4: Calibration	57/3
				［GPS—真直度—第4部：校正］	
ISO 12781-1	有効	1	2011	GPS — Flatness — Part 1: Vocabulary and parameters of flatness	213
TS B 0029-1	有効		2010	GPS—平面度—第1部：用語及びパラメータ（MDO） ← ISO/TS 12781-1:2003 に対応	
ISO 12781-2	有効	1	2011	GPS — Flatness — Part 2: Specification operators	213
TS B 0029-2	有効		2010	GPS—平面度—第2部：オペレータ（MOD） ← ISO/TS 12781-2:2003 に対応	
ISO 12781-3	作業中	—	—	GPS — Straightness — Part 3: Instruments for the assessment of deviations from flatness	57/3
				［GPS—平面度—第3部：平面度測定機］	
ISO 12781-4	作業中	—	—	GPS — Straightness — Part 4: Calibration	57/3
				［GPS—平面度—第4部：校正］	
ISO 13385-1	有効	1	2011	GPS — Dimensional measuring equipment — Part 1: Callipers; Design and metrological characteristics	213
				［GPS—寸法測定機器—第1部：キャリパ；設計及び度量衡特性］	
ISO 13385-2	有効	1	2011	GPS — Dimensional measuring equipment — Part 2: Calliper depth gauges; Design and metrological characteristics	213
				［GPS—寸法測定機器—第2部：キャリパ；深さゲージ；設計及び度量衡特性］	
JIS B 7507	有効		1993	ノギス（NEQ） ← ISO 3599:1976 及び ISO 6906:1984 に対応（いずれも2011年に廃止）	
ISO 13565-1	有効	1	1996	GPS — Surface texture: Profile method; Surfaces having stratified functional properties — Part 1: Filtering and general measurement conditions	213
JIS B 0671-1	有効		2002	GPS—表面性状：輪郭曲線方式；プラトー構造面の特性評価—第1部：フィルタ処理及び測定条件（IDT）	
ISO 13565-2	有効	1	1996	GPS — Surface texture: Profile method; Surfaces having stratified functional properties — Part 2: Height characterization using the linear material ratio curve	213
JIS B 0671-2	有効		2002	GPS—表面性状：輪郭曲線方式；プラトー構造面の特性評価—第2部：線形表現の負荷曲線による高さの特性評価（IDT）	

表3（続き）

番号	状態	版番号	発行年	名称	TC/SC
ISO 13565-3	有効	1	1998	GPS — Surface texture: Profile method; Surfaces having stratified functional properties — Part 3: Height characterization using the material property curve	213
JIS B 0671-3	有効		2002	GPS—表面性状：輪郭曲線方式；プラトー構造面の特性評価—第3部：正規確率紙上の負荷曲線による高さの特性評価（IDT）	
ISO 13715	有効	2	2000	Technical drawings — Edges of undefined shape — Vocabulary and indications	10/6
JIS B 0051	有効		2004	製図—部品のエッジ—用語及び指示方法（IDT）	
ISO 14660-1	有効	1	1999	GPS — Geometrical features — Part 1: General terms and definitions	213
JIS B 0672-1	有効		2002	GPS—形体—第1部：一般用語及び定義（IDT）	
ISO 14660-2	有効	1	1999	GPS — Geometrical features — Part 2: Extracted median line of a cylinder and a cone, extracted median surface, local size of an extracted feature	213
JIS B 0672-2	有効		2002	GPS—形体—第2部：円筒及び円すいの測得中心線，測得中心面並びに測得形体の局部寸法（IDT）	
ISO XXX01	作業中	—	—	Dimensional measuring instruments — Height gauges	3/3
JIS B 7517	有効		1993	ハイトゲージ ←対応国際規格はない	
ISO XXX09	作業中	—	—	Functional gauges	3
				［機能ゲージ］	
ISO XXX17	作業中	—	—	Vectorial tolerancing	10/5
				［ベクトル公差表示方式］	
ISO XXX18	作業中	—	—	Reference plugs and rings	3
				［標準プラグ及びリングゲージ］	
ISO XXX19	作業中	—	—	Electrical length measuring instruments	3
				［電気マイクロメータ］	
ISO XXX23	作業中	—	—	Mathematization of geometrical tolerances	10/5
				［幾何公差の数学的方法］	
ISO XXX25	作業中	—	—	Areal characterization of surface roughness	
				［表面粗さの面領域評価］	

付録2 図　面　例

　付録2として，本書巻末の折込みページに主要エンジン部品の図面指示例[1]を示したので，参考にされたい。ただし，これらの図面の部品は，試作したこともなければ，生産したこともないので，機能上の問題，加工上の問題までは検討がされていないことに留意していただきたい。

　なお，エンジンボアについては，一般にプラトーホーニングを施すが，ノウハウもあって，これを指示していない。

　図面例は，次のとおりである。

- 図面例1：エンジンブロックAB（図面番号12345-1）
- 図面例2：エンジンヘッドAB（図面番号12345-2）
- 図面例3：クランクシャフトAB（図面番号12345-3）
- 図面例4：コネクティングロッドAB（図面番号12345-4）
- 図面例5：カムシャフトAB（図面番号12345-5）

引用文献

1）　桑田浩志（2007）：ものづくりのための寸法公差方式と幾何公差方式，p.197～p.201，日本規格協会

図表出典一覧

本書で使用した図表の出典を次に示す．なお，書籍を出典とする図表について，書籍の詳しい書誌情報はこの一覧の末尾に示す．

第1章
図 1.1	JIS B 0672-1：2002 図 A.1
写真 1.1	標準化ジャーナル Vol.27（1997.5） p.60
写真 1.2	標準化ジャーナル Vol.27（1997.5） p.62
図 1.4	ISO/TC 213 文書 N314-3
図 1.5	旧 BS 8888：2000（対訳版）図 D.3
図 1.6	旧 BS 8888：2000（対訳版）図 D.2

第2章
図 2.1	JIS Z 8317-1：2008 解説図 9
図 2.5	JIS Z 8317-1：2008 図 66
図 2.6	JIS Z 8317-1：2008 図 68
図 2.7	JIS Z 8318：1998 図 4
図 2.8	JIS Z 8318：1998 図 5
図 2.9	JIS Z 8318：1998 図 6
図 2.10	JIS Z 8318：1998 図 7
図 2.11	JIS Z 8318：1998 図 8
図 2.12	図面の新しい見方・読み方 図 4.3
図 2.13	JIS Z 8318：1998 図 1
図 2.14	JIS Z 8318：1998 図 2
図 2.15	JIS Z 8318：1998 図 3
図 2.16	JIS Z 8318：1998 図 12
図 2.17	JIS Z 8318：1998 図 13
図 2.18	JIS Z 8318：1998 図 9
図 2.19	JIS Z 8318：1998 図 10
図 2.20	JIS Z 8318：1998 図 11
図 2.22	JIS Z 8318：1998 図 14
図 2.23	JIS Z 8318：1998 図 15
図 2.24	JIS Z 8318：1998 図 16
図 2.25	JIS Z 8318：1998 図 17
図 2.28	図面の新しい見方・読み方 図 4.1
図 2.29	図面の新しい見方・読み方 図 4.1
図 2.30	図面の新しい見方・読み方 図 4.23
図 2.31	ISO 14405-1：2010 図 15 a)
図 2.32	ISO 14405-1：2010 図 18
表 2.1	ISO 14405-1：2010 表 3
図 2.35	ISO/DIS 14405-2.2 図 1 a)
図 2.37	ISO/DIS 14405-2.2 図 2 b), c), d)
図 2.38	ISO/DIS 14405-2.2 図 10

第3章
図 3.1	ISO 10135：2007 図 1
表 3.1	ISO 10135：2007 表 3
図 3.2	ISO 10135：2007 図 2
図 3.3	ISO 10135：2007 図 4
図 3.4	ISO 10135：2007 図 5
図 3.5	ISO 10135：2007 図 6
図 3.6	ISO 10135：2007 図 7
図 3.7	ISO 10135：2007 図 8
表 3.2	ISO 10135：2007 表 4
図 3.8	ISO 10135：2007 図 9
図 3.9	ISO 10135：2007 図 10
図 3.10	ISO 10135：2007 図 11
図 3.11	ISO 10135：2007 図 12
図 3.12	ISO 10135：2007 図 13
図 3.13	ISO 10135：2007 図 14
図 3.14	ISO 10135：2007 図 15
図 3.15	ISO 10135：2007 図 16
図 3.16	ISO 10135：2007 図 17
表 3.3	ISO 10135：2007 表 5
図 3.17	ISO 10135：2007 図 21 a)
図 3.18	ISO 10135：2007 図 21 b)
図 3.19	ISO 10135：2007 図 20
図 3.20	ISO 10135：2007 図 22
図 3.21	ISO 10135：2007 図 23
図 3.22	ISO 10135：2007 図 24
図 3.23	ISO 10135：2007 図 25
図 3.24	ISO 10135：2007 図 29
図 3.25	ISO 10135：2007 図 31
図 3.26	ISO 10135：2007 図 33
表 3.4	ISO 10135：2007 表 6
図 3.27	ISO 10135：2007 図 43
図 3.28	ISO 10135：2007 図 46
図 3.29	ISO 10135：2007 図 47
図 3.30	ISO 10135：2007 図 49
図 3.31	ISO 10135：2007 図 51
図 3.32	ISO 10135：2007 図 53
図 3.33	ISO 10135：2007 図 54
図 3.34	ISO 10135：2007 図 57
図 3.35	ISO 10135：2007 図 58
図 3.36	ISO 10135：2007 図 60
図 3.37	ISO 10135：2007 図 61 a)，図 61 b)
図 3.38	ISO 10135：2007 図 61 c)
図 3.39	ISO 10135：2007 図 63
図 3.40	ISO 10135：2007 図 64
図 3.41	ISO 10135：2007 図 65
図 3.42	ISO 10135：2007 図 66
図 3.43	ISO 10135：2007 図 67
図 3.44	ISO 10135：2007 図 68
図 3.45	ISO 10135：2007 図 70
図 3.46	ISO 10135：2007 図 71
図 3.47	ISO 10135：2007 図 72
図 3.48	ISO 10135：2007 図 74
図 3.49	ISO 10135：2007 図 84
図 3.50	ISO 10135：2007 図 85
図 3.51	ISO 10135：2007 図 86
表 3.5	ISO 10135：2007 表 7
図 3.52	ISO 10135：2007 図 87
図 3.53	ISO 10135：2007 図 88
図 3.54	ISO 10135：2007 図 89
図 3.55	ISO 10135：2007 図 90
図 3.56	ISO 10135：2007 図 92
図 3.57	ISO 10135：2007 図 99
図 3.58	ISO 10135：2007 図 100 a)
図 3.59	ISO 10135：2007 図 100 b)
図 3.60	ISO 10135：2007 図 101
図 3.61	ISO 10135：2007 図 103
図 3.62	ISO 10135：2007 図 104
図 3.63	ISO 10135：2007 図 106
図 3.64	ISO 10135：2007 図 107（上）
図 3.65	ISO 10135：2007 図 107（下）
図 3.66	ISO 10135：2007 図 108

図 3.67	ISO 10135：2007 図 109	図 5.24	JIS B 0621：1984 図 17
		図 5.25	JIS B 0621：1984 図 18
第 4 章		図 5.26	JIS B 0621：1984 図 19
図 4.3	JIS B 0022：1984 図 1	図 5.27	JIS B 0621：1984 図 20
図 4.4	JIS B 0022：1984 図 2	図 5.28	JIS B 0621：1984 図 21
図 4.5	JIS B 0022：1984 図 3	図 5.29	JIS B 0621：1984 図 22
図 4.6	ISO/FDIS 5459：2011 図 5	図 5.30	JIS B 0621：1984 図 23
図 4.7	機械製図マニュアル 第 4 版 図 12.31	図 5.31	JIS B 0621：1984 図 24
図 4.8	寸法公差方式と幾何公差方式 図 5.60，図 5.62	図 5.32	JIS B 0621：1984 図 25
		図 5.33	JIS B 0621：1984 図 26
図 4.9	ISO/FDIS 5459：2011 図 19 c），d）	図 5.34	JIS B 0621：1984 図 27
図 4.11	寸法公差方式と幾何公差方式 図 5.63	図 5.35	JIS B 0621：1984 図 28
図 4.12	ISO/FDIS 5459：2011 図 21 b）	図 5.36	JIS B 0621：1984 図 29
表 4.1	ISO/FDIS 5459：2011 表 1（一部抜粋）	図 5.37	JIS B 0621：1984 図 30
図 4.14	JIS B 0022：1984 図 20 (a)	図 5.38	JIS B 0621：1984 図 31
図 4.16	JIS B 0022：1984 図 17 (b)	図 5.39	JIS B 0621：1984 図 32
図 4.17	ISO/FDIS 5459：2011 図 7 b）（一部のみ）	図 5.40	JIS B 0621：1984 図 33
図 4.19	ISO/FDIS 5459：2011 図 1	図 5.41	JIS B 0621：1984 図 34
図 4.20	ISO/FDIS 5459：2011 図 19 b）（一部のみ）	図 5.42	JIS B 0621：1984 図 35
図 4.21	ISO/FDIS 5459：2011 図 31 a），b），c），d）	図 5.43	JIS B 0621：1984 図 36
表 4.2	ISO/FDIS 5459：2011 表 2（一部抜粋）	図 5.44	JIS B 0621：1984 図 37
図 4.22	ISO/FDIS 5459：2011 図 33，図 34，図 35	図 5.45	JIS B 0621：1984 図 38
図 4.23	ISO/FDIS 5459：2011 図 23	図 5.46	JIS B 0621：1984 図 39
図 4.24	ISO/FDIS 5459：2011 図 22（一部のみ）	図 5.47	JIS B 0621：1984 図 40
図 4.25	ISO/FDIS 5459：2011 図 C.5	表 5.2	旧 JIS B 0021：1984 表 3
図 4.26	ISO/FDIS 5459：2011 図 C.10	図 5.48	旧 JIS B 0021：1984 付表 10.1
図 4.27	ISO/FDIS 5459：2011 図 C.17	図 5.49	JIS に基づく幾何公差方式 図 2.17
図 4.28	ISO/FDIS 5459：2011 図 C.18	図 5.50	JIS に基づく幾何公差方式 図 2.15
図 4.29	ISO/FDIS 5459：2011 図 C.23	図 5.51	旧 JIS B 0021：1984 付表 10.1
図 4.31	ISO/FDIS 5459：2011 図 C.25	図 5.52	旧 JIS B 0021：1984 付表 1.3
図 4.33	ISO/FDIS 5459：2011 図 C.38	図 5.53	旧 JIS B 0021：1984 付表 4
図 4.34	ISO/FDIS 5459：2011 図 C.40	図 5.54	旧 JIS B 0021：1984 付表 2
図 4.35	ISO/FDIS 5459：2011 図 C.5	図 5.55	旧 JIS B 0021：1984 付表 1.3
図 4.36	ISO/FDIS 5459：2011 図 C.10	表 5.3	JIS B 0021：1998 表 1
図 4.37	JIS B 0022：1984 図 27（左上）	表 5.4	JIS B 0021：1998 表 2
図 4.38	JIS B 0022：1984 図 27（右下）	図 5.56	JIS B 0021：1998 図 1，図 2，図 3
		図 5.57	JIS B 0021：1998 図 8
第 5 章		図 5.58	JIS B 0021：1998 図 9，図 10
表 5.1	JIS B 0621：1984 p.2 の表	図 5.59	JIS B 0021：1998 図 11
図 5.1	TS B 0028-1：2010 図 2	図 5.60	JIS B 0021：1998 図 12，図 13，図 14
図 5.2	TS B 0028-1：2010 図 3	図 5.61	JIS B 0021：1998 図 44
図 5.3	JIS B 0621：1984 図 1	図 5.62	JIS B 0021：1998 図 45
図 5.4	JIS B 0621：1984 図 2	図 5.64	JIS B 0021：1998 図 18，図 19
図 5.5	JIS B 0621：1984 図 3	図 6.65	JIS B 0021：1998 図 20，図 21
図 5.6	JIS B 0621：1984 図 4	図 5.66	JIS B 0021：1998 図 22，図 23
図 5.7	JIS B 0621：1984 図 5	図 5.67	JIS B 0021：1998 図 120
図 5.8	TS B 0029-1：2010 図 2	図 5.68	JIS B 0021：1998 図 25
図 5.9	JIS B 0621：1984 図 6	図 5.69	JIS B 0021：1998 図 38
図 5.10	TS B 0027-1：2010 図 1	図 5.70	JIS B 0021：1998 図 39
図 5.11	TS B 0027-1：2010 図 2	図 5.71	JIS B 0021：1998 図 40
図 5.12	JIS B 0621：1984 図 7	図 5.72	JIS B 0026：1998 附属書 A
図 5.13	TS B 0026-1：2010 図 1	図 5.73	ASME Y14.5：2009 図 8-24（上）
図 5.14	TS B 0026-1：2010 図 2	図 5.74	ASME Y14.5：2009 図 8-24（下）
図 5.15	JIS B 0621：1984 図 8	図 5.75	ASME Y14.5：2009 図 8-2
図 5.16	JIS B 0621：1984 図 9	図 5.76	ASME Y14.5：2009 図 8-3（左）
図 5.17	JIS B 0621：1984 図 10	図 5.77	ASME Y14.5：2009 図 8-3（右）
図 5.18	JIS B 0621：1984 図 11	表 5.5	ISO 1101：2004/FDAM 1：2011 図 158，図 163
図 5.19	JIS B 0621：1984 図 12		
図 5.20	JIS B 0621：1984 図 13	図 5.78	ISO 16792：2006 図 18
図 5.21	JIS B 0621：1984 図 14	図 5.79	ISO 16792：2006 図 17
図 5.22	JIS B 0621：1984 図 15	表 5.6	（以下，図 5.180 まで）
図 5.23	JIS B 0621：1984 図 16	図 5.80	JIS B 0021：1998 図 56

図 5.81	JIS B 0021:1998 図 57	図 5.122	JIS B 0021:1998 図 99
図 5.81(3D)	ISO 1101:2004/FDAM 1:2011 図 58(3D)	図 5.123	JIS B 0021:1998 図 100
図 5.82	JIS B 0021:1998 図 58	図 5.123(3D)	ISO 1101:2004/FDAM 1:2011 図 100(3D)
図 5.83	JIS B 0021:1998 図 59	図 5.124	JIS B 0021:1998 図 101
図 5.83(3D)	ISO 1101:2004/FDAM 1:2011 図 60(3D)	図 5.125	JIS B 0021:1998 図 102
図 5.84	JIS B 0021:1998 図 60	図 5.125(3D)	ISO 1101:2004/FDAM 1:2011 図 102(3D)
図 5.85	JIS B 0021:1998 図 61	図 5.126	JIS B 0021:1998 図 103
図 5.85(3D)	ISO 1101:2004/FDAM 1:2011 図 62(3D)	図 5.127	JIS B 0021:1998 図 104
図 5.86	JIS B 0021:1998 図 62	図 5.127(3D)	ISO 1101:2004/FDAM 1:2011 図 104(3D)
図 5.87	JIS B 0021:1998 図 63	図 5.128	JIS B 0021:1998 図 105
図 5.87(3D)	ISO 1101:2004/FDAM 1:2011 図 64(3D)	図 5.129	JIS B 0021:1998 図 106
図 5.88	ISO 1101:2004 図 65	図 5.129(3D)	ISO 1101:2004/FDAM 1:2011 図 106(3D)
図 5.89	JIS B 0021:1998 図 65	図 5.130	JIS B 0021:1998 図 107
図 5.89(3D)	ISO 1101:2004/FDAM 1:2011 図 66(3D)	図 5.131	JIS B 0021:1998 図 108
図 5.90	JIS B 0021:1998 図 66	図 5.131(3D)	ISO 1101:2004/FDAM 1:2011 図 108(3D)
図 5.90(3D)	ISO 1101:2004/FDAM 1:2011 図 67(3D)	図 5.132	ISO 1101:2004 図 109
図 5.91	JIS B 0021:1998 図 67	図 5.133	JIS B 0021:1998 図 110
図 5.92	JIS B 0021:1998 図 68	図 5.133(3D)	ISO 1101:2004/FDAM 1:2011 図 110(3D)
図 5.92(3D)	ISO 1101:2004/FDAM 1:2011 図 69(3D)	図 5.134	JIS B 0021:1998 図 111
図 5.93	ISO 1101:2004 図 70	図 5.135	JIS B 0021:1998 図 112
図 5.94	ISO 1101:2004 図 71	図 5.135(3D)	ISO 1101:2004/FDAM 1:2011 図 112(3D)
図 5.94(3D)	ISO 1101:2004/FDAM 1:2011 図 71(3D)	図 5.136	JIS B 0021:1998 図 113
図 5.95	ISO 1101:2004 図 72	図 5.137	JIS B 0021:1998 図 114
図 5.96	ISO 1101:2004 図 73	図 5.137(3D)	ISO 1101:2004/FDAM 1:2011 図 114(3D)
図 5.96(3D)	ISO 1101:2004/FDAM 1:2011 図 73(3D)	図 5.138	JIS B 0021:1998 図 115
図 5.97	JIS B 0021:1998 図 73	図 5.139	JIS B 0021:1998 図 116
図 5.98	JIS B 0021:1998 図 74	図 5.139(3D)	ISO 1101:2004/FDAM 1:2011 図 116(3D)
図 5.98(3D)	ISO 1101:2004/FDAM 1:2011 図 75(3D)	図 5.140	JIS B 0021:1998 図 117
図 5.99	JIS B 0021:1998 図 75	図 5.141	JIS B 0021:1998 図 118
図 5.100	JIS B 0021:1998 図 76	図 5.141(3D)	ISO 1101:2004/FDAM 1:2011 図 118(3D)
図 5.100(3D)	ISO 1101:2004/FDAM 1:2011 図 77(3D)	図 5.142	JIS B 0021:1998 図 119
図 5.101	ISO 1101:2004 図 78	図 5.143	JIS B 0021:1998 図 120
図 5.102	ISO 1101:2004 図 79	図 5.143(3D)	ISO 1101:2004/FDAM 1:2011 図 120(3D)
図 5.102(3D)	ISO 1101:2004/FDAM 1:2011 図 79(3D)	図 5.144	ISO 1101:2004 図 121
図 5.103	ISO 1101:2004 図 80	図 5.145	JIS B 0021:1998 図 122
図 5.104	ISO 1101:2004 図 81	図 5.145(3D)	ISO 1101:2004/FDAM 1:2011 図 122(3D)
図 5.104(3D)	ISO 1101:2004/FDAM 1:2011 図 81(3D)	図 5.146	ISO 1101:2004 図 124
図 5.105	ISO 1101:2004 図 82	図 5.147	ISO 1101:2004 図 123
図 5.106	ISO 1101:2004 図 83	図 5.148	JIS B 0021:1998 図 125
図 5.106(3D)	ISO 1101:2004/FDAM 1:2011 図 83(3D)	図 5.148(3D)	ISO 1101:2004/FDAM 1:2011 図 125(3D)
図 5.107	JIS B 0021:1998 図 84	図 5.149	JIS B 0021:1998 図 126
図 5.108	JIS B 0021:1998 図 85	図 5.150	JIS B 0021:1998 図 127
図 5.108(3D)	ISO 1101:2004/FDAM 1:2011 図 85(3D)	図 5.150(3D)	ISO 1101:2004/FDAM 1:2011 図 127(3D)
図 5.109	JIS B 0021:1998 図 86	図 5.151	JIS B 0021:1998 図 128
図 5.110	JIS B 0021:1998 図 87	図 5.151(3D)	ISO 1101:2004/FDAM 1:2011 図 128(3D)
図 5.110(3D)	ISO 1101:2004/FDAM 1:2011 図 87(3D)	図 5.152	ISO 1101:2004 図 129
図 5.111	ISO 1101:2004 図 88	図 5.153	JIS B 0021:1998 図 130
図 5.112	ISO 1101:2004 図 89	図 5.153(3D)	ISO 1101:2004/FDAM 1:2011 図 130(3D)
図 5.112(3D)	ISO 1101:2004/FDAM 1:2011 図 89(3D)	図 5.154	JIS B 0021:1998 図 131
図 5.113	JIS B 0021:1998 図 88	図 5.154(3D)	ISO 1101:2004/FDAM 1:2011 図 131(3D)
図 5.114	JIS B 0021:1998 図 89	図 5.155	JIS B 0021:1998 図 132
図 5.114(3D)	ISO 1101:2004/FDAM 1:2011 図 91(3D)	図 5.156	JIS B 0021:1998 図 133
図 5.115	JIS B 0021:1998 図 90	図 5.156(3D)	ISO 1101:2004/FDAM 1:2011 図 133(3D)
図 5.116	JIS B 0021:1998 図 91	図 5.157	JIS B 0021:1998 図 134
図 5.116(3D)	ISO 1101:2004/FDAM 1:2011 図 93(3D)	図 5.158	JIS B 0021:1998 図 135
図 5.117	JIS B 0021:1998 図 94	図 5.158(3D)	ISO 1101:2004/FDAM 1:2011 図 135(3D)
図 5.118	JIS B 0021:1998 図 95	図 5.159	ISO 1101:2004 図 136
図 5.118(3D)	ISO 1101:2004/FDAM 1:2011 図 95(3D)	図 5.159(3D)	ISO 1101:2004/FDAM 1:2011 図 136(3D)
図 5.119	JIS B 0021:1998 図 96	図 5.160	ISO 1101:2004 図 137
図 5.120	JIS B 0021:1998 図 97	図 5.160(3D)	ISO 1101:2004/FDAM 1:2011 図 137(3D)
図 5.120(3D)	ISO 1101:2004/FDAM 1:2011 図 97(3D)	図 5.161	JIS B 0021:1998 図 136
図 5.121	JIS B 0021:1998 図 98	図 5.162	JIS B 0021:1998 図 137

図 5.162（3D）　ISO 1101:2004/FDAM 1:2011 図 139（3D）
図 5.163　　　JIS B 0021:1998 図 138
図 5.163（3D）　ISO 1101:2004/FDAM 1:2011 図 140（3D）
図 5.164　　　JIS B 0021:1998 図 139
図 5.165　　　JIS B 0021:1998 図 140
図 5.165（3D）　ISO 1101:2004/FDAM 1:2011 図 142（3D）
図 5.166　　　JIS B 0021:1998 図 141
図 5.166（3D）　ISO 1101:2004/FDAM 1:2011 図 143（3D）
図 5.167　　　JIS B 0021:1998 図 142
図 5.167（3D）　ISO 1101:2004/FDAM 1:2011 図 144（3D）
図 5.168　　　JIS B 0021:1998 図 143
図 5.168（3D）　ISO 1101:2004/FDAM 1:2011 図 145（3D）
図 5.169　　　JIS B 0021:1998 図 144
図 5.169（3D）　ISO 1101:2004/FDAM 1:2011 図 146（3D）
図 5.170　　　JIS B 0021:1998 図 145
図 5.171　　　JIS B 0021:1998 図 146
図 5.171（3D）　ISO 1101:2004/FDAM 1:2011 図 148（3D）
図 5.172　　　ISO 1101:2004 図 149
図 5.173　　　JIS B 0021:1998 図 148
図 5.173（3D）　ISO 1101:2004/FDAM 1:2011 図 150（3D）
図 5.174　　　JIS B 0021:1998 図 149
図 5.174（3D）　ISO 1101:2004/FDAM 1:2011 図 151（3D）
図 5.175　　　ISO 1101:2004 図 152
図 5.176　　　JIS B 0021:1998 図 151
図 5.176（3D）　ISO 1101:2004/FDAM 1:2011 図 153（3D）
図 5.177　　　JIS B 0021:1998 図 152
図 5.178　　　JIS B 0021:1998 図 153
図 5.178（3D）　ISO 1101:2004/FDAM 1:2011 図 155（3D）
図 5.179　　　ISO 1101:2004 図 156
図 5.180　　　JIS B 0021:1998 図 155
図 5.180（3D）　ISO 1101:2004/FDAM 1:2011 図 157（3D）

第 6 章
図 6.1　　　新しい幾何公差方式 図 4.48
図 6.2　　　新しい幾何公差方式 図 4.49，図 4.50
図 6.3　　　ISO 2692:2006 図 A.2 a)
図 6.4　　　ISO 2692:2006 図 A.2 b)
図 6.5　　　ISO 2692:2006 図 A.2 b)（一部修正）
図 6.6　　　ISO 2692:2006 図 A.5 a)
図 6.7　　　JIS B 0023:1996 図 B.1 (a)
図 6.8　　　JIS B 0023:1996 図 B.1 (b)
図 6.9　　　ISO 2692:2006 図 A.5 c)
図 6.13　　　寸法公差方式と幾何公差方式 図 6.18
図 6.14　　　JIS に基づく幾何公差方式 図 7.1
図 6.16　　　JIS に基づく幾何公差方式 図 7.2
図 6.18　　　ISO 2692:2006 図 A.6 a)
図 6.19　　　ISO 2692:2006 図 A.6 a)（一部修正）
図 6.20　　　ISO 2692:2006 図 A.7 a)
図 6.21　　　ISO 2692:2006 図 A.7 a)（一部修正）
図 6.22　　　ISO 2692:2006 図 A.7 b)
図 6.23　　　ISO 2692:2006 図 A.7 b)（一部修正）
図 6.24　　　ISO 2692:2006 図 A.9（上）
図 6.25　　　ISO 2692:2006 図 A.9（下）
図 6.26　　　ISO 2692:2006 図 A.8（上）
図 6.27　　　ISO 2692:2006 図 A.8（下）
図 6.28　　　JIS B 0023:1996 図 B.4 (a)
図 6.29　　　JIS B 0023:1996 図 B.4 (b)
図 6.30　　　JIS B 0025:1998 図 8 a)
図 6.31　　　JIS B 0025:1998 図 8 b)，図 8 c)
図 6.32　　　JIS に基づく幾何公差方式 図 7.6
図 6.33　　　ASME Y14.5:2009 図 7-22（上）
図 6.35　　　ISO 2692:2006 図 A.10

図 6.36　　　ISO 2692:2006 図 A.11
図 6.37　　　ISO 2692:2006 図 A.12（上）
図 6.38　　　ISO 2692:2006 図 A.12（下）

第 7 章
図 7.1　　　ISO/TC 213/WG 14 の審議文書
図 7.2　　　JIS B 0672-1:2002 図 2
図 7.3　　　JIS B 0672-2:2002 図 1
図 7.4　　　JIS B 0672-2:2002 図 4
図 7.5　　　JIS B 0672-2:2002 図 2
図 7.6　　　JIS B 0672-2:2002 図 3

第 8 章
図 8.1　　　JIS B 0023:1996 図 14（a）
図 8.2　　　JIS B 0023:1996 図 14（b），図 14（c）
図 8.3　　　寸法公差方式と幾何公差方式 図 6.18
図 8.5　　　新しい幾何公差方式 図 5.40
図 8.6　　　新しい幾何公差方式 図 5.41，図 5.42
図 8.7　　　新しい幾何公差方式 図 5.44
図 8.8　　　寸法公差方式と幾何公差方式 図 6.55
図 8.9　　　寸法公差方式と幾何公差方式 図 6.56
図 8.10　　　寸法公差方式と幾何公差方式 図 6.57
図 8.11　　　JIS B 0025:1998 図 2 a)
図 8.12　　　JIS B 0022:1984 図 23
写真 8.1　　　寸法公差方式と幾何公差方式 写真 6.1，写真 6.2，写真 6.3

第 9 章
図 9.1　　　JIS B 0403:1995 図 2
図 9.2　　　ISO 8062-1:2007 図 5
図 9.3　　　ISO 8062-1:2007 図 6
図 9.4　　　ISO 8062-1:2007 図 7
図 9.5　　　ISO 8062-1:2007 図 8
表 9.1　　　JIS B 0403:1995 表 1
表 9.2　　　JIS B 0403:1995 表 A.1
表 9.3　　　JIS B 0403:1995 参考表 1
表 9.4　　　ISO 8062-3:2007 表 A.1
表 9.5　　　ISO 8062-3:2007 表 A.2
表 9.6　　　ISO 8062-3 Amd.（発行予定）
表 9.7　　　ISO 8062-3 Amd.（発行予定）
表 9.8　　　ISO 8062-3 Amd.（発行予定）
表 9.9　　　ISO 8062-3 Amd.（発行予定）
表 9.10　　　JIS B 0403:1995 表 5
表 9.11　　　JIS B 0403:1995 表 B.1
表 9.12　　　ISO 8062-3:2007 表 B.1
表 9.13　　　ISO 8062-3:2007 表 3
表 9.14　　　ISO 8062-3:2007 表 4
表 9.15　　　ISO 8062-3:2007 表 5
表 9.16　　　ISO 8062-3:2007 表 6
図 9.6　　　ISO 8062-3:2007 図 3
図 9.7　　　ISO 8062-3:2007 図 E.1
図 9.8　　　ISO 8062-3:2007 図 E.2
図 9.9　　　ISO 8062-3:2007 図 E.3
図 9.10　　　ISO 8062-3:2007 図 E.4
図 9.11　　　ISO 8062-3:2007 図 E.5
図 9.12　　　ISO 8062-3:2007 図 E.6
図 9.13　　　ISO 8062-3:2007 図 E.7
図 9.14　　　ISO 8062-3:2007 図 E.8
表 9.17　　　JIS B 0405:1991 表 1
表 9.18　　　JIS B 0405:1991 表 2
表 9.19　　　JIS B 0405:1991 表 3
表 9.20　　　JIS B 0419:1991 表 1

表 9.21	JIS B 0419:1991 表 2		図 11.15	JIS B 7440-1:2003 図 A.9
表 9.22	JIS B 0419:1991 表 3		図 11.16	ISO 14406:2010 図 11
表 9.23	JIS B 0419:1991 表 4		図 11.17	旧 ISO/TS 17450-1:2005 図 13
図 9.15	寸法公差方式と幾何公差方式 図 3.33		表 11.1	ISO/TS 16610-1:2006 表 B.1
			図 11.18	ISO/TS 16610-20：2006 図 1

第 10 章

図 10.10	旧 JIS B 0021:1984 解説の 7.1
図 10.11	旧 JIS B 0021:1984 解説の 7.1
図 10.12	旧 JIS B 0021:1984 解説の 7.1
図 10.13	旧 JIS B 0021:1984 解説の 7.1
図 10.14	旧 JIS B 0021:1984 解説の 7.1
図 10.15	旧 JIS B 0021:1984 解説の 8.1
図 10.16	旧 JIS B 0021:1984 解説の 8.1
図 10.17	旧 JIS B 0021:1984 解説の 8.2
図 10.18	旧 JIS B 0021:1984 解説の 8.2
図 10.19	旧 JIS B 0021:1984 解説の 9.1
図 10.20	旧 JIS B 0021:1984 解説の 9.1
図 10.21	旧 JIS B 0021:1984 解説の 9.4
図 10.22	旧 JIS B 0021:1984 解説の 9.4
図 10.23	旧 JIS B 0021:1984 解説の 10.1
図 10.24	旧 JIS B 0021:1984 解説の 10.1
図 10.25	旧 JIS B 0021:1984 解説の 10.3
図 10.26	旧 JIS B 0021:1984 解説の 11.1
図 10.27	旧 JIS B 0021:1984 解説の 11.1
図 10.28	旧 JIS B 0021:1984 解説の 11.1
図 10.29	旧 JIS B 0021:1984 解説の 12.1
図 10.30	旧 JIS B 0021:1984 解説の 13.1
図 10.31	旧 JIS B 0021:1984 解説の 13.1
図 10.32	旧 JIS B 0021:1984 解説の 13.1
図 10.33	旧 JIS B 0021:1984 解説の 13.1
図 10.34	旧 JIS B 0021:1984 解説の 14.1
図 10.35	旧 JIS B 0021:1984 解説の 14.1
図 10.36	旧 JIS B 0021:1984 解説の 14.1
図 10.37	旧 JIS B 0021:1984 解説の 14.1
図 10.38	旧 JIS B 0021:1984 解説の 15.1
図 10.39	旧 JIS B 0021:1984 解説の 15.1
図 10.42	JIS B 0021:1998 図 46
図 10.44	旧 JIS B 0021:1984 解説の 17.1
図 10.45	旧 JIS B 0021:1984 解説の 17.1
図 10.46	旧 JIS B 0021:1984 解説の 19.1
図 10.47	旧 JIS B 0021:1984 解説の 19.1
図 10.48	旧 JIS B 0021:1984 解説の 20.1
図 10.49	旧 JIS B 0021:1984 解説の 20.1
図 10.50	旧 JIS B 0021:1984 解説の 21.1
図 10.51	旧 JIS B 0021:1984 解説の 21.1

第 11 章

図 11.3	旧 ISO/TS 17450-1:2005 図 7
図 11.4	旧 ISO/TS 17450-1:2005 図 11
図 11.5	旧 ISO/TS 17450-1:2005 図 12
図 11.6	ISO 14406:2010 図 3
図 11.7	ISO 14406:2010 図 6
図 11.8	ISO 3274:1996 図 2
図 11.9	JIS B 7451:1997 付図 1
図 11.10	JIS B 7451:1997 付図 2
図 11.11	ISO 14406:2010 図 7
図 11.12	ISO 14406:2010 図 4
図 11.13	ISO 14406:2010 図 8
図 11.14	JIS B 7440-1:2003 図 A.2
図 11.19	ISO/TS 16610-22:2006 図 1
図 11.21	旧 ISO/TS 17450-1:2000 図 14
図 11.22	旧 ISO/TS 17450-1:2005 図 15
図 11.23	旧 ISO/TS 17450-1:2005 図 16
図 11.26	ISO 10360-2:2009 図 B.1
図 11.28	ISO 10360-2:2009 図 2
図 11.29	ISO 10360-2:2009 図 1
図 11.30	JIS B 7441:2009 図 A.1 と図 A.4
図 11.31	JIS B 7441:2009 図 6 と図 8
図 11.33	ISO/TS 23165:2006 図 1a) と図 2a)
図 11.34	ISO 10360-2:2009 図 B.1
図 11.42	旧 JIS B 0021:1984 解説の 9.3
図 11.43	旧 JIS B 0021:1984 解説の 9.1
図 11.44	ISO 4291:1985 図 7
図 11.45	ISO 4291:1985 図 6
図 11.46	JIS B 0001:2010 図 5
図 11.47	旧 JIS B 0021:1984 解説の 10.2
図 11.48	旧 JIS B 0021:1984 解説の 10.2
図 11.49	旧 JIS B 0021:1984 解説の 18.1
図 11.50	旧 JIS B 0021:1984 解説の 18.1

第 12 章

図 12.2	JIS B 0031:2003 解説図 3
図 12.3	JIS B 0651:2001 図 2
表 12.3	JIS B 0659-1:2002 表 1
図 12.6	JIS B 0031:2003 図 1
図 12.7	JIS B 0031:2003 図 2
図 12.8	JIS B 0031:2003 図 3
図 12.9	JIS B 0031:2003 図 4
図 12.10	JIS B 0031:2003 図 6
図 12.11	JIS B 0031:2003 図 5
図 12.13	JIS B 0031:2003 図 19
図 12.14	JIS B 0031:2003 図 20
図 12.15	JIS B 0031:2003 図 8 b)
図 12.16	JIS B 0031:2003 図 11 b)
表 12.4	JIS B 0031:2003 附属書 1 表 1
表 12.5	JIS B 0031:2003 附属書 1 表 2
表 12.6	JIS B 0031:2003 附属書 1 表 3
表 12.7	JIS B 0031:2003 附属書 1 表 4
表 12.8	JIS B 0031:2003 附属書 1 表 5
図 12.17	JIS B 0031:2003 図 13 b)
図 12.18	JIS B 0031:2003 図 14
表 12.9	JIS B 0031:2003 表 2
図 12.19	JIS B 0031:2003 図 15
図 12.20	JIS B 0031:2003 図 16
図 12.21	JIS B 0031:2003 図 17
図 12.22	JIS B 0031:2003 図 21（右）
図 12.23	JIS B 0031:2003 図 18 a)
図 12.24	JIS B 0031:2003 図 29
図 12.25	JIS B 0031:2003 図 23
図 12.26	JIS B 0031:2003 図 24
図 12.27	JIS B 0031:2003 図 22
図 12.28	JIS B 0031:2003 図 25
図 12.29	JIS B 0031:2003 図 26
図 12.30	JIS B 0031:2003 図 27
図 12.31	JIS B 0031:2003 図 28
表 12.10	JIS B 0031:2003 附属書 B 表 B.2

表 12.11	JIS B 0031:2003 附属書 C
図 12.32	JIS B 0031:2003 附属書 D 図 1（上）
図 12.33	JIS B 0031:2003 附属書 D 図 1（下）

第 13 章
図 13.4	JIS B 0641-1:2001 図 5
図 13.5	JIS B 0641-1:2001 図 6
図 13.6	JIS B 0641-1:2001 図 7
図 13.7	ISO 14253-2:2011 図 1（一部変更）
表 13.2	ISO 14253-2:2011 表 A.2

附録 1
付録表 1	ISO/TR 14638:1995 附属書 A より
付録表 2	ISO/TR 14638:1995 附属書 B より
付録表 3	ISO/TR 14638:1995 附属書 C より

文献
[1] 桑田浩志（1993）：新しい幾何公差方式―経済効果をあげる設計手法とその検証，日本規格協会
[2] 桑田浩志・中里為成 共著（2005）：ISO・JIS 準拠 図面の新しい見方・読み方 改訂 2 版，日本規格協会
[3] 桑田浩志 編著（2007）：ISO・JIS 準拠 ものづくりのための寸法公差方式と幾何公差方式，日本規格協会
[4] 桑田浩志（2010）：JIS に基づく幾何公差方式，日本規格協会
[5] 桑田浩志・德岡直靜 共著（2010）：JIS 使い方シリーズ 機械製図マニュアル 第 4 版，日本規格協会

日本語索引

ア

ISOコード記号　27
間記号　91
アッベ誤差　173, 191, 199
アッベの原理　174, 191
圧力ダイカスト　147
当てはめ　193
　——円　134
　——円すい　134
　——円筒　75, 134
　——外殻形体　133
　——形体　113
　——平行二平面　135
　——方式　131, 136
　——方法　55, 57
アプリオリ分布　259
アライメント誤差　173
アライメント測定　215
アライメント手順　215
粗さ　200
　——曲線　233, 234, 243
　——曲面　239
　——モチーフパラメータ　235
暗黙のデータム　127

イ

鋳型　144
位相シフト干渉顕微鏡法　238
位相補償性　233
位置決めジグ　191
位置検出器　192
位置寸法　23
位置度　79
一様分布　263
一致　168
鋳放し鋳造品　143
（鋳放し品の）基準寸法　143
インベストメント鋳造　147

ウ

ウェーブレット解析　202
ウェーブレット　240
上の寸法許容差　27
内側形体　27

内抜けこう配　149
うねり　200
　——曲線　233, 234, 243
　——モチーフパラメータ　235
馬乗り　179

エ

Aタイプの評価　274
エジェクタマーク　40
エジェクタ領域　40
SEM立体視法　238
Sフィルタ　239
エッジ　233
Fオペレータ　239
Lフィルタ処理　240
円形形体　73
円周直径　173
円周振れ　80
円筒形体　75
円筒座標系　196
円筒度　75
　——の普通公差　163
円筒偏差　76
円筒母線　95

オ

凹凸成分　200
大きさ寸法　23, 132
オペレーション　136
オペレータ　193, 238
重み関数　201, 240
重み付き移動平均値　201
温度振幅　264
温度センサ　215
温度補正機能　208

カ

ガードバンド　273
外殻形体　132
回転中心軸線　61
回転テーブル　179
回転方向型ずれ　41, 144
ガウシアンフィルタ　201, 239, 240
ガウス分布　201

拡張不確かさ　213, 230, 255, 256, 260, 274
拡張領域　44
角度　23
角度サイズ　29, 67
角度寸法　23, 24, 29, 36, 132, 162
角度分布SEM法　238
角度方向型ずれ　144, 145
下限値　244
加工・処理の指示　246
加工物　132
加工方法記号　241, 246
下側仕様限界　269
片側規格　272
片側寸法許容差　26
型ずれ　41, 144, 148
合致させる抜けこう配　50
カットオフ　233
　——値　236
可動ツール部分　52
可動データムターゲット　59, 64
　——記号　64
かどの丸み　162
かどの面取り　162
金型鋳造　147
簡易測定器　173
干渉式円環状輪郭曲線法　238
完全形状　31, 32, 111
関連形体　59, 71

キ

機械的な接触で検出する表面　238
機械の部分　131
幾何学的円　73
　——筒　75
幾何学的基準　57
幾何学的誤差要因　198
幾何学的直線　72, 77
幾何学的平面　73, 77
幾何学的輪郭　76
規格下限値　268
規格上限値　268
幾何計測　201
幾何形体　111
（幾何）形体　132
幾何公差　71, 82, 194
　——方式　82
幾何特性　71, 233
　——の種類　85

幾何偏差　176
　——の種類　71
技術仕様書　5, 21
技術報告書　5
基準案内　195
基準円　74
基準円筒　75
基準角度寸法　29
基準寸法　26
基準点　170
基準長さ　241
基準面　73
疑似乱数　221
起点記号　24, 25
機能ゲージ　129, 137, 194
　——手法　82
機能限界　272
機能的限度値　267
機能モジュール　217
基本図示記号　241
逆正弦分布　264
球間距離測定誤差　211
キュービックスプライン関数　202
球面形状測定誤差　211
共焦点顕微鏡法　238
共通データム　61, 128, 188
　——軸直線　61, 68
　——平面　68, 188
共分散　274
極座標　25
　——寸法記入法　25
局部寸法　134
局部実寸法　56
許容限界　168
　——寸法　26
許容誤差　213

ク

偶然効果　265
偶然誤差　262
くぼみ　53
繰返し精度　168
繰返し幅　206
グループデータム　128

ケ

傾斜度　78
計測器の特性　168

計測特性　168
形体　131
　──グループ　140
　──パラメータ　204
系統効果　265
系統誤差　262
系統的な偏り　220
削り代　143, 241
限界ゲージ　31, 268
検査の不確かさ　213, 273
検査用標準器　205, 208
原子間力顕微鏡法　238
検証　193, 205
　──オペレータ　20, 193, 200
　──ガイド　176

コ

光学差動式輪郭曲線法　238
交互公差方式　116
公差　26
　──域　82, 86
　──域クラス　27
　──記入枠　64, 85
　──値　85
　──付き形体　85
　──付き寸法　26
　──方式の基本原則　16
光散乱の角度分布法　238
光散乱の総積分法　238
格子　195
構成　193
校正機関　259
校正証明書　214, 262
校正手順　237
合成の規則　272
校正標準　237
合成標準不確かさ　256, 260, 264, 274
構成方式　131, 136
校正方法　172
拘束状態　90
合否判定　213
　──基準　267, 270
　──規則　228, 255
　──ルール　212
コーディング作業　224
国際度量衡委員会　266
国際度量衡局　266
コサイン誤差　216

固定ゼロ　170
　──表現　171
小波　202
転がり円　200
　──うねり　234, 236
　──うねりパラメータ　235

サ

最悪状態　129
最終国際規格案　5
最小　27
　──外接円法　204
　──許容寸法　26, 27
　──二乗円　226
　──二乗円すい　134
　──二乗円筒　134
　──二乗球　210
　──二乗平均参照線　72
　──二乗平行二平面　135
　──二乗法　15, 180, 203, 204, 225
　──実体公差方式　114, 194
　──実体サイズ　32, 113
　──肉厚　122
　──領域円筒　180
　──領域法　15, 72, 203, 204, 225
サイズ形体　55, 111, 132
最大　27
　──横周期限界　239
　──許容誤差　168, 205
　──許容寸法　26, 27
　──許容表面型ずれ　41
　──サンプリング間隔　239
　──実体許容限界　90
　──実体公差方式　31, 194
　──実体サイズ　31
　──実体実効サイズ　111
　──実体実効状態　111
　──実体状態　31
　──実体寸法　113
　──値 ルール　243
　──内接円法　204
　──フラッシュ　44
座標寸法記入法　24, 25
座標測定機　191
三角格子状サンプリング　196
残さ（渣）曲線　237
三次元　237
　──座標測定　176

299

──座標値　192
　　──測定機　191
　　──の表面凹凸を測定する方法　237
　　──表面性状　237
参照線　87
参照リング　271
サンプリング　195
　　──方法　195
三平面データム系　58

シ

GPS規格　20
　　──マトリックス　16
GPS記号　15
GPS基本規則　33
GPS原理規格　16
GPSシステム　33
GPS実施規則　33
GPS測定器　167
GPS測定機器　15
GPSマトリックス　233
GPS用語　15
GUM修正増刷版　266
シェルモールド　147
色収差共焦点顕微鏡法　238
識別文字記号　59
軸周一括指示　45
軸周部分指示　46
軸線　86
試験所認定　260
支持具　178
指示誤差　168
指示線　85
指示測定器　167
指示長さ　168
自然境界条件方法　240
下の寸法許容差　27
実（外殻）形体　133
実験標準偏差　258, 274
実効状態　111
実効寸法　111
実体　111
実表面　132, 233
実用データム系　58
実用データム形体　58
実量器　167
指定した方向　81
シミュレーション　221

遮断特性　201
集合方式　131, 136
自由状態　90
集積　193, 204
十点平均粗さ　235
仕様限界　272
上限値　244
仕様限度値　267
照合番号　27
上側仕様限界　269
仕様の不確かさ　20
除去加工をしない図示記号　241
除去加工をする図示記号　241
触針式粗さ測定機　196
触針式表面粗さ測定機　200, 236
触針式表面性状測定機　198
触針先端半径　236
触針走査法　238
真位置度理論　127
真円度　73
　　──測定機　196, 225
　　──の普通公差　163
シングルスタイラス形状誤差　210
信号処理　200
真直度　72
真の値　269
振幅伝達曲線　233
信頼限界　262
信頼の水準　255, 256

ス

垂直走査低コヒーレンス干渉法　238
総合不確かさ　274
数値補正技術　198
スキャニングプローブ　223
スキンモデル　20
スクラッチ　202
図示外殻形体　132
筋目　241
　　──方向　246
　　──方向の記号　246
図示モデル　193
図示誘導形体　132
スタイラスオフセット　209
ステップゲージ　206
ストレートエッジ　63
ストレートバー　63
砂型鋳造機械込め　147

砂型鋳造手込め　147
スプライン当てはめ方法　240
スプライン関数　202
スプライン小波　202
　　──フィルタ　202
スプラインフィルタ　202
3シグマ水準　262
3D図面　93
3Dモデリング　20
3D表示　93
寸法　23, 233
　　──許容差　26
　　──公差　194
　　──公差記号　27
　　──公差方式　30
　　──数値　23
　　──線　23
　　──測定　173
　　──測定誤差　211
　　──の許容限界　26
　　──の配置　24
　　──標準器　209
　　──方向型ずれ　144, 145
　　──補助記号　88
　　──補助線　23

セ

正規確率紙　234
正規分布　259, 268
成形部品　144
整合　168
正座標寸法記入法　25
成層型サンプリング　197
精度　266
製品の幾何特性仕様　16
設計仕様　192
　　──オペレータ　20, 193
接触形体　64
接触子　173
接触式プロービングシステム　200
接触式プローブ　211, 223
切断レベル　245
設定形体　57, 58
ゼロ調整　185
線形写像　201
線形フィルタ　201
先験的　259
　　──分布　258

全周一括指示　44
全周記号　89
全周部分指示　45
全測定範囲　173
線の輪郭度　76
全振れ　81
　　──の測定　189
全面一括指示　47
全面部分指示　47

ソ

相互依存関係　31, 32
総合不確かさ　274
走査トンネル顕微鏡法　238
走査方向　237
相対拡張不確かさ　256
相対標準不確かさ　256
相対不確かさ　256, 265
測定器の設計仕様　168
測定光　212
測定子　181
測定時間　194
測定スピンドル　192
測定戦略　217, 228
測定断面曲線　233
測定データの補正　238
測定点列　204
測定の信頼性　266
測定のばらつき　221
測定の不確かさ　15, 20, 204, 255
測定目盛　173
測定用アプリケーションソフトウェア　192
測定量の拡張不確かさ　223
測定力　168, 216, 236
測得　193
測得外殻形体　133
測得(実)円周線　96
測得(実)円周表面　96
測得(実)球　104
測得(実)軸線　99
測得(実)線　95, 96, 99
測得(実)表面　110
測得(実)平面　95, 100
測得(実)中心　106
　　──軸線　95
　　──線　104
測得(実)輪郭表面　97
測得中心線　133

測得中心面　133
測得方式　131
測得母線　95
測得誘導形体　133
外側形体　27
外抜けこう配　149

タ

第一優先データム　58
対応規格　168
対角線方向　178
第三優先データム　58
対称軸線　64
対称度　80
　──の普通公差　164
第二優先データム　58
タイプAの評価　258
タイプBの評価　258
　──方法　263
高さ方向の平均　235
高さ方向のパラメータ　235
多孔度　54
多重解像度解析　202
段差　145
　──寸法　34
単純機能ゲージ　138
端度器　207, 215
　──の校正　260
単独形体　71
端末記号　24, 60, 85
断面曲線　233, 234, 243

チ

中心線平均粗さ　235
中心平面　86
調整用支持具　182
直定規　176
直線型案内　198
直線形体　72
直線方向型ずれ　41, 144
直列寸法記入法　24
直角座標　25
　──寸法記入法　25
直角定盤　180
直角度　77
　──の普通公差　163

ツ

通過帯域　241, 243
ツールの動き方向　52

テ

定盤　180
t分布表　260
データセット　57, 128, 136, 227
データム　57, 65
　──系　65
　──形体　119
　──形体指示記号　60
　──三角記号　59
　──軸直線　57
　──ターゲット　59, 62
　──ターゲット記号　62
　──ターゲット記入枠　63
　──ターゲット線　59, 63
　──ターゲット点　59, 62
　──ターゲット領域　59, 63
　──文字記号　60
テーパ　50
テーラーの原理　31
適合　269
　──の領域　269
　──領域　268
デジタル信号処理　200
デジタルハイパスフィルタ　233
デジタルバンドパスフィルタ　233
デジタルホログラフィ顕微鏡法　238
デフォルト値　209, 235
点合焦輪郭曲線法　238
電磁波によって検出する表面　238
伝ば則　261, 263

ト

統計的公差方式　273
同軸形体　122
同軸度　79
同心度　79
動的公差線図　118, 138
通り側ゲージ　31
通り側用限界ゲージ　141
特殊指定線　61, 86, 242
独立の原則　16, 30
閉ループ制御　192
度数根拠分布　258
突出公差域　125

止り側ゲージ　31
鳥かご型サンプリング　198
トレーサビリティ　207, 262
トレーサブル　205

ナ

ナイキストの定理　195
内接円筒マンドレル　182
内側サイズ形体　112
長さ寸法　23
長さ測定誤差　206, 209, 216
斜め指定方向　81
斜め法線方向　81
ならい装置　181
ならい測定子　181

ニ

肉厚　114, 149
二元構造原理　20, 193
2D表示　93
二点寸法　173, 174
2点測定　111
二点測定　173
2点測定器　32
二方向の公差域　87

ヌ

抜き方向　53
抜けこう配　48, 143, 149

ネ

ねじ有効長さ　137
ネスティング指標　239
　　──値　240
熱膨張係数　208, 261
　　──の不確かさ　214

ハ

ハイパスフィルタ　234, 239
挟み角　179
バジェット表　265, 270
パターン光投影法　238
波長スケール　195
バナナ形状　180
ばらつき　256
　　──幅　221
パラメータ記号　235
半径法真円度　225

判定基準　268
バンドパスフィルタ　234

ヒ

ピークカウント数　235
B―スプライン関数　202
Bタイプの評価　274
PUMA法　270, 272
非系統的な誤差　213
非剛性部品　90
ヒステリシス　168, 172
非接触　192
　　──座標測定機　212
　　──式プローブ　223
　　──センサ　192
　　──センサ付きCMM　224
　　──センサ付き座標測定機　211
　　──プローブ　211
評価手順　257
評価長さ　235, 243
標準器　207
標準数列　244
標準端度器　261
標準熱膨張係数　209
標準不確かさ　214, 255, 256, 274
標準片　237
標準偏差　255, 256
表題欄　30, 162
表面粗さ　200
表面凹凸　238
表面型ずれ　41, 144, 145, 155
表面欠陥　202, 233
表面性状　233, 241
　　──パラメータ　235, 241
非理想形体　111, 136, 194
非理想モデル　194
ピンゲージ　141, 181, 186

フ

フィルタ　193, 200
　　──機能　201
　　──処理　212, 238
　　──処理機能　212
　　──方式　131, 136
フーリエ解析　202
負荷曲線　234, 235
　　──に関連するパラメータ　235, 243
不完全ねじ部　137

複合位置度公差方式　124
複合寸法記入法　24, 26
複合パラメータ　235
不確かさ　255, 274
　　——成分　263
　　——の合成則　263
　　——の伝ぱ（播）則　259
　　——の範囲　268
　　——の評価　259
　　——の包含係数　228
　　——要因　217, 220
普通幾何公差　155
普通寸法公差　143
不適合　269
　　——領域　268
浮動ゼロ　170
　　——表現　171
負の偏差　73
プラグゲージ　31, 187
フラッグ　93
フラッシュ　43, 145
　　——高さ　39
プラトー構造表面　234, 235
振幅伝達曲線　233
振れの普通公差　164
プロービング誤差　210, 211
　　——の検査の不確かさ　216
プロービングシステム　192, 210
ブロックゲージ　206
プロファイルフィルタ　201
分割　136, 193
　　——方式　131
分散の定量化　218
分布のひろがり　256

ヘ

平均2乗誤差　256
平行度　77
　　——の普通公差　163
平行板静電容量法　238
平面角　29
平面形状測定誤差　211
平面形体　73
平面度　73
　　——の普通公差　163
並列寸法記入法　24
変位計　177, 178

ホ

ポインタ　173
包含確率　256, 264
包含係数　214, 256, 260, 274
方向プロービング誤差　216
方向ベクトル　203
法線方向　181
包絡うねり曲線　234, 235
包絡の条件　31, 32, 117
ホーニング　241
母線　176

マ

マーキング　54
マトリックスモジュラー化　200
摩耗しろ　138

ミ

見切り線　42
見切り面　37
溝形体　122
乱してはならない表面　55

メ

面積直径　173, 175
面の輪郭度　76
面領域フィルタ　201

モ

目標不確かさ　270
モチーフパラメータ　234, 235, 243
モディファイヤ　92, 173
モルフォロジカルフィルタ　203, 240

ヤ

山数　179

ユ

有効自由度　260
U字　264
　　——分布　271
誘導形体　113, 132, 136
誘導された(実)線　95
誘導寸法　113
誘導中心線　133
誘導中心面　133

ヨ

要求する削り代　151, 155
横方向のパラメータ　235
呼び形体　136

ラ

ラジアン　24
ら旋型サンプリング　198
ラム軸　209
ランダム誤差　220

リ

離散的な測定　195
離散点　199
　——サンプリング　199
　——測定　223
　——データ　201
　——量子化　238
　——量子化データ　233, 236, 237
理想円　175
理想オフセット　136
理想形体　57, 193
リニアエンコーダ　192
リバースエンジニアリング　224, 272
流体式測定システム　238
両側規格　272
両側許容限界値　244

ヨ

両側寸法許容差　26
量子化　233
理論的な幾何学形状　97
理論的に正確な角度　102
理論的に正確な寸法　61, 87
輪郭曲線　243
　——パラメータ　235, 243
　——フィルタ　233
　——方式　233
輪郭テンプレート　181
輪郭度公差域　92
リングゲージ　31

ル

類似性条件　218
累進寸法記入法　24
ルール#1　30

レ

レーザ干渉測長機　207

ロ

ローパスフィルタ　233, 234, 239
ロバストフィルタ　203

ワ

ワーキングスタンダード　221

欧文索引

数字など

λ_c　233, 239
λ_f　233
λ_s　239
16%ルール　243
2D annotation　93
3D annotation　93

A

Abbe error　173, 191
Abbe principle　191
Abbot's bearing curve　234
ACS　66
actual local size　56
alignment error　173
all around symbol　89
amplitude transmission curve　233
angular dimension　23, 132
angularity　78
angular mismatch　144
angular size　29, 67
areal　237
areal filter　201
associated feature　113
associated integral feature　133
association　131, 136, 193
association method　55, 57

B

basic dimension　26
between symbol　91
BIPM　266
bird cage sampling　198

C

ⒸⒶ　33, 175
ⒸⒸ　33, 174
CEN　21
CF　66
chain dimensioning　24
CIPM　266
circular run-out　80
CMM　191, 198
coaxiality　79

coefficient of thermal expansion　208
collection　131, 136, 193, 204
combined standard uncertainty　260, 274
common datum　61, 128
composite dimensioning　26
composite positional tolerancing　124
concentricity　79
constraction　131
constraint state　90
construction　136, 193
contacting feature　64
coordinate dimensioning　25
cosine error　216
coverage factor　260, 274
cubic spline function　202
cutoff　233
ⒸⓋ　34
ⒸⓋ/L　34
cylindricity　75
CZ　89

D

data set　57, 136
datum axis　57
datum feature indicator　60
datum letter symbol　60
datum target　59
datum target area　59
datum target line　59, 63
datum target point　59, 62
datum triangle　59
DC　168
DCT　147
DCTG　146
derived feature　132, 136
digitized discrete data　233
dimension　23
dimensional mismatch　144
dimensional tolerancing　30
dimensional value　23
dimension line　23
draft angle　48, 149
DS　156
duality principle　20, 193

dynamic tolerance diagram 118, 138

E

Ⓔ 31, 34
E_1 206
ejector mark 40
E_L 209
envelope requirement 31, 117
error of indication 168
expanded uncertainty 255, 274
extension line 23
external draft angle 149
external feature 27
extracted derived feature 133
extracted integral feature 133
extraction 131, 193

F

Ⓕ 90
F 90
FDIS 5
feature 131
feature of size 55, 111, 132
filtration 131, 136, 193, 200
FIR 84
fixed zero 170
FL 38
flatness 73
floating zero 170
free state 90
functional gauge 129, 137, 194
functional gauging 82

G

gauge block 206
gaussian distribution 201
gaussian filter 201
(geometrical) feature 132
geometrical tolerancing 82
ⒼⒼ 34
ⒼⒼ/L 33
ⒼⒼ/O 33
ⒼⓃ 34
ⒼⓃ/L 33
ⒼⓃ/O 33
GPS 16
group datum 128
group of feature 140

GUM 168, 255
ⒼⓍ 34
ⒼⓍ/L 33
ⒼⓍ/O 33

H

helix sampling 198
HPF 233

I

ideal feature 193
identification datum letter 60
IDT 5
ILAC 267
implied datum 127
indicating measuring instrument 167
integral feature 132
internal draft angle 149
internal feature 27
invocation principle 33
ISO/CS 21

J

JCGM 266
JHG 15

L

LD 89
least material requirement 194
least squares method 203
length measurement error 206
linear dimension 23
linear encoder 192
linear mismatch 41, 144
LMR 114
LMS 32, 113
ln 243
ⓁⓅ 33, 174
LPF 233
ⓁⓅ/OⓈⒶ 33
ⓁⓅⓈⓃ 34
ⓁⓈ 33
LSL 170, 269

M

Ⓜ 31
material measure 167
max 27, 243

maximum inscribed circle method   204
maximum material requirement   194
MC   168
MD   89
measurement strategy   217, 228
measurement uncertainty   20
min   27
minimum circumscribed circle method   204
minimum zone method   72, 203
mismatch   41, 144, 148
MMC   31
MMR   111
MMS   31
MMVC   111
MMVS   111
MOD   5
morphological filter   203
motif parameters   235
movable datum target   59, 64
MPE   168, 205
MPE_{E0} 213
MPL   168
multi resolution analysis   202
mutual dependency   31

N

nominal derived feature   132
nominal dimension, basic dimension   143
nominal integral feature   132
nominal model   136, 193
non-ideal feature   194
non-ideal model   194
non-rigid parts   90
normal CTE   209
Nyquist theorem   195

O

operator   193
overall uncertainty   274

P

Ⓟ   186
parallel dimensioning   24
parallelism   77
parting surface   37
partition   131, 136, 193
PD   89
perfect form   31

permissible limits of dimension   26
perpendicularity   77
P_{FF} 211
P_{FS} 211
P_{FTU} 210
phase corrected characteristics   233
plain work piece   132
points methods sampling   199
polar coordinate dimensioning   25
porosity   54
position   79
positional dimension   23
PRD   53
primary datum   58
Primary profile   243
principle of independency   30
probing error   210
probing system   192
profile   243
profile method   233
profile of any line   76
profile of any surface   76
projected tolerance zone   125

R

R_0 206
$Ra75$ 235
ram axis   209
raw casting   143
real (integral) feature   133
real surface of a workpiece   132
rectangular coordinate dimensioning   25
reference guide   195
reference number   27
related feature   59
repeatability   168
repeatability range   206
required machining allowance   143
RMA   151
robust filter   203
rolling circle waviness   236
rotational mismatch   41, 144
roughness   200
Roughness profile   243
roundness   73
roundness measure machine   196
RPc 235
RPR   116

*Rz*JIS   235

S

s   258
sampling   195
secondary datum   58
similarity condition   218
simulated datum feature   58
single stylus form error   210
situation feature   57
size dimension   23, 132
SMI   38
specification operator   20, 193
specification uncertainty   20
spline filter   202
spline function   202
spline wavelet   202
spline wavelet filter   202
standard uncertainty   255, 274
step dimension   34
step gauge   206
straightness   72
stratified sampling   197
stylus offset   209
superimposed running dimensioning   24
surface imperfection   233
surface mismatch   41, 144
surfaces having stratified functional properties   234
surface texture   233, 241
symbol for movable datum target   64
symbol for origin   25
symbols for datum target   62
symmetry   80

T

TED   61, 87
termination   60
tertiary datum   58
test uncertainty   213, 273
TF   50
three datum reference system   58
TIR   84
TMD   52
tolerance   26
tolerance class   27
toleranced feature   85
toleranced frame   64, 85
tool mark   38
total profile   233
total run-out   81
TR   5
true position theory   127
TS   5
Type A evaluation   258, 274
Type B evaluation   258, 274

U

U 213, 223, 256
u 256
$u(P)$ 216
$u(\varepsilon_{cal})$ 214
$u(\varepsilon_a)$ 214
u_c 256
uncertainty   255, 274
USL   170, 269

V

verification   205
verification operator   20, 193
VIM   168
VIM 2   266
VIM 3   267

W

wall thickness   149
wavelet   202
wavelet analysis   202
waviness   200
Waviness profile   243
W_{EA} 235
weighted function   201
W_{EM} 235
working standard   221
Wte   235

ISO/JIS準拠
**製品の幾何特性仕様 GPS
幾何公差,表面性状及び検証方法**
——ものづくりのデジタル化を進めるために

定価:本体5,800円(税別)

2012年6月25日　第1版第1刷発行

編集委員長　桑田　浩志
発 行 者　田中　正躬
発 行 所　一般財団法人　日本規格協会
　　　　　〒107-8440　東京都港区赤坂4丁目1-24
　　　　　　　　　　　http://www.jsa.or.jp
　　　　　　　　　　　振替　00160-2-195146

印 刷 所　株式会社 ディグ

©Hiroshi Kuwada, et al., 2012　　　　　　　Printed in Japan
ISBN978-4-542-30648-6

```
当会発行図書,海外規格のお求めは,下記をご利用ください.
  営業サービスユニット:(03)3583-8002
  書店販売:(03)3583-8041　注文FAX:(03)3583-0462
  JSA Web Store:http://www.webstore.jsa.or.jp/
編集に関するお問合せは,下記をご利用下さい.
  編集制作ユニット:(03)3583-8007　FAX:(03)3582-3372
● 本書及び当会発行図書に関するご感想・ご意見・ご要望等を,
  氏名・年齢・住所・連絡先を明記の上,下記へお寄せください.
  e-mail:dokusya@jsa.or.jp　FAX:(03)3582-3372
  (個人情報の取り扱いについては,当会の個人情報保護方針によります.)
```